突发水污染事件
应急追溯理论与方法

杨海东　著

科 学 出 版 社

北 京

内 容 简 介

本书是专门研究突发水污染事件发生后应急追溯模块相关问题的著作，主要内容来源于作者及学生多年研究的积累。本书在已有研究的基础上，将理论分析与实际问题相结合，从大数据视角、原理分析、模型构建及方法设计等方面对突发水污染事件应急追溯管理模块相关问题进行了较为系统的研究，形成了比较完整的体系，丰富了突发事件应急管理领域理论研究成果，可以为突发事件应急管理决策提供理论指导，为实现可持续发展提供理论支持。

本书可供管理科学与工程、系统工程、公共管理、控制理论与控制工程和环境科学与工程等相关领域的教学、科研和应急管理实践人员阅读，也可作为相关专业研究生的教学参考书。

图书在版编目（CIP）数据

突发水污染事件应急追溯理论与方法 / 杨海东著. —北京：科学出版社，2022.6
ISBN 978-7-03-069474-4

Ⅰ. ①突⋯ Ⅱ. ①杨⋯ Ⅲ. ①水污染–突发事件–处理 Ⅳ. ①X52

中国版本图书馆 CIP 数据核字（2021）第 157899 号

责任编辑：陶　璇 / 责任校对：贾伟娟
责任印制：张　伟 / 封面设计：无极书装

科 学 出 版 社 出版
北京东黄城根北街 16 号
邮政编码：100717
http://www.sciencep.com

北京建宏印刷有限公司 印刷
科学出版社发行　各地新华书店经销

*

2022 年 6 月第　一　版　　开本：720×1000　1/16
2023 年 1 月第二次印刷　　印张：17 1/4
字数：348 000

定价：176.00 元
（如有印装质量问题，我社负责调换）

前　言

在经济社会高速发展的进程中,受操作失误、设备失灵、人为破坏或自然灾害等因素的影响,突发水污染事件呈现日益频发的态势。据近十年来中国生态环境状况公报和生态环境统计年报的统计,我国年均爆发近900起突发水污染事件,平均每天2~3起。其中,影响比较大的有2014年汉江武汉段氨氮超标、2015年甘肃省"11·23"尾矿库泄漏、2017年江苏靖江水源地水质异常、2018年河南淇河污染和2019年陕西"4·18"北洛河污染等事件。这类事件不仅给生态环境带来安全问题,而且威胁着人民的生命财产安全,甚至影响社会稳定与生态健康。应急追溯是突发事件应急管理的重要部分,对提升应急处置能力至关重要。然而,迄今还缺少相对成熟和完善的理论、方法与技术来指导突发水污染事件应急追溯问题的研究。因此,开展突发水污染事件应急追溯理论与方法研究,对于提高应对突发水污染事件的能力、减小社会经济损失和保护生态环境等具有较强的理论意义和现实意义。

《突发水污染事件应急追溯理论与方法》一书,是在国家社会科学基金一般项目(No.17GBL179)"大数据资源共享及多主体协同治理的跨界突发水污染事件态势演变及应急策略研究"、第11批中国博士后特别资助项目(2018T110640)"基于鲁棒不确定性和干扰管理的突发水污染事件应急策略"、福建省自然科学基金面上项目(2020J01460)"突发水污染事件应急监测布点与应急供水调配集成优化策略"和国家水体污染控制与治理科技重大专项子课题3(2017ZX07108-001)"中线水质预报与风险评估预警关键技术研究"等科研项目研究基础上,结合前人研究以及作者前期研究和示踪试验观测的基础上撰写而成。本书以突发水污染事件作为具体研究对象,聚焦研究该类事件应急追溯模块,按照"理论基础篇→数据影响篇→演化迁移篇→应急溯源篇→应急追踪篇"这一"由浅入深、由简至繁、循序渐进"的逻辑思路进行撰写。

第一篇,理论基础篇。首先,围绕突发水污染事件的概念、分类、危害性和特征进行梳理;其次,围绕突发水污染事件应急追溯的内涵、核心及功能等方面进行阐述；最后，对本书涉及的相关理论进行总结，以期为后续对应急追溯模块的研究奠定基础。

第二篇，数据影响篇。数据是突发水污染事件应急追溯的核心。当前，大数据及其技术的应用虽然为突发事件应急追溯提供了信息工具和数据支持，但反过来也增强了突发事件的不确定性。本篇首先分析大数据的内涵及应用优势；其次，阐述大数据在突发水污染事件应急管理的应用以及同应急追溯问题研究的关系；最后，基于大数据及其技术的应用发展，总结突发水污染事件应急追溯问题研究面临的机遇与挑战。

第三篇，演化迁移篇。污染物在水体中的变迁机理是开展突发水污染事件应急追溯研究的前提与基础。本篇首先分析不同类型污染物在水体中的迁移扩散机理；其次，分析不同类型污染物在水体中的衰减机理以及耗氧/复氧机理；再次，分析光照、水温、大气、水量等因素对污染物迁移转化过程的影响；最后，在不同水动力条件下构建突发水污染事件演化态势模拟模型，并利用相关算例进行验证分析。

第四篇，应急溯源篇。应急溯源是有效应对突发水污染事件及追究相关责任的基础与依据。首先，从问题的提出、分类及相关技术与方法等方面开展突发水污染事件应急溯源基本原理分析；其次，从优化理论视角构建突发水污染事件应急溯源问题优化模型，并设计其求解方法；再次，基于应急溯源解的不适定性，从概率统计角度构建突发水污染事件应急溯源问题模型和设计求解方法；最后，在分析影响应急溯源效率与精度因素的基础上，从耦合概率统计和优化理论的视角构建突发水污染事件应急溯源模型，并设计一种能同时提高溯源效率与精度的方法。

第五篇，应急追踪篇。应急追踪是应急决策者发布预警级别和制定应急处置措施的依据。本篇首先从问题的提出、问题分类及问题求解的技术与方法等方面开展突发水污染事件应急追踪基本原理分析；其次，基于贝叶斯框架构建突发水污染事件第Ⅰ类应急追踪模型，并设计相应的求解方法；最后，在优化算法、神经网络和支持向量机（support vector machine，SVM）等方法的基础上，研究突发水污染事件第Ⅱ类应急追踪模型及其求解方法。

本书是专门研究突发水污染事件应急追溯问题的著作，主要内容来源于作者和学生多年研究的积累，比较全面地介绍和阐述了突发水污染事件应急追溯理论与方法，丰富了突发事件应急管理领域理论研究成果。

在本书正式出版之际，特向支持和帮助过本书撰写及出版工作的有关单位领导与专家一并表示衷心的感谢！

作　者

2021 年 8 月

目　　录

第四篇   突发水污染事件应急溯源篇

第五篇　突发水污染事件应急追踪篇

第一篇　理论基础篇

第1章 突发水污染事件应急追溯概述

　　水是人类与自然界所有生物赖以生存的重要物质，是一种用途广泛和不可替代的自然资源（梅亚东和冯尚友，1992）。我国水资源总量丰富，但人均水资源占有量少，仅为世界人均占有量的 1/4，属于水资源严重短缺的国家（黄国勤，2001）。然而，随着经济社会的快速发展，我国水资源系统面临着日益严峻的水安全问题和突发水污染事件的威胁。据相关文献统计（丁涛等，2012；韩文萍等，2016），当前我国有超过 1/4 的地表水水体属于Ⅳ～Ⅴ类和劣Ⅴ类水质水体，而且自 2005 年松花江发生水污染事件以来，发生具有较大影响的环境污染事件的频率约为 0.5 起/天，且以突发水污染事件所占比例最大。本章首先分析突发水污染事件的概念、分类、危害性及特征，然后分析突发水污染事件应急追溯的内涵、核心及功能。

1.1　突发水污染事件概述

1.1.1　突发水污染事件的定义

　　在开展突发水污染事件应急追溯问题研究之前，首先要明确"突发环境事件""水污染"和"突发水污染事件"的内涵及定义。关于突发环境事件，在我国《突发环境事件应急管理办法》中就有规定，突发环境事件是指由于污染物排放或者自然灾害、生产安全事故等因素，导致污染物或者放射性物质等有毒有害物质进入大气、水体、土壤等环境介质，突然造成或者可能造成环境质量下降，危及公众身体健康和财产安全，或者造成生态环境破坏，或者造成重大社会影响，需要采取紧急措施予以应对的事件。该定义不仅指出了突发环境事件发生的原因，还着重强调了突发环境事件对公众健康和财产、生态环境和社会安全都会产生不可磨灭的负面效益，需要谨慎对待，快速解决（范娟和杨岚，

2011）。《中华人民共和国水污染防治法》第一百零二条规定，"水污染，是指水体因某种物质的介入，而导致其化学、物理、生物或者放射性等方面特性的改变，从而影响水的有效利用，危害人体健康或者破坏生态环境，造成水质恶化的现象"。突发水污染事件虽然受到很多关注，但截止到目前，"突发水污染事件"的概念还没有一个统一的认识。例如，有的学者（张旺和万军，2006；倪宏伟和李国平，2012；侯瑜等，2006）认为，突发水污染事件是指污染物介入河流湖泊等水体，导致水质突发性恶化，影响水资源有效利用，使经济、社会正常活动受到严重影响，水生态环境受到严重危害的事故；也有学者认为突发水污染事件是指在短时间内发生的，具有信息不确定性和不完全性，需集各方专家的智慧进行联合决策的事件（苏秀丽等，2014）；还有学者认为突发水污染事件是指临时爆发的，更多是不可抗力或者未知因素引起的水污染事件（李晓非和葛新权，2013）；还有学者认为突发水污染事件是指因设备失灵、交通意外、人为因素、自然灾害或其他不确定性因素引发固定或移动的污染源偏离正常运行状态突然地排放污染物，并经过多种途径进入水体，从而造成水生态环境受到污染的事件（丁涛等，2012；范娟和杨岚，2011）等。

综上，当前关于"突发水污染事件"定义的表述虽然不同，但表述的核心含义都是一致的，均认为突发水污染事件不仅具有突然爆发、处理不及时、长期影响等特征，还存在危害水域生态环境、影响公众健康和财产安全等情形。此外，从已发生的突发水污染事件的统计可以得出，大部分事件都是由于人们违反相关规程乃至法律法规，进行不规范的生产、生活而引起的。因此，依据"突发环境事件"和"水污染事件"的定义，以及上述学者关于突发水污染事件的定义，本书所研究的突发水污染事件是指由于违反水资源保护法规的经济、社会活动或行为，以及意外因素的影响或不可抗力等原因，使污染物介入河流湖泊等水体，致使水体受到污染，人体健康受到损害，社会经济与人民群众财产受到损失，造成不良社会影响的突发事件。

1.1.2　突发水污染事件的分类

根据突发水污染事件的内涵和定义，现实生活中包括多种类型的突发水污染事件。若按污染物被释放时间长短划分，突发水污染事件可分为瞬时和非瞬时两种突发水污染事件（韩晓刚和黄廷林，2010）。其中，瞬时突发水污染事件是指污染物质在无任何先兆情况下瞬时向临近水体排放，从而造成水体受污染的事件（丁涛等，2012；韩晓刚和黄廷林，2010），如2017年嘉陵江四川广元段爆发铊污染事件、2014年甘肃兰州自来水爆发苯含量超标事件、2013年山西长治爆发苯胺泄漏事件、2012 年广西龙江河爆发镉污染事件和 2011 年浙江新安江爆发苯酚泄漏事件等；非瞬时突发水污染事件是指水体环境中的污染物质经过较长时间和空间的积累后，最终在某个时间和空间骤然产生严重污染现象，并持续一段时间，如 2014 年 2 月山东济南护城河水遭遇"变蓝"事件，2013 年云南洱海、2012 年安徽巢湖及 2007 年江苏太湖等暴发蓝藻污染事件。若依据突发水污染事件爆发的原因，可将突发水污染事件分为突发排污水污染事件、突发累积性水污染事件、非人为主导的突发泄漏水污染事件、突发养殖水污染事件、突发交通水污染事件、突发管道水污染事件、突发自然灾害水污染事件和其他突发水污染事件等八种类型（吉立等，2017）。

1. 突发排污水污染事件

突发排污水污染事件主要是指企业采取超标排放、偷排、直排等方式排放污染物，或因暴雨径流冲刷、上游紧急排水等方式向附近水体排放污染物，致使水体出现污染的事件。例如，2011 年 5 月南京暴雨将沿岸管道和沟渠的沉积物冲刷入秦淮河，导致秦淮河在短时间内急剧缺氧，导致鱼类死亡；2014 年 4 月汉江上游紧急排水导致武汉市汉江水质遭受污染；等等。由于突发排污水污染事件因企业违规、暴雨径流冲刷或上游紧急排水等原因产生，因而此类突发水污染事件往往具有不可预见性，且毫无规律可循，同时此类事件又带来较大的影响，具有突发性强、历时短的特点。

2. 突发累积性水污染事件

突发累积性水污染事件是指在企业、酒店或饭店等长期向水体排放污水和污染物，经过时间积累而爆发的污染事件。例如，2007 年，江苏太湖爆发严重蓝藻污染事件；2012 年 3 月广东东莞松木山水库遭受污染，水库中出现大面积死鱼。这类事件往往是经过长时间积累，爆发时影响极大，难以治理，因而应急决策者应加大对排污企业的治理力度，追踪并控制污染源。

3. 非人为主导的突发泄漏水污染事件

非人为主导的突发泄漏水污染事件是指在污染物运输和生产等过程中发生泄漏事件，不包括由工作人员操作失误造成的污染泄漏事件，也不包括由于暴雨冲刷或其他原因造成的二次水体污染事件和管道破裂造成的水体污染事件。例如，2011 年 3 月因非人为主导的污染物泄漏导致江苏江阴长江段水污染事件；2011 年 6 月高速公路交通事故导致浙江新安江建德段出现苯酚泄漏事件；等等。此类水污染事件，具有很强的突发性，易对社会造成很大影响。

4. 突发养殖水污染事件

突发养殖水污染事件是指因动物排泄物收集困难、病死动物无害化处理不彻底以及养殖生产中附设物品等对水体造成的污染事件。例如，新西兰北哈夫洛克镇在 2016 年爆发的饮用水遭动物排泄物污染事件；印度马宁焦湖在 2016 年也爆发了因过多的饲料和鱼的排泄物导致的湖水污染事件；我国上海黄浦江松江段曾在 2013 年出现死猪污染水域事件；等等。

5. 突发交通水污染事件

突发交通水污染事件是指车辆、船舶等交通工具因交通事故而直接造成污染物排入水体事件。例如，2011 年浙江杭新景高速公路发生交通事故，导致部分苯酚流入新安江段；2013 年在京昆高速（西汉高速段）宁陕县黄冠镇油坊坪村干沟口大桥处发生交通事故，造成正河出现硫化物和总磷超标污染事件；等等。由此可见，此类水污染事件的污染泄漏往往难以预测，具有很强的突发性，易对社会造成很大影响，故需要政府部门完善应急措施方案，一旦发生此类事件，及时处理并控制污染范围，将影响降到最低。此外，为避免造成不必要的社会恐慌，处理此类型污染事件的同时应加强对舆情的处理。

6. 突发管道水污染事件

突发管道水污染事件是指因管道突发故障或破裂造成的水源严重污染事件。例如，2014 年 4 月兰州市石化管道爆炸，导致全市自来水发生苯超标污染事件；2013 年 11 月山东青岛输油管道发生爆炸，胶州湾海面遭受原油污染；等等。诱发这类事件的原因大多是没有定期检查、维修和及时处理等。为降低此类事件发生频率，监管部门需对重要管线进行不定期检查、维修，培养维修和监管人员的责任意识，并制定相应的法律法规。

7. 突发自然灾害水污染事件

突发自然灾害水污染事件是指因泥石流、暴雨等自然灾害使含污染物的雨水及其他废水直接排入水体导致的水体污染。例如，2010 年 9 月因超强台风"凡亚比"（Fanapi）的影响，广东信宜紫金矿业出现溃坝事故；2011 年 7 月因暴雨袭击四川岷江电解锰厂，造成涪江绵阳段水污染事件；等等。

8. 其他突发水污染事件

这类事件主要包含无法具体归类的污染事件，如水葫芦、藻类等生长引发的藻类污染和人为投毒等事件。

此外，按污染源位置或状态可分为固定源、移动源及面源等三类突发水污染事件；按污染物进入水体的途径可分为液相直流、固相溶解沉积、雨水冲刷汇入、颗粒沉降等四类突发水污染事件；按发生区域可分为海域和非海域两类突发水污染事件；等等（丁涛等，2012；韩晓刚和黄廷林，2010）。

1.1.3　突发水污染事件的危害性

水体水文条件的复杂性，以及事件爆发的时间、地点与污染强度等具有高度不确定性，导致突发水污染事件的危害性日益增加（吉立等，2017），具体主要体现在以下六个方面。

1. 影响的范围越来越大

水的流动属性和各种水工建筑物等，导致了突发水污染事件对水生态环境的影响范围越来越大。当突发水污染事件发生时，污染物很快随着水体流动并污染附近水域，同时还影响与该流域水体有关联的一切环境因素。例如，2011 年浙江新安江苯酚泄漏事件给杭州市 55 万居民饮用水安全带来重大影响；2014 年甘肃兰州自来水苯超标事件影响了兰州市西固区和安宁区共 64.67 万居民的饮用用水；2014 年汉江武汉段氨氮超标事件造成 30 多万居民和数百家食品加工企业用水受到影响；2015 年甘肃省"11·23"尾矿库泄漏事件造成直接经济损失 6 120.79 万元和 10.8 万人供水受到影响等。

2. 造成的损失越来越大

突发水污染事件不仅对事发地造成的经济损失越来越大，而且会产生极大的社会影响。例如，2012 年广西龙江河和 2005 年广东北江等突发水污染事件造成的直接经济损失均超过 2000 万元。另外，突发水污染事件带来的间接损失往往超出人们的想象，难以在短期内准确衡量，需要耗费大量的资金来修复事件对水生态环境的破坏（范娟和杨岚，2011）。例如，突发水污染事件发生后，一些耐污的水生生物会因有利的水生生物中毒死亡而得以滋生，并大量消耗水体中的氧气，加剧水体的富营养化。

3. 对人们的生命与身体健康的影响与威胁日益增加

突发水污染事件最主要的危害之一就是它能伤害人们的身心健康，如 2018 年福建泉港碳九泄漏事件造成 52 名群众健康受到影响。有毒有害物质等进入水体后，水体中鱼类或其他水生植物通过生物链进一步富集有毒有害物质，人们可能因食用中毒的鱼类或饮用受污染的水后患病甚至死亡，如图 1.1 所示。此外，突发水污染事件的强随机性不仅对天然水体造成严重污染和破坏，而且伤害水环境生态系统的健康和危及供水安全。

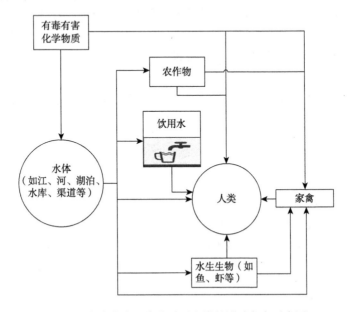

图 1.1　有毒有害污染物质对人类的影响危害示意图

4. 极易造成社会不稳定

突发水污染事件还极易导致社会的不稳定（韩文萍等，2016）。一方面，突发水污染事件产生的影响极易被新媒体放大，能衍生恐慌、抢购物资和哄抬物价等扰乱社会正常秩序事件（段新，2019），如 2014 年兰州水污染事件引起市民争相抢购矿泉水、2018 年福建泉港碳九泄漏事件引起当地居民恐慌等。另一方面，突发水污染事件还会诱发冲突事件。

5. 极易引发行政区域纠纷

突发水污染事件还极易受政府、企业、非政府组织、公众等应急主体行为的影响，引发水体上下游间的矛盾与冲突，甚至造成污染纠纷事件，如 2012 年广西龙江河镉污染事件、2015 年甘肃省"11·23"尾矿库泄漏事件和 2017 年陕西省铜矿排污事件等事件造成了跨省级行政区域纠纷，并扰乱了受影响区域的生产生活秩序。此外，有些突发水污染事件还会导致地区与地区之间或国与国之间的污染纠纷，如 2004 年四川沱江污染事件，导致沿江简阳市、资中县和内江市等地区存在污染纠纷；2005 年松花江水污染事件，不仅造成哈尔滨出现抢购事件，还引起俄罗斯持续关注该事件对中俄界河造成的影响。

6. 较强的破坏生态环境能力

突发水污染事件发生后，一般会破坏当地的生态环境平衡，甚至有些事件带给生态环境的破坏很难被修复，如 2017 年陕西省铜矿排污事件、2005 年松花江水污染事件等事件几乎摧毁了沿程的生态环境系统。

由此可见，突发水污染事件除了能给受污染区域带来重大经济损失，还有可能在短期内造成人员伤亡和破坏当地的水生态环境平衡，甚至还能造成人员恐慌、人员冲突等情景（吉立等，2017；范娟和杨岚，2011；段新和戴胜利，2019）。

1.1.4　突发水污染事件的特征

突发水污染事件是一类面向水生态环境的突发事件。因而，突发水污染事件除了具有一般突发事件的特征外，还具有发生与发展的不确定性、污染物形式多样性、危害的不确定性与流域性、处理处置的持续性和艰巨性等特点（余乐安等，2015；汪杰等，2010）。

1. 发生时间和地点的不确定性

突发水污染事件通常由陆上或水上交通事故、化学品输运管道破裂、洪水、企业违规排放或生产事故性排污等原因引发，这些原因决定了突发水污染事件发生时间和地点的不确定性，如污染源排放时间无法确定，排放地点有可能是工厂、道路、河流、渠道等，排放水域可能是顺直型河渠、弯曲型河渠等类型。另外，污染物的迁移转化方式与速度直接受水体水流状态影响，即使在同一水体中水流状态也不是一成不变的，如横跨山区和平原地区河流中存在顺直河段和弯道，那么河流中水流状态差异是非常显著的。此外，地震、洪水、风浪等瞬时水文变化对水流状态也有很大的影响。

2. 污染物形式多样性

当前，诱发突发水污染事件发生的污染物种类较多，主要有油类、有毒有害化学品、放射性物质等类型，涉及众多行业与领域。其中，有毒有害化学品不仅是目前造成突发水污染事件最主要的污染物，而且也是危害性最大的一类污染物。表 1.1 为部分常见污染物的分类及其危害（赵天等，2004；胡丽娜，2008）。

表 1.1　部分常见污染物的分类及其危害

序号	污染物类型	典型污染物	主要危害
1	非金属有毒无机物	氰化物、硫化物、砷化物和硒化物等	致使生物中毒
2	重金属有毒无机物	铜（Cu）、汞（Hg）、铬（Cr）、镉（Cd）、铅（Pb）等无机物	导致生物急性或慢性中毒
3	无毒无机物	硫酸（H_2SO_4）、硝酸（HNO_3）、磷酸（HPO_4）、无机盐等	降低水体的自净能力
4	无毒有机物	碳水化合物、蛋白质、木质素等	降低水中溶解氧（dissolved oxygen，DO）的含量
5	易分解有毒有机物	含酚、醇、苯、醛等有机物	耗氧，使生物中毒，易使人体慢性中毒、致癌、致畸、致突变等
6	难分解有毒有机物	有机氯农药、多氯联苯、多环芳烃、洗涤剂、有机磷农药等	导致鱼类等水生生物中毒，易造成人体慢性中毒、致癌、致畸形等
7	植物营养物质	硝态氮、铵态氮（NH_4^+-N）、蛋白质等	加剧水体富营养化
8	致色物质	色素、染料、铁盐、锰盐、腐殖质	水体透明度变差
9	致臭物质	硫化物、氨、酚、胺类、硫醇等	水体味觉和嗅觉变差
10	油类	石油及其制品、植物油等	漂浮和乳化、增加水色、生物中毒、阻挡水气间氧气交换
11	放射性物质	铀235（^{235}U）、锶-90（^{90}Sr）、铯-137（^{137}Cs）、钚-239（^{239}Pu）	损伤水生生物

资料来源：胡丽娜（2008）、赵天等（2004）

3. 污染强度的不确定性

污染强度是应急追溯问题研究的基本输入数据。然而，由于突发水污染事件发生的偶然性和随机性，事件中污染物类型、排放强度、危害方式以及对生态环境破坏能力等均具有极大的不确定性，即使通过现场取样、化验等措施获得了事件发生的时间、地点以及事发水域性质等基本信息，但排放的污染物类型与数量却因发现污染事件的时间滞后性出现较强的不确定性。

4. 发生原因的不确定性

突发水污染事件多是由人类的生产活动和不确定的自然因素引发的，通常是超越人们的预想而突如其来地发生，且引发其发生的原因一般都是不可预知的。例如，因水灾、突降暴雨、地震等自然灾害造成的水污染事件，在有毒有害化学物或危险品的生命周期内因人为操作不当造成的污染事件，等等。

5. 危害程度的不确定性

水资源的用途和事件影响对象的不确定性是导致突发水污染事件危害程度的不确定性的主要因素。例如，发生在城市水源地附近的污染事件的危害是相对较大的，因为该类事件会中断城市供水，进而影响大多数城市居民生产生活用水，而发生在远岸海区的污染事件所带来的危害相对而言较小。

6. 影响范围的不确定性

水体的流动属性决定了突发水污染事件影响范围的不确定性。当污染事件发生时，大量有毒有害的化学品或危险品通过不同途径进入河渠并随着水体流动污染附近水域，同时还影响与该流域水体有关联的一切环境因素，如饮用受污染水体的人和动物、水体流动附近的植被、饮用水体灌溉的农作物等。

7. 处理处置的持续性

由于影响突发水污染事件演化态势的因素非常多，并且事件发生毫无预兆及危害性很大，若不能得到迅速、及时和有效的处理与处置，将严重破坏事件影响区域的水生态环境，甚至还会长期持续影响受污染区域的人们的生命健康。突发水污染事件一旦发生，就需要对事件进行持续不断地处理与处置。

8. 处理处置的艰巨性

突发水污染事件的突发性和严重危害性，导致在处理与处置这类事件过程中涉及因素较多，特别是发生在容量大水域的突发水污染事件，其处理与处置的难度更加巨大。目前对于发生在容量大水域的突发水污染事件，很大程度上依靠其本身的自净作用减缓事件所带来的危害，这要求更有效的应急监测和应急措施来处理处置该类事件所带来的危害。因此，如何有效处置突发性水污染事件是一件任重而道远的任务。

9. 应急主体的不确定性

人们无法直接感知突发水污染事件的发生，再加上水体中污染物迁移转化造成"污染源位置"不断变化的情形，同时污染物在迁移转化的过程中形成的污染带还可能受差异较大的水流状态影响产生"分离现象"，即出现多个污染区域，由此造成突发水污染事件的应急主体不明确。此外，地区间的水污染事件也会造成应急主体的不明确性，这是因为按照快速响应的就近原则由事发区域的各基层组织或企业来处理与处置污染事件，但协调权利却在上一级部门，应急措施的落实需经过长时间的审批程序，极有可能耽搁了最佳事件处理与处置时机。

综上，突发水污染事件不仅具有突发事件的一般特征，还因为水体的流动性和污染物危害性，具备了流域性、影响的长期性、应急主体不明确等特征。因此，在高度不确定情形下如何有效应对突发水污染事件已经成为当前应急管理部门亟待解决的难题之一。

1.2　突发水污染事件应急追溯内涵与功能

应急追溯是有效预防和应对突发水污染事件的前提和基础，而现有关于突发水污染事件应急追溯方面的研究难以满足事件的预警预测需要，更难以为应急决策者快速发布合理的预警级别和制定应急策略提供科学的依据（段新和戴胜利，2019；余乐安等，2015）。因此，开展突发水污染事件应急追溯理论与方法已成为当前亟待解决的课题。本节首先厘清突发水污染事件应急追溯的内涵、核心，然后介绍突发水污染事件应急追溯的功能。

1.2.1　突发水污染事件应急追溯的内涵

在《辞海（第六版）》中，"追溯"被定义是"回顾；往上推算"。"追溯"的概念来自企业或公众对产品质量与安全的要求，又被称为"可追溯性"（刘晓冰等，2013）。溯源在国际标准化组织（International Organization for Standardization，ISO）体系中被定义为：通过记录等识别手段追踪一个实体的历史、使用或位置的能力（The ability to re-trace the history, use or location of an entity by means of recorded identification）。美国生产与库存管理协会（American Production and Inventory Control Society，APICS）从物流角度认为溯源通过产品的批号和序列号记录逆向生产产品的零部件、生产过程及原料。国际食品法典委员会（Codex Alimentarius Commission，CAC）与 ISO 8042：1994 将追溯定义为以登记识别码的方式追踪行为或商品的历史、使用或位置的能力，即利用已记录的标记追溯产品的历史（包括用于该产品的原材料、零部件的来历）、应用情况、所处场所或类似产品或活动的能力。国家市场监督管理总局认为追溯应该做到产品生产可记录、源头可追溯、去向可跟踪、信息可存储。

在各种化学品或危险品的生产、贮存、运输、使用过程中，某些原因可能导致化学品和危险品存在危及水生态环境、人身和财产安全的因素，对社会造成一定程度的威胁。因而，快速准确分析突发水污染事件的成因和开展应急追踪处置已变得非常迫切。此时，若将"追溯"作为环境保护与治理的一个重要因素，有助于分析突发污染事件发生的原因和应急处置，也有利于避免事故潜在危险源泄漏问题的发生。因此，从水污染事件角度对追溯的理解是通过污染物浓度的观测数据来寻找产生污染事件的风险源和污染事件的演化过程等相关信息。

　　基于突发水污染事件的危害性和特征，突发水污染事件应急管理主要包括应急监测、应急预防、应急溯源、应急追踪、应急预警和应急响应等模块，如图 1.2 所示。

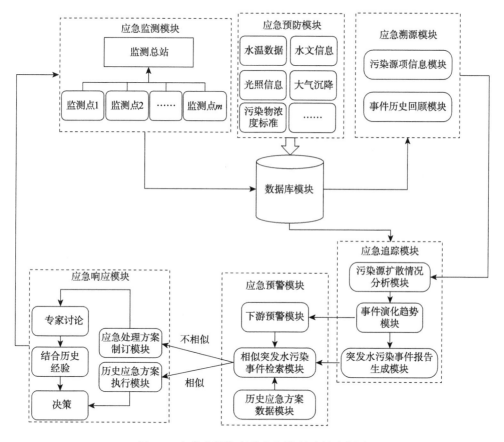

图 1.2　突发水污染事件应急管理过程示意图

　　根据追溯内涵和突发水污染事件的特征，突发水污染事件应急追溯管理是指利用关键点的观测值对事发历史进行溯源和对事件演化态势进行追踪等活动，即找出事件发生的位置、确定污染源项特性以及追踪突发水污染事件的影响范围和危害程度等，如图 1.3 所示。

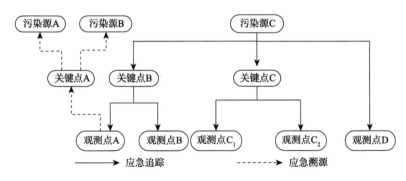

图 1.3　突发水污染事件应急追溯管理示意图

由图 1.3 可知，突发水污染事件应急追溯管理主要包括应急溯源模块和应急追踪模块。其中，突发水污染事件应急溯源，又称逆向溯源，它是指逆水流而上，利用监测点的观测数据推演出事件发生历史过程，即找出突发水污染事件发生的时间、位置、强度以及发生时水体的初始条件和边界条件等；突发水污染事件应急追踪，又称正向追踪，它是指沿着水体流动的方向，跟踪每一个关键点污染峰值到达的时间与大小以及确定事件的影响范围和危害程度，即突发水污染事件应急追踪通常用于确定污染物到达敏感水域的时间及浓度峰值，以便发布准确的预警级别和采取相应的措施。

1.2.2　突发水污染事件应急追溯的核心

突发水污染事件应急追溯的目的是根据各观测点的观测数据推演出事件发生历史过程和事件演化态势，以缩小事件的影响范围和降低事件带来的损失。其中，数据信息是应急追溯的核心。为有效应对突发水污染事件，对于突发水污染事件应急追溯问题研究涉及数据有以下五个要求。

1. 标准化

每个过程的数据和操作是相对应的，依据应急管理各个环节的标准化要求对数据格式进行设置，如应急预防环节的污染物浓度标准、水文数据标准等，对于非标准化的数据存储应该及时发现并阻止，同时向相关机构报告，对潜在风险进行预防处理。

2. 正确性

污染物信息必须正确，需要制定相关机制并利用数字化管理工具来确保数据采集的准确性，减少人为因素导致的数据错误。

3. 有效性

应急追溯是应急管理的重要环节，应急追溯相关信息必须保持有效，才能保证应急管理过程中的水质指标信息的真实性，才能防止衍生次生事件。

4. 及时性

突发水污染事件应急追溯相关的数据不仅为应急决策者发布准确的预警级别和制定有针对性的措施提供参考，而且能减少事件带来的损失和降低受影响公众的恐慌程度。因此，应急追溯相关数据必须及时，水质指标数据信息要及时存储在系统中，不能在下一环节对数据进行增补操作，应防止破坏数据的真实性。

5. 关联性

突发事件应急管理过程中所涉猎的数据之间存在一定的联系。应急预防、应急预警、应急响应和应急恢复等过程的水质指标信息数据可以通过应急追溯模型联系起来，或者相邻两个环节之间有一定的数据关联性，以保证突发水污染事件应急管理全过程的数据完整性和可靠性。

1.2.3　突发水污染事件应急追溯的功能

现代追溯管理最早是由欧盟于 1997 年提出并建立的，开始主要是为了控制"疯牛病"的蔓延，后面逐步完善为面向食品安全和应对突发事件的一种管理活动。在我国，目前已经构建了国家食品（产品）安全追溯平台和突发事件应急响应平台，分别对食品安全和突发事件的演化进行应急追溯管理。国外的学者对追溯系统进行了许多深入的研究，如 Hobbs（2004）阐述了追溯系统中信息不对称的解决办法，Wang 等（2010）设计建立了信息追溯系统平台。可以说，追溯系统是一种可以正向、逆向或不定向追踪的控制系统，追溯系统在食品方面发展越来越成熟的同时，也逐渐和其他领域相融合，应用广泛。近年来，随着突发事件的频发，针对各领域建立应急预警系统逐渐成为国内学者研究的热点。预警系统是以应急预警方法为基础建立的集检测计算模拟管理为一体的系统，它的建立使应急管理部门能采取及时有效的应急措施应对突发事件，进而避免事故潜在危险源泄漏问题的发生或者将危害降低到最低程度。因此，突发水污染事件应急追溯的功能主要为预警系统的构建奠定基础，而且保证了预警系统的准确性和有效性。

1. 为预警系统的构建奠定了基础

应急追溯为应急预警系统的构建提供了直观准确的信息。通过对突发事件展开应急追溯与应急追踪研究，找到事故发生的原因以及事件的演化态势、影响范围及危害程度，为应急预警系统构建提供主要风险因子，进而加快事故的处理，为防止污染物进一步扩散赢得宝贵时间。由此可见，设计并构建科学合理的应急追溯模型与方法不但能为事后应急决策提供参考依据，而且还能推动应急处理处置措施得到快速有效的实施。

2. 为预警系统的准确性和有效性提供了保证

科学的预测是精确预警的前提。应急追溯为应急系统预警逻辑结构的完善奠定了基础，降低了应急预警系统预测的不准确度，保证了预警的科学性和有效性，一定程度上降低了应急管理部门的运作成本。

第2章 突发水污染事件应急追溯问题研究相关理论基础

突发水污染事件是一类面向水生态环境的突发灾害事件，它不仅具有不确定性、危害紧迫性、快速响应性等突发事件的基本特点，而且还具备蔓延、转化、耦合等特点（佘廉等，2011）。其中，应急追溯是应急决策者成功应对突发水污染事件的前提和基础。因此，突发水污染事件应急追溯问题研究属于突发事件应急管理范畴，它的研究主要涉及灾害管理、风险管理和应急管理等理论。

2.1 灾害管理理论

如前所述，突发水污染事件不仅是一类典型的突发公共安全事件，而且也是一类水环境灾害事件。因此，灾害管理理论对开展突发水污染事件应急追溯有一定的借鉴作用。

2.1.1 灾害内涵与成因

1. 灾害的内涵与构成

目前，对灾害的定义有很多，但各有差异。例如，现代灾害学将灾害定义为是由自然变异、人为因素或自然变异与人为因素相结合等原因所引发的对人类生命、财产和人类生存发展环境造成破坏或损失的现象或过程（黄崇福等，2010）。红十字与红新月会国际联合会（International Federation of Red Cross and Red Crescent Societies，IFRC）又将灾害定义为一种突然的、灾难性的且严重破坏社区或社会运作的事件，同时该事件能造成超出社区或社会使用自身资源及能力应对的人力、物质和经济或环境损失（Marchezini et al.，2017）。与此同时，IFRC 根据灾害产生的原因又将灾害分为自然灾害、人为灾害和技术灾害。根据上述定义，可以发现：①产生灾害的原因可以是内因，也可以是外因，还可以是内因外因共同作用。例如，植被破坏、土地沙化是沙尘暴灾害爆发的内因，干旱大风则是沙尘暴灾害爆发的外因，二者共同作用便产生沙尘暴。②灾害的作用对象必须是社会生态系统，并给人类生命、财产或生态环境造成损害，如地震造成房屋倒塌，人员伤亡。但如果作用对象不是社会生态系统，则不能称为灾害。例如，火星上的火山爆发在被人类开发之前只能被称为自然异变。③灾害的发生，是由于社会生态系统的结构、功能遭到破坏，并超出了系统自身修复能力，使人类生命、财产和人类生存发展环境造成损失。④灾害，既是一种现象，也是一个过程。从现代灾害学对灾害的定义可以看出，自然因素和人为因素是灾害产生的两大主要原因（周桂华等，2018）。通常把以自然变异为主因产生的灾害称为自然灾害，如地震、风暴潮；将以人为影响为主因产生的灾害称为人为灾害，如人为火灾、交通事故、环境污染等。灾害的过程往往是很复杂的，有时候一种灾害可由几种致灾因子引起，或者某一种致灾因子会同时引起好几种不同的灾害（于小兵等，2018；高超等，2018）。例如，2018 年"玛莉亚"台风引发的福建东北部和浙江东南部出现暴雨灾害事件、2019 年 8 月四川阿坝州"8·20"暴雨灾害引发特大山洪泥石流灾害等。因而，可以根据起主导作用的致灾因子及其主要的表现形式确定灾害的类型。

2. 灾害的成因

灾害的成因简称灾因，即形成灾害的基本原因。从多学科综合分析视角来看，灾害的形成往往是自然变异与人为影响等多种因素交互作用的结果（吴先华等，2018），表 2.1 为部分灾害的成因。一般情况下，灾害事件是指多种因素综合作用的结果，这些因素往往会形成一个链条，即灾因链（disaster causes chain，DCC）（梁玉飞等，2018），如图 2.1 所示。

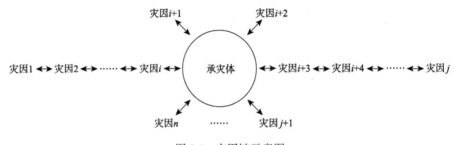

图 2.1　灾因链示意图

由图 2.1 可知，DCC 通常是指自然因素、人为因素等以串联或并联方式作用于承灾体，若其综合作用力超出承灾体稳定性的阈值时，灾害就会发生。

表 2.1　部分灾害成因表

因素	原因	相关内容
自然因素	天体	宇宙天体活动对地球物理场和大气层产生的影响，以及天体异常现象对地球的影响，或者小行星、彗星对地球的撞击
	地质	地质运动的影响，如地震、地陷、火山爆发等
	地理	地球表面自然要素失常形成灾害，如风暴、洪水、海啸等
	生物	某种或某几种生物突然暴发、增长形成灾害，如植物病虫害、动物流行疾病、人类疫病等
人为因素	社会原因	宏观决策的失误，其危害不亚于自然灾害，也是危害大、涉及面广的灾因，如战争等
	生产原因	生产活动是人类生存与发展的基础，但它在创造财富的同时，也是引发某些灾害的起因，如毁林毁草开荒引发洪水灾害、土地沙漠化等
	过失原因	由于管理失当或技术不成熟，酿成的各种事故，如空难、海难、医疗事故、建筑事故等几乎都与当事人的过失有关联
	防灾减灾措施方面的原因	防灾减灾措施不力，也会增加灾害发生的频度和灾害损失

灾害的成因除人为和自然两种划分方法外，还有制度、技术和管理等划分方法。从图 2.1 中可以看出，有效预防灾害发生或控制灾害蔓延的关键是快速切断灾因链。

3. 灾害的过程

从灾害形成物理过程看，灾害就是当自然界异常积聚的能量超过承灾体系统稳定性阈值时产生的现象（周桂华等，2018）。例如，按照板块构造学说解释，当地壳中的局部岩石不能承受巨大压力时，突然发生破裂时便形成地震；若某地的蝗虫数量急剧增长，一旦突破了该地允许的阈值，则形成重大蝗灾。因此，可以用式（2.1）近似表述灾害过程（黄崇福等，2010；高超等，2018）：

$$D = v - \iiint_{S,T} f(N, A, T) dN dA dT \qquad (2.1)$$

式中，D 表示灾害发生临界点；N 表示自然致灾因子集；A 表示人为致灾因子；S 表示地理空间域；T 表示时间域；v 表示承灾体系统稳定性阈值。

由式（2.1）可以看出，$D>0$ 时，系统处于平衡状态并继续保持稳定，灾害不会发生；$D=0$ 时，系统处于平衡临界点，灾害随时可能发生；$D<0$ 时，系统平衡被打破，稳定性遭到破坏，灾害已经发生。

为了进一步理解灾害与致灾因子之间的关系，根据函数隶属关系，可将式（2.1）转化为式（2.2）：

$$D = f(g(N, A, T), h(S, T), v) \qquad (2.2)$$

由式（2.2）可以看出，灾害过程除受自然致灾因子、人为致灾因子等因子影响外，还受作用时间 T、所处地理位置 S 和承灾体抗灾能力的影响。其中，自然致灾因子、人为致灾因子属于主动性的致灾因子，它们在灾害过程中占主动地位，往往是动态非线性的。地理空间域、时间域、承灾体系统的稳定性属于被动性致灾因子，相对于自然致灾因子和人为致灾因子来说，是静态线性的。

2.1.2 灾害管理内涵

灾害管理（disaster management，DM）是指为预防灾害发生或减少灾害带来的损失，而开展的研究、预测、减灾措施实施和灾后恢复等一系列活动（黄崇福等，2010；Marchezini et al., 2017）。因此，灾害管理主要包括规划、计划实施、预警、紧急应变和救助等内容（Marchezini et al., 2017）。传统灾害管理包括减灾、整备、应变和复原等四个阶段，只重视应急响应和应急恢复。现代灾害管理则以减灾思维为主，从风险到危机、从危机到灾害、从应急到复原重建延伸，均强调制订完整的前期规划、预案及全面的灾害管理（周利敏，2018；Wang，2012），如图 2.2 所示。

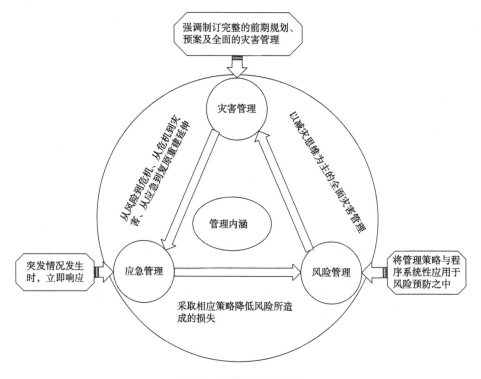

图 2.2　灾害管理的内涵

由图 2.2 可知，风险管理和应急管理是灾害管理内涵延伸的体现。风险管理是预防危机变成灾难的最重要阶段，主要包括风险评估和风险管控。其中，以风险评估结果作为决策依据，同时采取相应策略降低风险所造成的损失。应急管理则是指当突发事件发生时，相关部门立即采取应急响应措施，如灾情查询与通报、应急救援与疏散、救灾物资管理与调度、交通运输和能源供应等行为。

2.1.3　灾害管理决策工具

为有效预防灾害发生和减少灾害带来的损失，减灾、评估、选址和规划等阶段均需要合理决策工具（汤中彬等，2016）。当前有关灾害管理的决策工具主要有危害-风险-脆弱性、博弈论、地理空间技术、灾害大数据、移动通信技术、复杂网络、利益相关者和灾害管理元模型等工具（周利敏，2018），如图 2.3 所示。

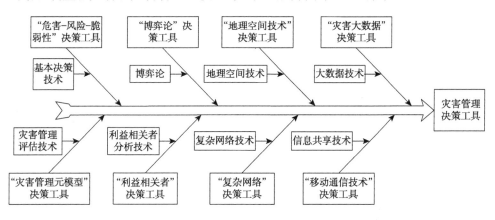

图 2.3　灾害管理决策工具

2.1.4　灾害管理系统

灾害管理系统是灾害管理的功能实现的基础，主要包括对灾害的预防、监测、预警、治理等技术管理措施和相关的组织机构、法律法规等内容，在灾害管理中行使决策、计划、组织、指挥、监督、调节等职能。灾害管理系统结构，只有具有稳定的层次组织形态，才能构成管理系统的"场"和"势"，这种稳定的层次组织结构包括决策层、管理层、执行层和操作层（王兴鹏和桂莉，2019），具体如图 2.4 所示。

在整个灾害管理系统中，灾害管理系统功能主要包括行政、专业、社会三个类型的管理系统，它们相辅相成，共同构成生物灾害管理系统的"一体两翼"，相

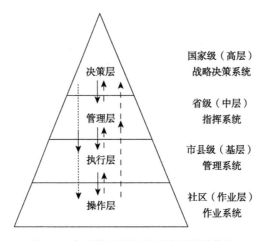

图 2.4　灾害管理系统的层次组织结构图

互交叉渗透，功能互补，分工协作（王兴鹏和桂莉，2019），具体如图 2.5 所示。其中，各级政府组建的灾害行政管理系统（灾害应急指挥机构）居于主导地位，在灾害管理工作中发挥着主导作用，肩负着灾害管理全局性宏观决策管理的重任，中央政府高层决策者是领导、指挥和协调全国灾害管理工作的总指挥。灾害专业管理系统和社会管理系统是灾害管理系统的两翼，灾害专业管理系统是由政府各职能部门组成，是实现灾害科学管理的执行者，是协助行政管理系统制定决策、战略规划的参谋机构，是开展灾害管理的技术主体，肩负着宏观决策与微观业务管理的双重责任。灾害社会管理系统由社区组织、群众团体、防灾减灾专业组织等组成，是灾害防灾减灾系统的操作层。

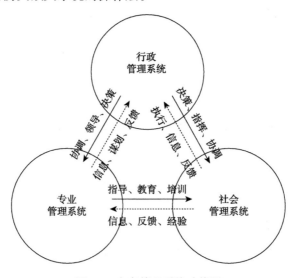

图 2.5　灾害管理系统功能图

2.2　风险管理理论

风险管理源于企业管理，作为企业的一种管理活动，起源于 20 世纪 50 年代的美国。风险管理作为一门新兴学科，具有管理学的计划、组织、协调、指挥、控制等职能，同时又具有自身的独特功能（陈振等，2018）。

2.2.1　风险的概念

风险是指遇到危险、遭受伤害或损失的概率（陈振等，2018）。对灾害来说，风险专门用来评述灾害将要发生的概率，并且用高风险、中等风险、低风险等相应术语来表明概率值（王兴鹏和桂莉，2019）。根据致灾因子风险分析、承灾体易损性评价、灾情损失评估等，分析是否保护、保护到何种程度、如何采取科学措施，来应对原先没有采取减轻风险措施而潜在的灾害影响。风险具有客观性、突发性、损害性、不确定性、发展性等特征，由风险因素、风险事件和损失等要素构成（朱晓谦等，2018）。风险因素主要有实质风险因素、道德因素、心理因素。其中，实质风险因素是指承载体本身所固有的足以引起或增加损失的机会或加重损失程度的客观原因和条件，包括自然因素、承载体稳定性变化等；道德因素包括信用水平低和犯罪意图等因素；心理因素包括过失、疏忽、知识水平低等。因风险导致的损失包括实质性损失、费用损失、收入损失和责任损失（杨俊等，2019）。

风险因素的存在增加风险事件发生的概率或发生强度，从而造成损失（汤中彬等，2016）。因此，风险因素、风险事件和损失之间关系可以用式（2.3）表示：

$$风险因素→or↗风险事件→损失 \qquad (2.3)$$

从管理学角度看，风险分析为风险决策提供依据（朱晓谦等，2018）。风险分析实际上是人们从事生产或社会活动时可能发生有害后果的定量描述，即风险是在一定时间产生有害事件的概率与有害事件后果的乘积。

$$R = P \times S \qquad (2.4)$$

式中，R 表示风险；P 表示单位时间内发生有害事件的次数，即出现风险的概率；S 表示风险事件的后果。

由式（2.4）可知，对风险的评估既要看它的风险发生概率，也要看它的后果损失。风险表征是把风险发生概率与损害程度以一定的量化指标表示出来，然后将这些风险定量化，通过计划和控制等手段，有效地预防和应付各种风险，在保证整个系统安全的基础上，求得最大效益的一种管理方法（代存杰等，

2018）。它主要包括以下五个环节：第一，判明系统中存在什么风险，明确有可能发生的风险是什么，找出引起这些风险的原因；第二，研究每种风险发生之前的状态，以揭示其发生的前兆，防患于未然；第三，建立能迅速捕捉风险发生前兆，并能做出基本估计或判断的早期警报设施；第四，准备好灾害一旦发生时可把损失控制在最低限度的具体有效对策，做到有备无患；第五，研究有可能利用风险来扩大收益的各种手段及其运用时机和用途，针对每种风险，拟定更加积极的预案对策。

2.2.2 风险管理内涵

风险管理（risk management，RM）是指通过风险识别、风险衡量、风险评估和风险决策管理等方式，对风险实施有效控制和妥善处理损失的过程（王兴鹏和桂莉，2019），其实质就是权衡采取降低风险措施时的收益与成本之差，以决定采取哪种风险控制措施，即风险管理是一个根据成本收益权衡方案而决定采取行动计划的过程。在灾害学中引入风险管理，就是通过风险评估、预测，合理组织资源，及时采取有效的灾害管理措施，避免灾害发生或减轻灾害造成的损失。

风险管理的实质就是如何在一个有风险的环境里把风险减至最低的管理过程，包括对风险的量度、评估和应变策略（刘新红等，2019）。换言之，风险管理就是通过风险分析（风险识别、风险评价、风险决策），采取风险控制技术，对风险实施有效控制和妥善处理损失。理想的风险管理，是一连串排好优先次序的过程，当中的可以引致最大损失及最可能发生的事情优先处理，而相对风险较低的事情则随后处理。但现实情况里，这种优化的过程往往很难决定，因为风险和发生的可能性通常并不一致，所以要权衡两者的比重，以便做出最合适的决定。

除此之外，风险管理还要面对有效资源运用的难题，这就牵涉到机会成本问题，把资源用于风险管理，可能使能运用于有收益活动的资源减少（刘新红等，2019），而理想的风险管理，就是希望用尽可能少的资源去化解最大的危机。

2.2.3 风险管理过程

如前所述，风险管理就是通过风险的识别、预测和衡量、应对等环节有计划地处理风险，以便能尽可能降低成本以及获得经济社会和生态安全的保障，如图 2.6 所示。

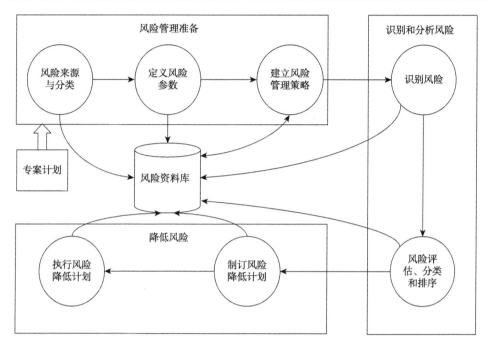

图 2.6　风险管理过程示意图

由图 2.6 可知，在开展风险管理过程中，需要识别可能发生的风险，并预测各种风险发生后对社会、生态和经济造成的消极影响，进而采取必要措施维护人类社会的安全，或尽量减少灾害造成的损失（刘冠男等，2018）。

1. 风险评价

只有在全面分析、评价各种风险的基础上，才能够预测危险可能造成的危害，从而选择处理风险的有效手段。由此可见，风险评价是风险管理的首要环节，该环节主要包括：①确定风险的驱动因素；②分析风险的来源；③预测风险的影响；④按照风险的影响级别进行排序，对级别高的风险优先处理。

2. 风险预测

风险预测是指由风险管理人员运用科学的方法，对其掌握的统计资料、风险信息及风险的性质进行系统分析和研究，进而确定各项风险的频度和强度，为选择适当的风险处理方法提供依据。风险预测一般包括风险发生概率、损失规模和发生时空等方面的预测。

3. 风险计划

风险计划是将按优先级排列的风险列表转变为风险应对计划的过程，主要包括：①制定风险应对策略，风险应对策略有接受、避免、保护、减少、研究、储备和转移几种方式；②制定风险行动步骤，详细说明所选择的风险应对途径。

4. 风险跟踪

风险跟踪包括监视风险状态以及监视发出启动通知后的风险应对行动。包括：①比较阈值和状态；②对启动风险进行及时通告；③定期通报风险的情况。

5. 风险的应对

风险应对过程的活动是执行风险行动计划，以求将风险降至可接受程度。包括：①对触发事件通知的反应；②执行风险行动计划；③对照计划，报告进展；④校正偏离计划的情况。风险应对常见方法有：①规避风险，主动避开带来损失的风险，如为减少人员伤亡，海上船只应在台风、风暴期间回港避风；②预防风险，采取消除或者减少诱发风险发生的措施，以减小损失发生的可能性及损失程度，如一些输水工程为了预防水污染事件发生，在穿越工程桥梁上修建改挡板及安装摄像头等；③分担风险，针对发生频率和强度都比较大的灾害风险，可在灾害发生后采用灾害救济基金和灾害保险等方式进行补偿；④转移风险，以灾害风险为例，对承灾体采取迁移、变换、改造等方法，将风险转移出去。

6. 风险管理绩效评价

风险管理方案实施后，需要对风险管理绩效进行评价，从而调整风险管理方案，修订风险管理计划和风险管理评价标准，通过风险管理实践，不断提高风险管理水平。

2.2.4　风险管理研究方法

当前，风险管理研究的方法主要包括定性分析方法和定量分析方法（赵泽斌和满庆鹏，2018）。定性分析方法是通过对风险进行调查研究，做出逻辑判断的过程（温小琴和胡奇英，2018）。定量分析方法一般采用系统论方法，将若干相互作用、相互依赖的风险因素组成一个系统，抽象成理论模型，运用概率论和数理统计等数学工具定量计算出最优的风险管理方案的方法（童星和丁翔，2018）。

2.3　应急管理理论

近年来，国内外各类突发事件频繁发生，导致应急管理成为全世界都关注的焦点。应急管理是近年来管理领域中出现的一门新兴交叉学科，它以专门研究突发事件及其发展规律为基础，旨在以最经济合理的方式减少突发事件带来的损失。本部分主要介绍突发事件的内涵与分类、应急管理的内涵及其流程，了解我国应急管理发展历程和发展趋势。

2.3.1　突发事件内涵与分类

为了更加深入地了解和研究应急管理，首先必须厘清突发事件的相关概念、分类及特征。

1. 突发事件概念

从词义上来看，"突发事件"中"突"指突然、猝然，"发"指迸发、爆发，"事件"是指历史上和现实中已经发生的大事情。在英文中，与"突发事件"相关联的词有事故、紧急事件、灾害和危机等，但它们在影响范围和破坏程度等方面存在着极大的差异。人们关注突发事件，通常是基于它带来的影响。那么，究竟什么是突发事件？目前，不同学者和知名机构对突发事件有不同的认知。例如，薛澜和钟开斌（2005）认为突发事件是指突然发生，对全国或部分地区的国家和法律制度、社会安全和公共秩序、公民的生命和财产安全已经或可能构成重大威胁和损害、造成巨大的人员伤亡、财产损失和社会影响的，涉及公共安全的紧急公共事件；黄典剑和李传贵（2008）从城市管理视角指出突发事件是指突然发生的造成或可能造成人员伤亡、财产损失、环境破坏和重大社会影响的危机安全事件；宋英华（2008）从政府管理视角出发，认为突发事件是社会中事前难以预测、影响范围广泛且对社会公共领域造成严重威胁和危害的公共紧急事件；倪荣远（2009）认为突发事件是指超常规的、突然发生的、需要即时处置的事件；欧洲人权法院认为，公共紧急状态是一种特别的、迫在眉睫的危机或危险局势，该局势影响全体公民，并对整个社会的正常生活构成威胁（陈安等，2007）；美国联邦紧急事务管理局（Federal Emergency Management Agency，FEMA）指出，应急事件是指由美国总统宣布的，在任何场合、任何情景下，在美国的任何地方发生的需联邦政府介入，提供补充性援助，以协助州和地方政府挽救生命、确保公共卫生、安全及财产或减轻、转移灾难所带来威胁的重大事件（Haddow et al.，2003）。此外，我国出台了一些界定突发事件定义的法律法规。例如，2006 年 1 月 8 日的《国家突发公共事件总体应急预案》对突发公共事件的定义是：突然发生，造成或者可能造成重大人员伤亡、财产损失、生态环境破坏和严重社会危害，危及公共安全的紧急事件；《中华人民共和国突发事件应对法》将突发事件界定为：突然发生，造成或者可能造成严重社会危害，需要采取应急措施予以应对的自然灾害、事故灾难、公共卫生事件和社会安全事件。

综合以上突发事件的各种表述，可以发现突发事件包含突然爆发、难以预料、必然原因所致、产生严重后果、需要紧急处理等内涵。

2. 突发事件的特征

纵观各类突发事件，大都具有爆发突然、起因复杂、蔓延迅速、危害严重、影响广泛的特点，而且相互交织，若处置不当便会产生连锁反应。因此，突发事件有以下共同特征。

1）突发性

突发事件的突发性是指人们难以准确把握事件是否发生，于什么时间、什么地点、以什么样的方式爆发，以及影响范围和影响强度等情况；不能事先描述和确定事件的起因、规模、事态的变化、发展趋势以及事件影响的深度和广度。因此，突发事件的发生具有独特性、偶然性、随机性和不确定性，难以预测和预防。

2）复杂性

首先，突发事件的致灾因素具有复杂性。有人为因素造成的突发事件，如交通事故、人为纵火等事件；有纯自然因素造成的突发事件，如地震、台风、沙尘暴、暴风雪等；还有自然因素和人为因素共同影响而造成的突发事件，如 1998 年我国的洪涝灾害，既与影响全球的厄尔尼诺气候有关，又与人们乱砍滥伐等破坏生态环境的行为有关。其次，突发事件造成的后果也非常复杂。突发事件除了影响区域广和涉及人员多外，还容易引起"多米诺骨牌"效应和"涟漪"效应，如在拥挤的火车站或机场发生火灾，很容易引发人群的恐慌。最后，突发事件的表现形式具有复杂性，难以遵循常规程序进行处理。

3）破坏性

突发事件的爆发时间、地点、方式、种类以及影响程度常常超出人们的预测，导致人们在事件发生初期往往来不及反应或难以做出正确的响应，容易陷入惊恐、混乱之中，再加上缺乏必要准备，因而第一时间的救援条件往往跟不上事件发展。例如，2016 年江西新余仙女湖镉污染事件、2015 年甘肃锑泄漏污染事件和 2014 年湖南砷超标污染事件等除了引发抢水风潮事件外，还给国家及人民带来了较大的生命财产损失。此外，重特大突发事件一般都会给国家和人民生命财产安全造成巨大危害，如 2015 年天津港"8·12"特别重大火灾爆炸事故造成 165 人遇难、798 人受伤，304 幢建筑物、12 428 辆商品汽车、7 533 个集装箱受损，已核定直接经济损失为 68.66 亿元。

4）关联性

突发事件同"风险共担"或"风险社会化"一样，表现出极强的关联性，即突发事件一旦发生，往往因为社会系统的复杂多变性和"多米诺骨牌效应"，形成连锁反应，不仅产生强大的破坏力，还会扩展到经济、政治、社会的各个层面，如 2011 年日本"3·11"大地震，引发的巨大海啸对日本东北部岩手县、宫城县、福岛县等地造成毁灭性破坏，并引发福岛第一核电站核泄漏。

5）处置紧急性

突发事件的发生往往会带来重大的人员伤亡和财产损失，并造成巨大的社会影响，所以必须马上做出正确的、有效的应急响应，以减轻危机事件给社会带来的经济损失和不可估量的后果（Blanck et al.，1986）。例如，2008 年汶川地震发生后，党和政府高度重视，迅速采取措施，第一时间对震区实施救援，把人民群众的生命财产损失控制在最小范围，稳定了灾区局势。

6）影响滞后性

任何突发事件都不会突然消失，突发事件一旦爆发，总会持续一段时间，其带来的影响也是长久的。第一，在突发事件中，人民群众的安全遭受巨大威胁，生命可能瞬间消逝，即使幸存下来，目睹灾难所带来的心理上的痛苦和创伤也将伴随其一生；第二，突发事件给人民群众的财产带来了巨大的损失，对公共基础设施造成巨大破坏，人民群众的生活质量将在短期内急剧下降，事后重建恢复工作需要长期进行；第三，突发事件往往会对环境造成危害，带来的水源污染、大气污染和生态失衡，也会对人的持续发展带来明显影响，需要长期治理。

由此可见，突发事件往往能给受影响的地区或区域带来较大的影响，其发生概率较小，但由于事发突然且迅速扩散，其应急处理处置过程管理非常困难，因而已成为应急管理研究中的重点与难点。

3. 突发事件分类分级

突发水污染事件分类是指根据事件的特征，把各种突发事件划分为不同的类别。作为应急管理工作的基础，只有先确定事件的类别，才能更快地找到处理问题的应对方案。在我国，根据突发事件的成因、机理、过程、性质和危害对象不同，将突发事件划分为自然灾害、事故灾难、公共卫生事件和社会安全事件四大类，具体对应的示例如表 2.2 所示。在我国，按照社会危害程度、影响范围、突发事件性质等因素，自然灾害、事故灾难和公共卫生事件分为特别重大、重大、较大和一般四级。

表 2.2　突发事件分类

突发事件分类	示例
自然灾害	水旱灾害、气象灾害、地震灾害、地质灾害、海洋灾害、生物灾害和森林草原火灾等
事故灾难	工矿商贸等企业的各类安全事故、交通运输事故、公共设施和设备事故、环境污染和生态破坏事件等
公共卫生事件	传染病疫情、群体性不明原因疾病、食品安全和职业危害、动物疫情以及其他严重影响公众健康和生命安全的事件等
社会安全事件	经济安全事件和涉外突发事件等

2.3.2　应急管理内涵及其流程

随着突发事件频繁爆发，如何更有效地降低突发事件带来的影响和损失是当前各级政府迫切需要解决的问题。在架构合理的应急管理理论体系之前，有必要厘清应急管理的概念。

1. 应急管理的定义

目前，学术界对应急管理（emergency management，EM）概念的界定还未统一，国内外相关机构和学术领域对其有多个不同角度的阐释。例如，FEMA 于 2007 年就认为应急管理是通过组织分析、规划决策和对可用资源的分配，分减缓、准备、响应和恢复等四个阶段以实施对灾难影响的措施，其目标是使社会能应对环境、技术风险所导致的突发事件；澳大利亚紧急事态管理署认为应急管理是一个处理因紧急事件引起社会风险的过程，是识别、分析、评估和治理紧急事态的系统性方法，主要包括建立背景、识别风险、分析风险、评估风险和治理风险等五个行动（程琳，2013）；沃等（2008）认为应急管理就是有组织地分析、规划、决策与调配可利用的资源，针对所有危险的影响而进行的减缓、准备、响应与恢复；联合国国际减灾战略在《术语：灾害风险消减的基本词汇》中提出应急管理是组织与管理应对紧急事务的资源与责任，特别是准备、响应与恢复；计雷等（2006）认为应急管理是基于对突发事件的原因、过程及后果进行分析，有效集成社会各方资源，对突发事件进行有效预警、控制和处理的过程；万鹏飞和于秀明（2006）认为应急管理由预防、应对、恢复、减灾四个环节构成；等等。

综上，应急管理是指在紧急状况发生或将要发生时，应急管理部门能选择最有效的处理措施，并知晓如何快速有效实施该项措施。这里所说的紧急状况有可能正在发生，如高速公路上突降大雾，对行车造成了极大的安全隐患，需要紧急关闭高速公路；也有可能预测将要发生，如台风登陆前，预测到台风登陆地点，需要通过紧急搬迁来确保居民的安全。在紧急状况发生或预测发生时，由于时间紧迫，需要明确各类人员的职责，避免出现混乱和无序，这增加了指挥协调的难度，同时也需要监督、控制各类人员的行为，提高整体和全局效益。

需要注意的是，突发事件发生后，科学合理的应急行为不仅可以减少个人、组织和社会的损失，其出发点和目的也都符合人类的需求，但同其他社会行为一样，需要考察这一行为的效益。特别是在日益复杂的法治化社会中，应急行为的效益更加重要，不能因为需要应对突发事件而制造出更多的突发事件，也不能不计成本地减少当前突发事件带来的损失。因此，在应对突发事件时，需要提高应急行为的效益，全面提升应急管理水平。

另外，我们可以从理念、结构、行动、工具四个方面全面理解应急管理，即应急管理是以全风险、整合性、综合性和社会预防的理念为指导思想，以组织、法律、项目、计划等为实施载体与形式，以应急溯源、应急追踪、应急响应和应急恢复等为具体行动，以风险管理、质量保障、绩效管理等为应急工具。与此同时，还应该注意以下五个方面：①应急管理是一个持续性的过程；②应急管理应该通过对问题进行前瞻性推测找到可能解决的方式，努力减少危机情境的不确定性；③应急管理一向需要依靠的基础是未来可能发生什么；④应急管理是一种教育活动，它意味着相关人士必须知晓程序的存在并理解程序；⑤应急管理应该包括演练，特别是响应和恢复阶段的演练。

2. 应急管理的特征及流程

1）应急管理的特征

应急管理是一项重要的公共事务，不仅是政府的行政管理职能，也是社会公众的法定义务，同时被法律约束，因而具有与其他行政活动不同的特征。

（1）政府主导性。政府、企业和其他公共组织是突发事件应急管理的主体。其中，政府是责任主体，起主导性作用。政府主导性主要体现在两个方面：一是政府主导性是有法律规定的。《中华人民共和国突发事件应对法》规定，"县级人民政府对本行政区域内突发事件的应对工作负责；涉及两个以上行政区域的，由有关行政区域共同的上一级人民政府负责，或者由各有关行政区域的上一级人民政府共同负责"。二是政府主导性是由政府的行政管理职能决定的。政府掌管行政资源和大量的社会资源，拥有组织严密的行政组织体系，具有强大的社会动员能力，这是任何非政府组织、企业和个人无法比拟的行政优势，只有由政府主导，才能动员各种资源和力量开展突发事件应急管理。

（2）社会参与性。《中华人民共和国突发事件应对法》规定，"公民、法人和其他组织有义务参与突发事件应对工作"，这从法律上规定了应急管理的社会参与性。尽管政府是应急管理的责任主体，但是若没有全社会的共同参与，应急管理就不可能取得良好的效果。

（3）行政强制性。应急管理主要依靠行使公共权力对突发事件进行管理。公共权力具有强制性，社会成员必须绝对服从。在处置突发事件时，政府应急管理的一些原则、程序和方式将不同于正常状态，权力将更加集中，决策和行政程序将更加简化，一些行政行为将带有更大的强制性。当然，这些非常规的行政行为必须有相应法律、法规作保障。

（4）目标广泛性。应急管理以维护公共利益、社会大众利益为己任，以保持社会秩序、保障社会安全、维护社会稳定为目标。换言之，应急管理追求的是社会安全、社会秩序和社会稳定，关注的是包括社会、经济、政治等方面的公共利益和社会大众利益，其出发点和落脚点就是把人民群众的利益放在第一位，保证人民群众生命财产安全，保证人民群众安居乐业，为社会公众提供全面优质的公共产品，为全社会提供公平公正的公共服务。

（5）管理局限性。突发事件一旦爆发，应急决策者应尽快做出正确的决策，但指挥协调和物资供应任务十分繁重，短时间内通过做好应急处置、应急疏散和应急救援等工作对应急人员来说是一个巨大的挑战。同时，突发事件发生后，社会公众往往处于紧张、恐慌的状态下，影响公众避险自救措施的实施。除此之外，突发事件的不确定性也决定了应急管理的局限性。

2）应急管理的流程

以综合应对突发事件为目的，应急管理的基本流程可分为预防、准备、响应和恢复四个阶段。这四个阶段构成一个循环，每一阶段都起源于前一阶段，同时又是后一阶段的前提，有时前后两阶段之间会存在交叉和重叠。

（1）预防阶段。预防阶段，又称为减灾阶段，是指在突发事件发生之前，为了消除突发事件出现的机会或者为了减轻危机损害所做的各种预防性工作。突发事件多种多样，有些可以被缓解，有些却无法避免，但可以通过各种预防性措施减轻其危害。在这个阶段，尤其要注重风险评估，尽可能预测和事先考虑到在哪些环节会出现哪些风险，并采取相应的预防措施降低风险，防患于未然。

（2）准备阶段。准备阶段是指针对特定的或潜在的突发事件所做的各种应对准备工作，是应对突发事件的基本战略，主要包括两方面措施：一是制定各种类型的应急预案；二是设法增加灾害发生时可调用的资源（技术支持、物资设备供应、救援人员等）。

（3）响应阶段。响应阶段是指在突发事件发生发展过程中所进行的各种处置和救援工作，主要措施包括：及时收集灾情、启动应急预案、为处理突发事件提供各种各样的救助、向公众报告事件状况以及采取应对措施等。在应急响应阶段，需要注意的是各种紧急救援行动的实施要防止二次伤害。

（4）恢复阶段。恢复阶段是指在突发事件得到有效控制之后，为了恢复正常的状态和秩序所进行的各种善后工作，主要措施包括：启动恢复计划、提供灾后救济救助、重建被毁设施、尽快恢复正常的社会生产生活秩序，进行灾害和管理评估等善后工作。

2.3.3　我国应急管理的发展历程

当前，应急管理的研究一直处于逐步深化和广化的阶段，清楚了解应急管理思想方法的发展演进过程，能对应急管理理论的科学应用起到推进作用。自 2003 年"非典型病原体肺炎"（以下简称"非典"）以来，我国应急管理取得了长足的发展，其工作主要围绕"一案三制"建设展开。"一案三制"指的是应急预案，应急管理体制、机制和法制。根据应急管理内容的不同，我国应急管理发展主要经历萌芽期、形成期和强化期。

1. 萌芽期

我国是一个自然灾害频发的国家，在与自然灾害做斗争的长期实践中，公众积累了较丰富的抗击灾害的经验。新中国成立以前，抗灾基本上由人民群众自发组织，政府主要是兴修大型水利设施，提供灾后救助；新中国成立以后，政府逐步建立了经济体系和保障体系，政府、企业、公众都加入应对突发事件的行列，但也仅限于事后应对。仅仅是一些高危行业和企业制订了应急方案，少数特定部门具备了应急救援力量。但是各种力量和资源都是在各自具体岗位上发挥特定的作用，职能比较分散，并没有注重应急管理体系建设，因而在这个时期该体系几乎没有发挥作用。萌芽期横跨我国几千年的发展进程，其特点主要停留在一般的灾害应对行动上，应对灾害的主体也是社会公众。

2. 形成期

2003 年我国发生"非典"事件后，应急管理得到了政府和公众的高度重视。2003 年 7 月 28 日，全国防治非典工作会议在北京举行，党中央、国务院第一次明确提出，政府除了常态管理外，要高度重视非常态管理。同年 11 月，国务院成立了应急预案编制工作领导小组，重点推动突发事件应急预案编制工作和应急管理体制、机制与法制的建设。

2004 年 3 月，国务院办公厅在郑州召开"部分省（市）及大城市制定完善应急预案工作座谈会"，确定当年政府工作的重要内容之一是围绕"一案三制"开展应急管理体系建设，制定突发事件应急预案，建立健全应对突发事件的体制、机制和法制，提高政府处置突发事件能力。2004 年 4 月和 5 月，国务院办公厅分别印发了《国务院有关部门和单位制定和修订突发公共事件应急预案框架指南》和《省（区、市）人民政府突发公共事件总体应急预案框架指南》。

2005 年 3 月，中央军委召开军队处置突发事件应急指挥机制会议，6 月颁布了《军队参加抢险救灾条例》；7 月，国务院在北京召开第一次全国应急管理工作会议，标志着我国应急管理工作进入了一个新的历史阶段。会议明确了加强应急管理工作要遵循的原则，包括健全体制、明确责任、全民参与。会议要求各地成立应急管理机构。同年 12 月，国务院成立了履行值守应急、信息汇总和综合协调为职责的应急管理办公室；2006 年 1 月，国务院发布《国家突发公共事件总体应急预案》（国发〔2005〕11 号）。

总体而言，我国应急管理形成期的跨度不长，但发展迅速，自上而下推动应急管理建设，基本形成了以应急预案和应急管理体制、机制、法制为总体框架的应急管理体系。

3. 强化期

2006 年，十届全国人大四次会议审议通过了《中华人民共和国国民经济和社会发展第十一个五年规划纲要》，该纲要首次将应急管理列入国家经济社会发展规划中。5 月，国务院常务会议原则上通过《中华人民共和国突发事件应对法（草案）》。6 月，国务院出台《关于全面加强应急管理工作的意见》，提出了加强"一案三制"工作的具体措施。7 月，国务院召开第二次全国应急管理工作会议。9 月，召开中央企业应急管理和预案编制工作现场会，推动应急管理进入企业。12 月，成立国务院应急管理专家组。2007 年 5 月，国务院在浙江诸暨召开全国基层应急管理工作座谈会，提出要建立"横向到边、纵向到底"的应急预案体系，将应急管理工作纳入干部政绩考核体系，并要求建立基层应急管理组织体系、工作体制。

2.3.4　应急管理的发展趋势

应急管理未来发展趋势包括应急管理专业化、一体化和全球化，即整合国际国内一切应急力量，以形成一体化应急管理理论体系与方法。

1. 应急管理专业化

应急管理专业化是实现一体化和全球化的重要保证，它是应急管理发展的必然趋势。从应急管理主体来看，若没有专门化、专业化的应急管理组织体系，是不能全面、有效地进行应急管理的；从应急管理对象看，突发事件的突发性、多样性、复杂性急需专业化的应急管理；从国内外应急管理体系建设的情况看，应急管理专业化发展趋势主要表现在以下五个方面。

1）应急管理机构体系化

在政府、部门和公共组织中，建立专门的应急管理机构并形成一体化的网络组织体系，依法赋予其特定的职能和特定的运作方式。

2）应急管理模式一体化

我国应急管理模式属于以单项灾难为主的原因型管理，即按突发事件类型分别由对应的行政部门负责。然而，以单项载重为主的管理模式除了容易出现交叉、难以协调等情况外，还易出现机构重置和资源浪费等现象。近几年我国应对重特大突发事件的实践正推动应急管理从单项防灾向综合防灾的一体化应急管理模式发展。

3）应急救援队伍专业化

针对不同的突发事件，建设装备精良、训练有素、技术娴熟的专业队伍和一专多能的综合应急救援队伍。

4）应急管理行为规范化

在应急管理实践中，人们逐渐认识到规范化、制度化、法定化的行为程序是实施科学高效的应急管理的必要条件。

5）应急管理法律法规政策专门化、体系化

随着应急管理全方位的发展和突发事件呈现多样、复杂的特点，建立覆盖各个领域、有针对性的法律法规体系和应急管理政策体系，对于提高应急管理的效率、增强应急管理的效果尤为重要。

2. 应急管理一体化

受传统的以专业部门应对单一灾种管理模式的影响，我国目前尚未形成类似大部制的"大应急"管理体制，紧急和非紧急相互脱节，导致重复建设和资源浪费。应急管理一体化，是指在应急管理体系建设中，将政府行政职能与应急管理功能进行有效的整合，打造一体化的指挥体制、工作模式与实施手段，实现政府行政管理与应急管理资源的最优化配置。因此，实行一体化应急管理模式，是我国政府职能转变的必然要求，符合政府危机管理的发展方向。

1）应急与非应急一体化管理

应急与非应急一体化联动解决方案包括两个层次：第一个层次是分别实现"应急联动"和"非应急联动"，第二个层次是在第一个层次的基础之上，实现"应急与非应急一体化联动"。其中，应急联动中心通过对公安、消防、急救、交警、专业救灾机构的指挥和调度，实现多方应急联动。非应急联动中心通过对司法局、环保局、市政局、信访局等政府部门以及供电局、自来水公司等城市公共事业机构、单位的指派和监督，实现多方联动。应急联动中心和非应急联动中心均接受指挥决策中心的统一领导和集中指挥，并通过相互协调机制实现多方的应急力量与非应急部门的一体化联动。

总之，国际上对应急互助、应急协调、现代化的应急培训方法等研究还处于起步阶段，而如何将应急管理集成到电子政务管理和企事业单位的微观管理，以实现"应急与非应急结合"，必将是未来研究的重要方向。

2）行为主体一体化管理

资源配置系统的管理效率对运行效率与救援效果起着关键性影响，对资源管理进行一体化设计，能使处于不同阶段、状态的资源配置有效衔接，不同环节的资源配置相互支撑，形成保障有力的资源配置系统。

应急资源配置中的主体指实际承担资源的提供、储存、运输、分发、协调和回收功能的组织及团体。主体行为则指组织和团体按照应急预案的要求，充分调动各方力量，高效地实现资源的合理配置。应急资源配置一体化管理实现的前提是多行为主体的一体化管理，其主要目标有两个：一是实现常态资源配置与动态资源配置过程的一体化，二是实现不同阶段内部环节的一体化。

对我国而言，更重要的是如何结合我国的文化、社会、制度等，研究适合国情的应急管理体系建设的思路与方法，构建反应灵敏、指挥统一、责任明确的国家应急管理机制，实现多主体、多层级、多环节协同应对和多层面社会联动应急。

3. 应急管理全球化

国际合作是应急管理全球化的表现，即要整合国内力量与国际力量以应对重特大突发事件。从某种意义上说，国际社会是一种无序状态，因此应急管理的国际合作应遵循预防为主、标本兼治，奉行人道主义，体现国际公平与正义，充分发挥联合国的主导作用等原则。应急管理国际合作从合作主体可分为政府间合作、企业间合作、非政府组织合作。

（1）政府间合作。政府合作的形式可以是国与国之间的双边合作，也可以是国家参与地区或国际合作等，如我国政府积极推动上海合作组织成员国签署《上海合作组织成员国政府间救灾互助协定》，通过了《上海合作组织成员国 2007—2008 年救灾合作行动方案》。

（2）企业间合作。在重大突发事件应对过程中，一个国家可以与其他国家的救援公司合作。在国外，紧急救援已经成为仅次于银行、邮电、保险业的重要服务性产业，是政府救援的有益和必要的补充，美国、法国等西方发达国家，都设立了国际紧急救援中心并在其他国家和地区建立了分支机构。

（3）非政府组织合作。在应急管理的国际合作中，可以借助规模不断壮大的非政府组织的力量。非政府组织可以提供以下几种资源：①信息资源，非政府组织可以收集信息，提供灾害损失和援助需求情况；②救援力量资源，非政府组织可以在短时间内调集具有各种技能的救援人员；③资金资源，非政府组织具有很强的筹资能力,可以迅速地在国内外筹措资金。

非政府组织一方面具有国际组织的特征,拥有遍及全球的网络,可以与地方政府结成应急伙伴关系;另一方面又具有组织结构分散化、反应灵活、处置效率高的特点,且具有人道主义色彩,在一些重特大事件的谈判中发挥着独特的作用。更重要的是,非政府组织的成员接受过正规的培训,实践经验丰富,敬业精神强,可以从事从灾害救助到灾后恢复重建等各项工作。

第二篇　大数据应用对应急追溯的影响篇

第3章 大数据对突发水污染事件应急追溯模块的影响分析

数据是突发水污染事件应急追溯研究的核心。然而，随着互联网、社交媒体和人工智能等技术的快速发展与应用，与突发水污染事件应急追溯相关的数据信息呈爆炸式增长。因此，如何充分利用这些海量数据开展突发水污染事件应急追溯研究，已成为突发水污染事件应急管理领域研究的重点和难点。

3.1 大数据的内涵及其应用优势分析

3.1.1 大数据的概念与特征

大数据是继云计算和物联网之后的信息技术行业的又一次颠覆性技术变革，它主要用来应对如何快速有效地解决海量数据的搜集、存储、计算、挖掘、展现和应用等问题。然而，截止到目前，有关"大数据"的概念还没有形成统一的、系统化的描述（邱立新和李筱翔，2018）。例如，麦肯锡全球研究院（Mckinsey Global Institute，MGI）将大数据定义为数据集合，这个集合规模大到无法通过统计数据库软硬件工具获取、存储、管理和分析（Gobble，2013）；高德纳咨询公司（Gartner Group）认为大数据是需要新处理模式才能具有强大决策力，以及海量、高增长率和多样化的信息资产（Cooney，2011）；邵璇和田文君（2018）认为大数据是信息化发展的产物，是指高速获取、传输与分析大量种类与来源繁多的复杂数据集合；王元卓等（2013）和陈军飞等（2017）均认为大数据是指无法在许可的时间内采用常规软硬件对其内容进行感知、获取、管理、处理和服务的数据集合；等等。综上所述，当前关于"大数据"定义的表述虽然不同，但表述的核心含义都是一致的，均认为大数据是结构复杂并有极大的挖掘价值的数据集，具有海量、多源、异构和实时等特性（Provost and Fawcett，2013）。基于大数据的特性，大数据传输及处理技术不仅能实时有效地分析和处理那些连传统突发事件数据信息处理方法无法处理的非结构化数据，而且还能从这些数据中挖掘出对决策者有用的信息（刘智慧和张泉灵，2014；方巍等，2014；马建光和姜巍，2013）。因此，若将大数据应用到突发事件应急管理领域，不仅能快速提高政府应对突发事件的能力，为突发事件应急处置措施制定提供参考依据，而且能达到最优的处理效果。

3.1.2　大数据的关键技术

大数据不仅可以带动国家战略及区域经济的发展，而且还可以为智慧城市、制造业企业转型，社会管理及公共服务等领域的发展、创新和变革提供动力。当前，谷歌、亚马逊、微软和 VMware 等从应用领域或赢利模式的角度推出了各自的大数据方案，其中比较典型的是以 Hadoop 技术为核心的大数据平台（孙忠富等，2013；陆艳军等，2016）。该技术基于谷歌大数据开源计算平台，不仅可以为用户提供底层透明的分布式基础架构，而且可以在大量计算机集群中部署（喜艺，2015），即该技术不仅将应用程序分成很多小单元，而且可以通过集群点实现重复执行或者单一执行每个单元。

Hadoop 技术主要包括 Hadoop 分布式文件系统（Hadoop distributed file system，HDFS）和 Map Reduce 并行计算模型两个核心部分（余永红等，2012）。其中，HDFS 用来解决海量数据存储问题，Map Reduce 用来解决海量数据计算问题（张君艳等，2016；游小容和曹晟，2015）。最重要的是，Hadoop 技术具有高效性、高可靠性、高扩展性、高容错性和低成本等特征，可以实现对海量数据应用的支持（邱立新和李筱翔，2018；喜艺，2015）。

3.1.3　大数据在应急管理领域的应用优势

随着物联网等新的信息技术的快速发展，大数据不仅为应急决策者高效、全面获取与传输突发事件信息增添了新途径，同时也增加了数据的多样性，而且为应急决策者发布预警级别、预测事件演化态势和制定应急响应措施等提供了更加科学、准确、高效的决策支持。与传统突发事件应急管理相比，基于大数据传输与处理技术的突发事件实时监测、预报预警方式在很大程度上降低了突发事件信息传输的滞后性，事件分析及决策的主观性，能够有效提高突发事件应急溯源、应急追踪以及应急响应等能力（陈军飞等，2017；陆琳等，2018；张仁泉，2016）。基于大数据的突发事件应急决策与传统突发事件应急决策对比示意图见图 3.1。

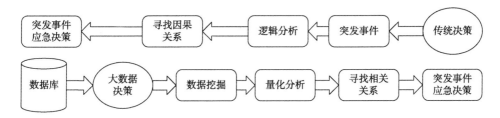

图 3.1　基于大数据的突发事件应急决策与传统突发事件应急决策对比示意图

由此可见，若在突发事件应急管理领域中应用大数据及其技术，将具有以下应用优势。

1. 增加数据多样性

以往应急管理相关人员大多采用部门报送、人工搜索互联网等方式收集突发事件信息，导致突发事件信息不够全面且时效性低，而借助大数据信息传输与处理技术，能自动接入、定期或实时收集更全面的突发事件信息。

2. 改进数据处理方式

以往应急管理相关人员大多凭借自身经验及业务能力制定突发事件应急预案及应急处置措施，很少借助智能化数据分析手段，而借助于大数据信息传输与处理技术，不仅能够从海量数据中发现潜在的联系和规律，而且可以更加科学、全面地对事件进行分析。

3. 提高数据的时效性

突发事件应急管理对数据的时效性有着很高的要求。以往处理突发事件信息时流程较长，容易发生信息要素丢失问题，导致数据的时效性差、突发事件现场信息不够直观等问题。借助大数据信息传输与处理技术，能够实现数据信息的实时、无缝传输，极大提高应急响应速度。

4. 促进突发事件信息的综合化

突发事件发生及演化通常影响多个领域或行业，相应的应急响应及处置也需要多部门协同完成。借助于大数据信息传输与处理技术，不仅可以在突发事件应急管理全生命周期实现数据的快速对接，而且可以实现突发事件信息的深度融合。

5. 增加应急管理的决策者的主体构成

大数据为应急管理者提供的不仅是数据，还有公众力量。随着大数据及其技术的应用，政府不再是唯一的应急主体，需要汇集社会大众的力量，发挥群众的智慧，这样才能够在短时间内寻找到合适的办法，提高工作的效率，发挥大数据的价值和民众的集体智慧。

3.2　大数据在突发水污染事件应急管理中应用现状分析

3.2.1　水生态环境大数据的技术特点分析

随着物联网、射频识别技术和遥感技术的发展，水利、环境、气象、国土等部门收集水生态环境数据能力得到了极大提升。其中，水生态环境数据是表征水环境质量及与其相关的环境因素的种类、数量、质量、时空分布和变化规律的数字、文字、表格和图形等信息的总称，可以应用于突发水污染事件应急管理领域（Provost and Fawcett，2013；张仁泉，2016）。从数据格式来看，水生态环境大数据除了包括传统的结构化数据，还包括诸如图片、语音和视频等非结构化数据。从数据类别来看，水生态环境大数据主要包括通过物联网设备监测得到水文气象、水位流量和水质环境等主要数据，以及通过调研获取人文经济信息、生态环境数据、地质灾害数据和互联网数据等辅助数据。从价值密度来看，随着物联网设备和遥感技术的发展，数据信息的量日益增加，导致数据信息的价值密度开始降低。同时，这些数据并不完全相互独立，而是存在复杂的业务和逻辑关系，如气候气象数据变化会引起水资源时空分布的变化，进而影响水生态环境、台风洪涝灾害、水资源分配等（张建云等，2008）。从数据的时效性看，某些水环境数据如洪涝灾害预警、突发性污染物泄漏事件应急溯源与应急追踪等需要及时高效的处理和反馈。由此可见，水生态环境大数据具有多源异构、分布广泛、动态增长和短时效性等特点（陈军飞等，2017），且是大数据的一个重要组成部分。

水生态环境大数据研究方法与传统的水利数据分析方法相比，具体表现为：①传统的数据分析方法通常是基于抽样数据，而大数据分析方法则是基于海量数据进行数据分析；②传统的水利分析方法往往是基于某个专业或者某个部门内部的数据进行分析，而水利大数据分析方法则是在跨专业、跨部门的基础上进行多维度、多角度的数据分析。

3.2.2　水生态环境大数据的应用现状分析

水生态环境大数据分析和处理可以通过大数据处理平台（邱立新和李筱翔，2018；Dean and Ghemawat，2008），实现对突发水污染事件应急管理的支持。目前，水生态环境大数据平台大多以 Hadoop 技术为基础，以水生态环境的数据管理集中化、业务管理协同化和综合决策科学化为目标，如图 3.2 所示（邱立新和李筱翔，2018）。也有学者根据突发水污染事件的特征，从技术实现的角度构建水生态环境大数据应用框架，如图 3.3 所示（陈军飞等，2017）。当前水生态环境大数据应用的重点在台风洪涝灾害管理、危险源与污染事件管理、水利工程环境管理和水资源调配管理等方面。其中，台风洪涝灾害管理主要包括台风路径追踪及预警、洪灾监测及预警等；危险源及污染事件管理主要包括危险源监测、水环境监测、水污染事件预警等；水利工程环境管理主要包括水体环境管理和水体建筑物管理等；水资源调配管理主要包括水资源配置和水资源保护等。

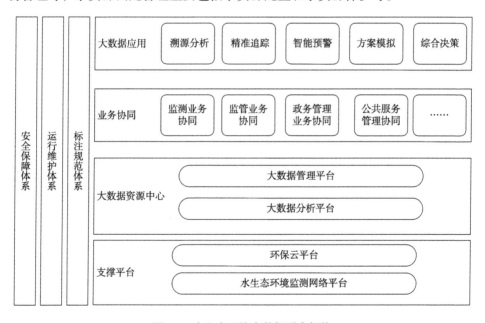

图 3.2　水生态环境大数据平台架构

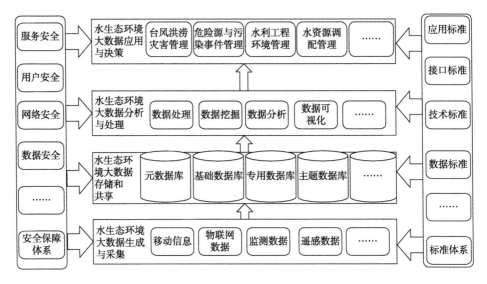

图 3.3　水生态环境大数据应用框架

1. 台风洪涝灾害管理

随着全球气候的变化，目前易发生台风、极端天气等灾害。这些灾害不仅对水体环境造成很大的影响，而且还给社会经济带来很大的损失，因而需要在长期气候尺度上对致洪暴雨进行分析（陆桂华等，2013）。传统台风洪涝灾害管理通常是通过卫星云图和辖区设置雨量监测站，再分析卫星云图数据和雨情数据，然后做出预测。然而，这种方法的预警时间短，而利用大数据技术，融合更多的洪涝灾害相关数据，可以提高预测的准确性和延长预测期。例如，贵州省在 GIS（geographic information system，地理信息系统）、气象、水文等信息的基础上设计了提前洪涝灾害预警预报系统，该系统能提前 72 小时预测预报洪涝灾害，准确率达 85%；IBM 在加拿大安大略省构建了能较为精确预测洪涝灾害的大数据共享平台；欧洲在遥感 GIS、水文和气象等数据的基础上构建了能在欧洲范围内预警预报的系统，该系统能提前 10 天预报台风和洪涝灾害；美国在融合气象、水文、防汛减灾、灌溉和供水等数据的基础上构建了能为台风洪涝灾害应急决策提供依据和支撑的预警预报系统。

2. 危险源及污染事件管理

随着经济社会的快速发展，危化品的生产、贮存、运输和使用等行为随之增加，极易发生突发性泄露事件（杨海东等，2018）。据统计，长江沿岸就有五大钢铁工业基地、七大炼油厂和 40 余万家化工企业，化工产量约占全国的 46%；黄河流域上中游分布有 11 个重要能源、重化工基地。因而，危险源及污染事件管理不仅涉及面广，而且关联的领域也很多，需要借助大数据传输和处理技术开展危险源和污染事件管理。

3. 水利工程环境管理

随着全球气候变化，水资源时空分布差异日益增大，为了解决这一问题，各国兴建了一批能缓解缺水、合理配置水资源的输入工程，如我国大伙房输水工程、南水北调东线工程、中线工程和西线工程，美国加利福尼亚州和以色列的北水南调工程等调水工程。然而，随着经济社会的快速发展以及全球气候变化，突发水污染事件爆发的频率不断增加，对水利工程环境构成了巨大的威胁。大数据在水利工程管理方面可以通过对地形、地质、水文气象、水雨情、蓄滞洪区空间分布以及社会和经济等数据进行分析，并构建面向水利工程分析为主的多维大数据库，以实现水利工程环境大数据的重组和综合，从而实现水利工程环境管理。

4. 水资源调配管理

过去由于技术的限制，应急管理相关人员难以处理庞杂的水资源调配数据，只能依据部分水资源数据和经验制订水资源调配管理方案。要准确预测水文、水质、水环境变化，可以利用大数据传输和处理技术来分析并制定更加合理、可行的水资源调配政策和方案。例如，可以通过对水量分配、水资源调度、用水户及水权交易和污染事件危害程度等数据进行多维度的统计分析，可以实时调整突发水污染事件受影响区域上游水库的蓄泄水量和供水分配，从而高效地解决突发水污染事件中饮用水调配问题和引水冲污问题。在水环境监测方面，通过自动监测点的监测数据和对公众在网站、论坛、微信、微博等发布的有关突发水污染事件相关数据信息进行共享、关联分析和挖掘利用，为水资源研究、水资源监测和预警、水资源管理决策等提供依据。在水资源保护方面，通过大数据传输与处理技术挖掘和分析重点行业的排污情况、危化品运输路线等相关数据，进一步保护水资源。

3.3　大数据对突发水污染事件应急追溯模块的关系分析

突发水污染事件一旦发生，充分利用水生态环境大数据、水利相关行业和领域大数据以及社会公众提供的数据等是快速开展此类事件应急追溯研究的前提和基础。然而，利用传统渠道收集信息不仅存在数量有限和效率低下等情形，而且无法保证数据信息的准确性和实时有效性（Couch and Robins，2013）。

3.3.1 大数据为应急追溯研究提供技术

传统的突发水污染事件应急管理偏重对事件本身的应对与响应,存在着数据采集与处理分析能力不足及预报预警能力无法满足应急处置全过程的需要等情形。为此,应急管理相关人员需要提高数据采集与分析能力、改变应急管理思维、加强风险防控能力和提高事件预报预警能力。大数据信息传输与处理技术不仅可以解决当前海量数据对突发水污染事件应急管理的冲击,而且还能辅助应急管理相关人员制定科学合理的应急措施。

1. 大数据有助于提升应急决策的科学性

一方面,在突发水污染事件预防准备阶段,大数据有助于应急管理相关人员及时掌握诱发事件发生的危险源的属性及动态,保障了突发水污染事件污染源项信息的时效性。另一方面,在突发水污染事件发生后,有关部门可以利用大数据信息传输与处理技术及时有效地处理事件演化及其相关信息,制定出高效的应对措施。例如,在突发水污染事件发生后,事件亲历者或者围观市民及时通过微博、微信等平台发布事件相关信息,然后信息员对这些分散的信息有效整合和清洗,获取有效信息,有利于应急管理部门及时掌握事件影响程度并追踪事件演化态势,从而精确展开有效救援。然而,在传统数据时代,应急管理部门单纯通过获取的数据了解事件发生原因或演化趋势,而忽视如何通过数据做好事件预防工作,即重视数据的因果价值而忽略了数据的关联性价值。因此,大数据能够提供给管理者的不仅仅是一种管理资源,也是一种管理思维。

2. 大数据有助于培养应急决策者管理新思维

面对突发水污染事件相关数据信息呈爆炸式增长的趋势,应急管理者应组建拥有大数据技术背景的管理队伍。首先,应急决策者应围绕突发水污染事件应急管理涉及的理论与实践,开展各类交流与培训,以达到能从海量数据中挖掘有用的信息的目的,进而服务突发水污染事件应急管理;其次,应急决策者应注重引导水利、环境等与突发水污染事件相关行业的从业人员树立正确使用大数据、保护隐私安全等意识,并提升他们对大数据的认识,学会结合工作有意识地采集、共享、建设数据,维护建立包容量更大的信息平台,服务突发水污染事件管理。

此外,将大数据与突发水污染事件应急追溯工作相结合,促进了应急追溯方法的创新。首先,大数据时代的到来更新了应急追溯工作的理念,大数据思维的提倡使得应急追溯工作更多依靠数据的支持来进行决策,逐渐减少了过去应急追溯管理工作中人为判断的情况;其次,大数据理念的树立帮助政府在应急追溯工作中快速有效地提取有价值的信息,通过对信息的分类处理,增强了应急追溯工作的预见性。

3. 应急追溯问题研究在客观上需要大数据

大数据的核心是从海量数据中发现潜在的联系和规律，而突发水污染事件应急追溯就是通过快速的数据挖掘与分析寻找事件发生源头、事件影响范围和事件演化趋势等。突发水污染事件发生后，应急管理部门只有运用大数据传输与处理技术快速找到事件发生的源头和追踪事件演化趋势，才能制定更加精准有效的应急策略。例如，某一湖泊水源地水质自动监测站测得的氟化物质量浓度突然从正常水平的 0.3 mg/L ~ 0.4 mg/L 上升到 1.2 mg/L，应急管理部门只有通过大数据分析才可以了解该水源地周边可能排放氟化物的环境风险源及排放强度，结合其对水源地水质影响的程度，进行污染物来源解析和追踪，识别肇事污染源，并提出有效的应急措施和建议方案。然而，与突发水污染事件应急追溯相关的数据随着信息技术的快速发展与应用呈现出爆炸式增长趋势。因此，为了降低突发水污染事件带来的损失和保证应急追溯模块的精度，在开展应急追溯研究时需要大数据提供技术支持。

4. 大数据提高了应急追溯工作的响应速度和准确性

应急决策者利用大数据强大的计算功能，对污染物异常排放的影响范围和危害程度进行追踪与预测，提高了应急溯源工作的效率和准确性，为应急管理的决策提供了更为科学的指导依据。换言之，大数据一定程度上实现了应急溯源的自动化、信息化和智能化，从而提高了响应速度和准确性，提升了应急管理的工作水平。

综上，大数据及其技术的发展不仅为突发水污染事件应急追溯提供了技术支撑，而且大量的数据搜索和准确的数据分析为应急追溯提供了真实有效的数据信息，提高了应急追溯的结果准确性和可信性。

3.3.2　大数据促进传统应急追溯过程的变革

当前，大数据在突发水污染事件应急追溯模块中的应用包括大数据技术和大数据思维。大数据技术指的是数据存储、云计算等对大数据运行起支持作用并可以对数据信息分类的技术；大数据思维则是从大量数据信息中，分析和挖掘每个数据信息背后深层次的内容，找出与应急管理问题有关系的数据信息，并对数据信息进行分析，采取行之有效的对策（Couch and Robins，2013）。大数据技术与思维相互融合和作用，共同形成了大数据的应用，并对突发水污染及应急追溯研究产生了巨大影响（Goodchild and Glennon，2010）。尤其是出现因为泄露、爆炸等带来影响较大的突发水污染事件时，我们不能精确地判断到底要向上游要多少水，向水库要多少水，或者采用什么样的方法能够快速地稀释污染物。而大数据可以在这个时候发挥巨大的作用。此外，我们还可以基于海量的遥感数据，建立多光谱模型，通过机器学习的方式，了解水污染的总体情况。综上利用大量数据，基于人工智能方法，其实可以把原来看起来很难进行统一全规模、全自动化管理的东西，在统一的自动化的方式中进行定量的管理，从而大幅提高治理水平。

1. 大数据增加了突发水污染事件发生及演化过程的不确定性

大数据促进了传统应急管理外部生态的变化，个人、企业、社会组织的行为模式都发生了改变，同时对应急管理也提出了新要求。大数据的出现改变了突发水污染事件的发生、发展和演化的时空模式，加深了突发水污染事件及其衍生事件的不确定性。一方面，海量个性化数据的存储和传输过程中的安全问题孕育了超乎想象的全新风险。例如，数据关联和信息联通扩大了传统突发事件的影响范围，数据的高速传输也可能使某些负面信息通过互联网瞬间引爆网络群体性事件。另一方面，应急管理外部生态环境的变化又反过来促使应急管理做出变革。

2. 大数据拓宽了应急追溯模块所需的数据来源

互联网平台、物联网平台、监测平台、预警平台以及各类社交软件平台等产生的数据以及水文数据、地理数据等都可以作为应急追溯研究的数据源。应急管理者通过大数据的智能分析，可以获取到更多、更精确的数据信息。然而，大数据使突发水污染事件应急追溯所需的数据来源不限于监测点的监测数据和政府内部部门，公众在网络平台和社交平台中发布的信息也为应急追溯提供了大量的数据信息。例如，当某河渠段出现水质异常情况时，公众会利用网络平台和社交平台发布消息，应急溯源管理部门通过对大数据的智能采集、分析可以快速地分析水质迁移情况，判断水质高峰时段，采取相应措施避免次生事件的发生。

3. 大数据促进了传统应急追溯方式的变化

大数据又为可测量、可追踪和精细化的应急追溯管理提供基本信息和管理工具。其中，大数据技术可将这些纷繁复杂的多源异构数据处理成具有决策价值的有效信息。传统管理模式下，应急决策大多是依据个人经验的直觉决策，而大数据技术的应用不仅可以实现高度不确定性和高度时间压力下的分析决策或者理性决策，而且可以实时监测应急管理活动中的各项指数变化。

3.3.3　大数据推动应急追溯能力的发展

大数据理念的提倡和技术的应用，不仅推动了突发水污染事件应急追溯能力的发展，而且提高了应急预测预警能力和应急管理水平。

1. 提升应急追溯能力

突发水污染事件应急追溯结果准确与否对事件应急效果有直接的影响。大数据时代突发水污染事件应急追溯管理需要数据信息作为支撑。一方面，在数据开放与共享的环境下，突发水污染事件发生时可将事件现场的数据信息及时地传送给政府应急管理中心，并通过信息平台将信息同步传送给应急管理工作部门，以便其在第一时间获取最真实的信息并采取合理的应对措施。另一方面，大数据背景下实现数据的共享使政府更好地协调各个部门的工作，同时数据的共享开放有利于调动民间组织和广大群众参与到应急管理工作中，增强应急管理部门对事件的追溯能力，从而控制事件的发展，减少事件带来的损失。

2. 提高应急预测预警能力

及时性、丰富性是大数据的特点，通过对移动、传感等设备中传送的数据进行分析处理，能够给政府应急管理工作提供可参考的信息，从而增强政府应急预测预警能力，提高应急追溯管理效率。一方面，利用大数据可以对过去突发水污染事件的产生原因及处理结果进行分析，对已有的事件数据进行学习，总结经验，以此增加对类似事件爆发的预见性；另一方面，通过实时数据的传递、收集与快速分析，对可能发生的突发水污染事件进行预警，并采取有针对性的预防措施，尽量避免或者减少突发水污染事件产生的损失。例如，根据气象台发布的特殊天气的预告，及时对气象台的有关数据进行分析，合理组织、分配各部门工作，及时发出预警级别，减少突发水污染事件爆发的可能性。

3. 提高应急管理水平

采用人工智能技术领域的技术方法，如统计分析、数据挖掘、机器学习、自然语言处理、神经网络等技术，可以对突发水污染事件事发前后相关数据进行关联分析（常杪等，2015）。此外，结合水生态环境大数据对污染物在水体中的迁移、扩散、沉淀、氧化、还原、生物降解等机理模型的影响，可以使关联分析结果更加精准。因此，通过大数据传输及处理技术对突发水污染事件的数据信息进行关联分析，并建立各类数据之间的关联模型，能把突发水污染事件的影响范围、危害程度等计算出来，实现大数据的预测和判断功能，从中发现趋势、找准问题、把握规律，推动各类水环境问题的有效解决，提高政府管理决策水平。

　　总之，大数据及其技术的应用虽然能增加突发水污染事件发生及演化过程的不确定性，把原来看起来很难进行全规模、全自动化管理的东西，在统一的自动化的方式中进行定量的管理，促进了传统应急追溯理论及方法的进步，即大数据不仅促进了传统应急追溯模式的变革，而且能对事件事发前后相关数据进行关联分析，提升了应急追溯精度与效率，从而大幅提升了治理水平。

第4章　大数据驱动下应急追溯问题研究面临的机遇与挑战

大数据是目前信息科学发展的前沿技术，具有定位、搜索、挖掘和深度分析等功能。突发水污染事件应急追溯结果的好坏除了影响水体沿岸居民的生产生活用水外，还极易受到政府、企业、非政府组织和公众等应急主体行为的影响，因而涉及的数据不仅规模庞大，而且种类繁多，且响应时间短。为此，本章基于态势分析法分析大数据驱动下突发水污染事件应急追溯问题研究过程中面临的机遇与挑战。

4.1 大数据驱动下突发水污染事件应急追溯问题研究面临的机遇

随着经济社会的快速发展，大数据技术不断得到突破，智慧城市和电子政务建设也如火如荼，再加上乡村振兴战略的全面实施和个性化应急管理模式的形成，为大数据驱动下突发水污染事件应急追溯研究提供了发展机遇。

4.1.1 大数据技术的不断突破

在传统突发水污染事件应急管理思路下，若不能精准把握或者片面把握事件发生的原因及其演化过程，往往会错失有效处置的良机，带来更大的损失或衍生为其他类型的突发事件（杨海东等，2018）。例如，2014 年汉江武汉段氨氮超标事件造成 30 多万居民和数百家食品加工企业用水受到影响、2015 年甘肃省"11·23"尾矿库泄漏事件造成直接经济损失 6120.79 万元和 10.8 万人供水受到影响、2018 年福建泉港碳九泄漏事故造成 52 名群众健康受到影响等。此外，突发水污染事件应急处置经常面临地势险峻、水文条件复杂等状况以及进入水体后污染物迁移扩散速度快，导致围堵拦截、投药降污和引水冲污等应急响应措施难以发挥预期效果等问题。大数据及其技术的应用不仅为突发水污染事件应急管理提供了一种全新的视角，而且为突发水污染事件应急追溯提供了新技术（王景瑞和胡立堂，2017；刘晓东和王珏，2020）。因此，应急管理者应清醒地认识到大数据的重要作用，认真利用大数据技术来提高突发水污染事件应急追溯工作效率和精度。在处理突发水污染事件时，利用大数据技术对事件中出现的数据进行关联分析，回溯事件发生历史过程和追踪事件演化规律、影响范围和危害程度，以便制定合理的应急处置措施，降低事件对人民生命财产安全造成的影响。此外，利用大数据还能分析突发事件产生的原因是可控制的还是不可控制的。对于可控制的突发事件应尽可能地避免其发生，对于不可控制的突发事件应尽可能地减少损失。

应急管理工作人员借助物联网、云计算和移动互联网等设备进行大数据传输和处理分析，以便给政府管理部门提供相关信息，提高政府部门对突发水污染事件的预测能力、管理能力和工作效率。例如，突发事件发生后，气象部门通过对云层走势图进行数据分析，判断降水和气温变化趋势，为应急管理部门提供参考依据，以便应急决策者能准确掌握降水、气温等变化趋势下水体中污染物的迁移扩散规律，进而制定科学合理的应急处置措施，最大限度地减少人民财产安全的损失。

4.1.2　智慧城市和电子政务的蓬勃发展

随着云计算、物联网、社交媒体等信息技术的蓬勃发展，数据类型和数据规模正在呈几何级速度递增，每一个领域涉及的数据信息都在呈爆炸式增长趋势。然而，这些数据的背后均深藏着极其有用的价值，因而挖掘这些数据的真正价值已成为当前各行各业亟待解决的难题。大数据主要用来快速有效地解决海量数据的搜集、存储、计算、挖掘、展现和应用等问题。智慧城市是指能够充分运用物联网、云计算、大数据、空间地理信息集成等新一代信息技术和通信技术手段感测、分析、整合城市运行核心系统的各项关键信息，从而对民生、环保、公共安全、城市服务、工商业活动在内的各种需求做出智能的响应，为人类创造更美好的城市生活（李德仁等，2014）。从智慧城市的概念上来看，智慧城市就是指将互联网、云计算、大数据、物联网、社交网络等信息技术融合到城市建设过程，实现美好的城市生活。

自 2008 年我国提出智慧城市的概念以来，上海、广东等地就已与 IBM 签订了联合建设智慧城市的备忘录。2012 年，我国住房和城乡建设部发布了《关于开展国家智慧城市试点工作的通知》《国家智慧城市试点暂行管理办法》《国家智慧城市（区、镇）试点指标体系（试行）》等通知，并开始接受智慧城市的申报。截止到 2018 年，我国有 300 多个城市提出了智慧城市规划，各类型试点城市已超过500 个。智慧水资源管理系统是智慧城市建设的一个重要内容。相关部门利用智慧水资源管理系统可实时监控城市的各种用水情况，实现对突发水污染事件的快速响应。

4.1.3　乡村振兴战略的全面实施

乡村振兴战略对于解决好我国"三农"问题、加快推进农业农村现代化建设具有重要意义。2018 年中央一号文件《中共中央国务院关于实施乡村振兴战略的意见》提出要大力发展数字农业，实施智慧农业林业水利工程，推进物联网试验示范和遥感技术应用。然而，随着经济社会的快速发展，当前的水资源配置、服务能力和管理水平已无法满足人民群众的需要。一方面，我国农村水污染问题已逐渐凸显，如我国农村河流水域受到不同程度的污染、地表水富营养化加剧、地下水水质不断恶化；另一方面，我国农村水域还不断爆发各类突发水污染事件。因此，可以利用乡村振兴战略全面实施的机会，实现对农村水资源的合理配置和有效追溯水污染事件的起因及演化态势，进而为治理农村水资源污染提供参考建议。

4.1.4　个性化应急管理模式的形成

一旦应急管理领域应用大数据，便可以实现个性化、精准化的管理。传统的突发事件应急管理往往是应急管理部门对公众参与事件进程统一管理，忽略了公众个性化的需求。大数据可以通过对海量信息的语义引擎分析精准进行应急管理，如突发水污染事件一旦发生，大数据可以针对受影响的区域、公众、道路和气候等情形，快速做出针对性的救援、个性化的信息发布提醒等应急决策。由此可见，大数据一方面能增强突发事件应急管理的效率，另一方面能增加突发事件应急管理主体，有利于应急决策者做出更科学合理的应急决策。然而，随着新科技和大数据的不断发展，应急决策者未及时跟进创新应急管理新模式，在应对突发水污染事件过程中常遇到数据管理设施的陈旧或者缺失、数据分析技术落后、人才缺乏、隐私保护等问题。因此，如何最高效地收集与利用数据、更好地预防和应对突发水污染事件，是新时期应急管理者面临的重要课题。

4.2 大数据驱动下突发水污染事件应急追溯问题研究面临的挑战

大数据技术在各方面的应用日益广泛，社会也随之发生着巨大的改变，学会并利用大数据分析成为当前突发水污染事件应急追溯管理工作的新方法。然而，目前在应对突发水污染事件应急追溯问题研究过程中，面临着数据处理难度增大、数据孤岛困境依旧存在、数据预警能力不足、大数据技术人才缺乏和数据安全性差等问题（陈军飞等，2017；陆琳等，2018；张仁泉，2016），如图 4.1 所示。

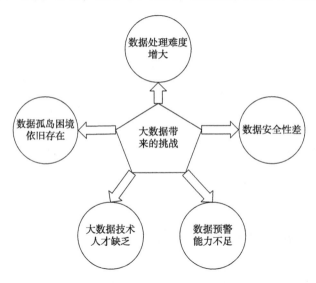

图 4.1　大数据给突发水污染事件应急追溯带来的挑战

4.2.1 数据处理难度增大

随着信息化进程的加快，几乎所有行业的信息量都在呈爆炸式增长，同时信息间的关系变得更为复杂。就突发水污染事件而言，除了影响水体沿岸居民的生产生活用水外，还极易受政府、企业、非政府组织、公众等应急主体行为的影响。因此，基于大数据及其技术的发展，在开展突发水污染事件应急追溯研究过程中还将面对事件涉及的数据时效性变短、不可预测性风险增多等问题。

1. 风险的不可预测性

在信息化时代，信息的规模大且传播和扩散快，同时信息之间的关联性更为复杂，且应急决策者往往无法预测信息发布后产生的风险，所有的这一切都在一定程度上加大了风险的不可预测性。例如，一旦某河流或渠道的水质出现异常波动，有关水体爆发突发水污染事件的信息会马上爆炸式传播，有时谣言也传播甚广，造成民众恐慌，并产生舆论压力，这就给突发水污染事件应急追溯研究带来障碍，此时既要尽可能采集相关数据信息，同时又要剔除价值密度低的数据信息，以保证数据信息可靠性和真实性，为应急救援提供决策支持。

2. 对海量数据的快速处理能力提出更高要求

突发水污染事件是一种面向水生态环境的突发事件，它不仅具有突发事件一般特征，还具有流域性、耦合性和衍生性等特征。例如，2015 年甘肃省"11·23"尾矿库泄漏事件，造成部分地区地下水受到影响和 257 亩（1 亩≈666.7 平方米）农田遭受污染，直接经济损失达 6120.79 万元，经过 67 天的应急处置才使地表水持续稳定达标；2018 年河南淇河污染事件，危及下游丹江口水库水质和南水北调沿线 1.3 亿人饮水安全。因此，为提高应急救援效率和降低突发水污染事件带来的损失，应急决策者在事发第一时间掌握污染源（汇）项各信息和追踪事件的影响范围及演化态势，快速制定科学合理的应对措施，在大数据驱动下提高应急追溯的效率和精度的模型预与方法。

4.2.2　数据孤岛困境依旧存在

突发水污染事件应急管理过程涉及气象、水利、交通、消防和生态环保等职能部门。然而，这些职能部门由于存在转化分工、技术储备较差、私利及对大数据认识不足等原因，造成各部门之间的数据始终缺乏有效整合，进而导致大量有价值的数据资源不能发挥更大作用，即形成了"数据孤岛"现象。

1. 专业化分工不明确

传统的应急管理体制过多强调各职能部门对单一灾种应急处置能力和专业化应急能力，很少强调协同应对能力，容易造成部门之间的数据割裂，标准、编码、接口不统一，易形成"数据孤岛"现象，导致大部分数据的价值没有被挖掘，且数据共享平台建设相对滞后。

2. 技术储备较差

突发水污染事件涉及的数据呈爆炸式增长，这给应急管理部门的数据存储以及分析和可视化带来了挑战。然而，当前很多职能部门有关数据储备技术的研究和建设跟不上突发水污染事件应急追溯对数据的获取和分析能力的要求，这就无法给应急信息的及时公开提供保障。

3. 部门间的私利

随着信息技术的不断发展，大数据资源日益重要，相关部门和行业都已清楚数据是未来发展的"石油"。大数据的技术进步，给突发水污染事件应急追溯带来了新的机遇，而数据的封闭反而造成了信息不对称、协作不流畅、参与不积极的状态。

4. 大数据认识不足

政府作为突发水污染事件应急管理的主导者，电子政务是政府治理发展的趋势和主流，但有些应急管理部门还未对大数据的认识和应用给予足够的重视。例如，传统的应急管理采用层层上报的方式收集突发水污染事件应急追溯所需的数据，缺乏相应的大数据技术支撑，导致应急追溯精度不高。一方面，从应急管理的性质来说，全数据的处理以及快速响应是突发水污染事件应急追溯的前提。然而，另一方面，目前突发水污染事件应急管理部门缺乏大数据相关应用人才。

4.2.3 大数据技术人才的匮乏

应急管理工作人员拥有强数据收集与处理能力是有效预防和应对突发水污染事件的前提与基础。因而，随着信息技术的发展，突发水污染事件应急决策者应向数据分析管理者转型。然而，当前我国应急管理人才培养模式多注重理论知识的培养，忽视对从事突发事件应急工作人员的数据收集与处理能力培养。我国丰富的信息资源与落后人才培养的矛盾，成为我国数据信息发展的重要制约因素之一。因此，建立适当的人才培养管理体制，培养出能够对存储的大数据进行分析和使用的技术人才成为当务之急。同时，这类人才的要求也比较严格，仅仅拥有大数据处理能力是不够的，还需要掌握事件处理流程和培养决策思维。

4.2.4 隐私保护和数据安全

在突发水污染事件应急追溯问题研究中，有时需要采集企业或个人数据进行分析，从而提升应急追溯结果的精度。据中国互联网络发展状况统计报告，截至 2019 年 6 月，我国网民规模和手机网民规模分别达 8.54 亿和 8.47 亿，互联网普及率和手机上网普及率分别达 61.2%和 99.1%。个人/企业都会是数据的发掘来源，网络及后台对个人/企业信息的采集和存储达到了前所未有的程度，随着数据挖掘与分析的日益发展，个人隐私侵犯问题显得越来越突出。应急管理部门为了减少突发水污染事件带来的损失和影响范围，有时往往采集海量的企业生产信息或公民数据信息。若数据安全保障稍有不慎，就极有可能导致隐私数据泄露，衍生次生事件。

4.2.5　数据预警能力不足

准确地对突发事件展开应急追溯研究，不仅是有效处理处置突发事件的前提和基础，也是衡量应急管理部门综合处理突发事件能力的主要衡量指标之一。然而，当前我国有关突发水污染事件的预警能力仍达不到应急管理的要求。例如，2018 年 11 月 30 日生态环境部例行新闻发布会上，生态环境部相关人员表示，应急管理相关部门在对 2018 年福建泉港碳九泄漏事件开展应急追溯管理时，没有重视并分析事件可能的影响范围、影响程度以及受影响群体通过自媒体发送的相关信息等，也没有科学评估这些数据对事件可能造成的后果，进而暴露了应急管理相关部门在数据预警预测能力方面的不足。一方面突发水污染事件应急追溯所需软硬件的投入还不足，导致应急追溯还无法完全实现智能化；另一方面当前应急管理部门忽视收集与处理事件发生初期的一些碎片化、看似毫无关系的数据，造成应急决策者决策滞后。

第三篇 突发水污染事件演化迁移篇

第5章　突发水污染事件迁移扩散机理分析

突发水污染事件发生后，应急决策者只有充分掌握并了解污染物在水体中迁移扩散衰减机理以及影响其迁移转化过程的外部因素，才能结合大数据快速开展应急追溯问题研究。诱发突发水污染事件的污染物种类有很多，主要有难溶性、可溶性和挥发性等类型的污染物，且这三类污染物在水体中的分布形式和迁移扩散规律等均不相同。因而，本章着重分析难溶性、可溶性和挥发性这三类污染物诱发突发水污染事件的迁移扩散机理。

5.1　可溶性突发水污染事件迁移扩散机理分析

引发可溶性突发水污染事件的污染物若按照是否发生衰减行为来划分，可分为非保守（非持久）性污染物和保守（持久）性污染物两类（时利瑶等，2018）。其中，非保守（非持久）性污染物是指在水体中发生平流迁移、扩散和降解等过程的污染物；而保守（持久）性污染物则是指在水体中只发生平流迁移和扩散等过程的污染物。

保守（持久）性污染物以重金属污染物最为常见，而重金属污染物主要以溶解态和吸附态两种形式存在于水体中（王俭等，2019）。若重金属污染物以吸附态形式存在于水体中，则该污染物将被水体中悬浮颗粒吸附，且这些悬浮颗粒因水流作用继续悬浮或沉积到水体底部，即由于水体中存在悬浮颗粒，吸附态重金属污染物在水体中主要以悬浮形状和沉积形式存在；当水体的化学条件发生改变或被扰动时，溶解态和吸附态重金属可以相互转化。

此外，重金属污染物在水体中主要有水平和垂向两个方向的输运（李文华等，2020）。其中，水平方向输运主要表现为重金属污染物随流迁移过程和沉积态重金属污染物随水体底质的推移过程；垂向输运主要表现为重金属污染物在水体中被吸附或解吸等过程以及沉积态重金属污染物的再悬浮过程。

通常情况下，若仅考虑悬浮颗粒（如泥沙）的吸附作用，则对一般重金属污染物质输运规律可用式（5.1）进行描述：

$$
\frac{\partial C}{\partial t} + \frac{\partial}{\partial x}(uC) + \frac{\partial}{\partial y}(vC) + \frac{\partial}{\partial z}(wC) - \frac{1}{H}\frac{\partial}{\partial z}(w_s f_p C)
$$
$$
= \frac{1}{H}\left[\frac{\partial}{\partial x}\left(HK_H \frac{\partial C}{\partial x}\right) + \frac{\partial}{\partial y}\left(HK_H \frac{\partial C}{\partial y}\right) + \frac{\partial}{\partial z}\left(\frac{K_V}{H}\frac{\partial C}{\partial z}\right) + R + Q_c \right] \quad （5.1）
$$

式中，C 表示重金属污染物浓度；R 表示重金属污染物在水体中生化反应率；w_s 表示沉积态重金属污染物的沉降速度；$-\frac{\partial}{\partial z}(w_s f_p C)$ 表示水体中悬浮颗粒（如泥沙）的吸附沉降项；Q_c 表示重金属污染物源（汇）项。

综上所述，可溶性污染物在水体中的输运过程是一个极为复杂的过程，它包含了水体中物理、化学及生物反应，而且有部分是可逆的反应过程，所以在研究水体中可溶性污染物迁移转化规律时，必须综合考虑各过程以及主要因素。

5.2　挥发性突发水污染事件迁移扩散机理分析

挥发性污染物进入水体后不仅造成水体污染，还造成空气污染（陈丽萍和蒋军成，2010）。目前，引发突发水污染事件的挥发性污染物以苯酚最为常见。如2014年甘肃兰州自来水苯超标、2013年山西浊漳河苯胺泄漏和2005年松花江硝基苯泄漏等。进入水体中的挥发性污染物的迁移转化是通过挥发和降解等一系列物理化学反应来推动的。因而，对具有挥发特性的污染物进行数值模拟，主要有气液两相流模型和水质分析模拟程序（water quality analysis simulation program，WASP）等两种方法。

5.2.1　气液两相流模型

水体中挥发性污染物虽然受水体湍流、水文及化学特征的影响，但遵守双膜理论（秦玉珍，1989）。水体中挥发性污染物的浓度 C 变化主要由挥发动力学过程决定：

$$
\frac{\partial C}{\partial t} = R\frac{A_s}{V} \cdot f_d \cdot C = K_v C \quad （5.2）
$$

式中，A_s 表示研究对象的表面积；R 表示挥发性污染物的传导系数；V 表示研究对象的体积；f_d 表示水体中溶解态污染物质占整个污染物比例；K_v 表示水体中挥发性污染物的挥发速度常数。

5.2.2　水质分析模拟程序

水质分析模拟程序是用水体中污染物的一阶衰减过程来表征挥发性污染物质的挥发过程（Mbuh et al.，2018）。由于挥发性污染物进入水体后，在气相与水相之间存在动态平衡，因此：

$$\frac{\partial C}{\partial t} = \frac{K_v}{H}(f_d C - \frac{C_\alpha}{B} \cdot R \cdot T_k) \tag{5.3}$$

式中，K_v 表示气相与水相之间的转化速率；H 表示水体水深；C_α 表示水体表面大气中挥发性污染物浓度；B 表示挥发性污染物在水气界面分区中的亨利定律系数；T_k 表示水体水温；R 表示摩尔气体常数。

5.3　难溶性突发水污染事件迁移扩散机理分析

引发水污染事件的难溶性污染物以密度小于水的石油类污染物最为常见（姜凤成等，2017）。该类污染物进入水体之后，一般漂浮在水体表面形成油膜，所以它在水体中输运规律不同于其他类型污染物，一般采用拉格朗日粒子追踪法（Lagrange particle tracing method，LPTM）或理论公式法进行模拟（龙绍桥等，2006）。此外，石油类污染物在水体内的输运规律主要受动力、非动力等影响。因而，石油类污染物在水体中除了存在扩展和漂移外，还有蒸发、溶解、沉降等非动力过程。

5.3.1　油类扩展

石油类污染物刚进入水体时，在重力、水面的表面张力、水流的惯性力等共同作用下快速地向水面四周扩展。该过程持续长短取决于污染物的强度、品质及水体温度等特性，通常情况下均是以溢油扩展模型和 Fay 扩展模型为基础。

1. 溢油扩展模型

Blokker（1964）以自由平面的溢油为研究对象，在忽略水体的表面张力和黏性力的基础上，得到了只考虑溢油重力、体积条件下油膜扩展公式：

$$D = \left[D_0^3 + \frac{24k_r}{\pi}(d_0 - d_w)V_t \right]^{1/3} \tag{5.4}$$

式中，D_0 表示初始时刻油膜的直径，单位为 m；d_w、d_0 分别表示水和油的比重；k_r 表示 Blokker 常数；V_t 表示溢油总体积。

从式（5.4）可以看出，石油类污染物在水体中主要表现为重力作用下的惯性扩展。

2. Fay 扩展模型及改进

Fay（1969）认为，溢油进入平静水面后，将在重力、惯性力、黏性力和表面张力等共同作用下迅速扩展，同时经历重力-惯性平衡、重力-黏性力平衡和表面张力-黏性力平衡等三个阶段：

$$\begin{cases} D_1 = 2k_1 \left[\dfrac{gV(1-\rho_o)}{\rho_w} \right]^{1/4} t^{1/2} \\[3mm] D_2 = 2k_2 \left[\dfrac{gV^2(1-\rho_o)}{\rho_w \sqrt{v_w}} \right]^{1/6} t^{1/4} \\[3mm] D_3 = 2k_3 \left[(\sigma_{aw} - \sigma_{oa} - \sigma_{ow})/\sqrt{v_w} \right]^{1/2} t^{1/4} \end{cases} \tag{5.5}$$

式中，D_1、D_2、D_3 分别表示重力-惯性力扩展阶段、重力-黏性力扩展阶段和表面张力-黏性力扩展阶段的油膜扩展直径，单位为 m；g 表示重力加速度，单位为 m/s^2；V 表示溢油总体积，单位为 m^3；t 表示溢油开始后的时间，单位为 s；ρ_w、ρ_o 分别表示水和油的密度，单位为 kg/m^3；v_w 表示水的运动黏滞系数，单位为 m^2/s；σ_{aw}、σ_{oa}、σ_{ow} 分别表示空气与水之间、油与空气之间和油与水之间的表面张力系数，单位为 N/m；k_1、k_2、k_3 分别表示重力-惯性力扩展阶段、重力-黏性力扩展阶段和表面张力-黏性力扩展阶段的经验系数。

扩展结束后，油膜的直径将保持为

$$D = 356.8V^{3/8} \tag{5.6}$$

式中，D 表示油膜扩展的直径，单位为 m；V 为溢油总体积，单位为 m^3。

5.3.2　油类漂移

漂移是石油类污染物形成的油膜在风的切应力、水油界面的切应力等外界动力共同作用下的运动过程，且该过程的准确模拟对污染云团的跟踪与定位提供重要依据。例如，在河渠等水体类型中，水流状态决定于油膜漂移的速度；在河口海岸水体类型中，风场与流场起主要作用；在近海海域中，石油类污染物漂移主要由潮汐、风场和流场等因素决定。

为模拟预测石油类污染物的输运规律，并减少石油类污染物造成的水生态环境损失，通常采用数学模型模拟和预测该类污染物在水体中的扩散漂移过程。目前，主要采用海洋环境流体动力学、海洋紊流模型等机理模型描述该类型污染物在水体中的扩散漂浮过程（艾海男等，2014；孙昭晨等，2000）。

通常情况下，可采用 LPTM 来模拟难溶性污染物在水体中迁移扩散的过程：

$$\frac{\partial C}{\partial t} + \frac{\partial}{\partial x}(uC) + \frac{\partial}{\partial y}(vC) + \frac{\partial}{\partial z}(wC) - \frac{1}{H}\frac{\partial}{\partial z}(w_s f_p C)$$
$$= \frac{\partial}{\partial x}(K_H \frac{\partial C}{\partial x}) + \frac{\partial}{\partial y}(K_H \frac{\partial C}{\partial y}) + \frac{\partial}{\partial z}(K_V \frac{\partial C}{\partial z}) \tag{5.7}$$

式中，t 表示时间；C 表示石油类污染物浓度；x、y、z 表示石油类污染物质的拉格朗日坐标；u、v、w 表示水体不同方向的水流流速；K_H、K_V 分别表示水平和垂向的扩散系数。

对密度大于水的难溶性污染物质而言，通常在进入水体后以沉淀、絮凝、被悬浮物吸附产生沉降等方式进入水体底部。该类型污染事件发生位置及事发时所处的水域水文条件共同决定该类型污染物在水体底部中的空间分布。若水体化学条件改变或被扰动，则会发生解吸现象，水体底部的污染物被重新释放至上层水环境中，形成二次污染。

第6章　突发水污染事件衰减机理分析

进入水体的污染物通常会发生一系列化学反应，即污染物在水体中存在衰减行为。引发突发水污染事件的污染物具有种类多样性，不同污染物在水体中的衰减机理不同。国家环境保护总局环境监察局编的《环境应急响应实用手册》大约统计了219种污染物，比较常见的有含硫化合物、有机化合物和重金属污染物。

6.1　含硫化合物的突发水污染事件衰减机理分析

若水体的水温 T 较高且缺乏 DO 和硝酸根离子（NO_3^-），则易于生成硫化氢（H_2S）、甲烷（CH_4）和其他恶臭物质，进而使水体变臭发黑。这是因为水体中耗氧速率大于供氧速率，使得水体中含硫蛋白质与大肠杆菌发生化学反应生成半胱氨酸，而半胱氨酸又在厌氧条件下被氢气还原生成具有臭鸡蛋味的 H_2S、丙酸（CH_3CH_2COOH）和有刺激性恶臭的氨气（NH_3），其反应过程如图6.1所示（黄智辉等，2019）。

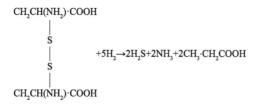

图 6.1　含硫化合物的反应过程示意图

受污染的水体最易在温度较高的季节发生如图 6.1 所示的化学反应。此外，水体中含有硫成分的化学物质是生成 H_2S 的基本条件。例如，河流入海口的海水中富含硫酸根离子（SO_4^+），一旦受到污染极其容易产生 H_2S 等恶臭气体；反之，若水体中有 DO 时，H_2S 又被细菌氧化为硫酸盐。

6.2　含有机化合物的突发水污染事件衰减机理分析

6.2.1　衰减的一般过程

水体中有机化合物除了发生分子扩散和沿水流方向迁移的行为外，还会同水体中水生菌物发生化学反应，即进入水体后有机化合物不断发生氧化反应，导致水体 DO 的浓度降低，从而造成水体中动物和有益生物的死亡，滋生大量耐污菌物，进而破坏水体中正常的生物链（王世亮等，2018）。若水体中耗氧速率大于供氧速率，在有机污染物通过与厌氧性微生物发生还原反应生成 CH_4 的同时，SO_4^+ 被还原生成 H_2S，从而造成水体发臭变黑等污染现象，如图 6.2 所示。

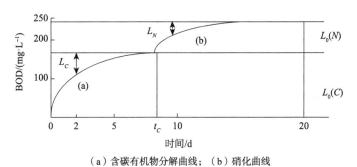

（a）含碳有机物分解曲线；（b）硝化曲线

图 6.2　水体中有机物氧化分解过程曲线示意图

如图 6.2 中曲线（a）所示，污染物一旦进入水体，首先是水体中的耗氧菌物对污染物中含碳化合物进行氧化分解，这一阶段被称为碳化阶段的降解耗氧过程；然后含氮有机物被氧化分解成亚硝酸盐和硝酸盐，即硝化阶段的降解耗氧过程，如图 6.2 中曲线（b）。由图 6.2 得出，硝化阶段的降解耗氧过程比碳化阶段的降解耗氧过程滞后 10 天左右。图 6.2 中纵坐标 BOD 表示从开始到某时刻 t 的生化需氧量（biochemical oxygen demand，BOD）；L_0（C）、L_C 分别表示起始时刻和 t 时刻的水体中剩余含碳物质的生化需氧量（carbon aceous biochemical oxygen demand，CBOD）；L_0（N）、L_N 分别表示起始时刻和 t 时刻的水体中剩余含氮物质的硝化需氧量（nitrogenous biochemical oxygen demand，NBOD）。若用活性污泥法处理含大量有机化合物的水体，则会依次出现分解阶段和硝化阶段；反之，同时出现分解和硝化反应。

6.2.2 衰减的重点过程

针对于水体中污染物而言，一般存在 CBOD、NBOD 的降解和 BOD 的总耗氧等重点过程。

1. CBOD 的降解过程

试验和实际观测数据都证明，水中微生物作用导致水体中的有机物浓度变化情况可以用一级反应表达式来表示：

$$L_C = L_0(C) \cdot e^{-(K_{C,T})t} \tag{6.1}$$

式中，L_C 表示 t 时刻的水体实际存在的有机物浓度，单位为 mg/L。由图 6.2 得出 L_C 等于初始有机物浓度与已被氧化降解的 CBOD 有机物浓度之间的差值，所以 L_C 又称含碳有机物的剩余 CBOD；$L_0(C)$ 为起始时刻的含碳有机物的总 CBOD；$K_{C,T}$ 为含碳有机物的降解速度常数，表示为单位时间内 L_C 的相对衰减速率，可以表示为

$$K_{C,T} = K_{C,T_1} \cdot \theta^{T-T_1} \tag{6.2}$$

若 T_1 取 20 ℃，并以 $K_{C,20}$ 为基准，那么式（6.2）可以转化为

$$K_{C,T} = K_{C,20} \theta^{T-20} \tag{6.3}$$

式中，θ 被称为含碳有机物的降解速度常数 $K_{C,T}$ 的温度系数。当 T_1 在 10℃~35℃ 时，$\theta \approx 1.047$。一般情况下，可通过测定 BOD 和时间之间的关系对 $K_{C,T}$ 予以估计。所以，水体的 BOD 衰减速率常数 K_r 可表示为

$$K_r = \frac{1}{t}(\ln(L_A) - \ln(L_B)) \tag{6.4}$$

式中，L_A、L_B 分别表示水体上游断面 A 和下游断面 B 的 BOD 浓度；t 表示有机物从断面 A 流至断面 B 所需的时间。

污染物在水流作用下存在沉淀和再悬浮形式，若用 K_d 和 K_s 分别表示生化作用和沉淀作用下的 BOD 衰减速度常数，则：

$$K_r = K_d + K_s \tag{6.5}$$

Bosko（1966）早在 1966 年就给出了实验室中的数值 $K_{C,T}$ 与河流中 K_d 之间的关系式：

$$K_d = K_{C,T} + \eta \frac{u_x}{H} \tag{6.6}$$

式中，u_x 表示平均水流速度，单位为 m/s；H 表示河流平均水位，单位为 m；η 表示水体底部的活度系数；K_d、$K_{C,T}$ 的单位为 d^{-1}。其中，η 与水体的坡度有关，是水体对有机物生物降解的综合影响，它能综合反映河流对有机物生化降解的影响。

在水体的流态稳定时，若有机物的转化符合一级动力学反应规律，则水体中 BOD 的变化规律可用下式表示：

$$L_C = L_{C_0} \left[\exp(-K_r \frac{x}{u_x}) \right] \tag{6.7}$$

式中，x 表示沿河流方向距污染物排放点（起始断面）的距离；其他符号表示意义同上。

2. NBOD 的降解过程

水体中含氮有机物会通常会产生硝化阶段和亚硝化阶段。其中，硝化阶段是指将亚硝酸盐氮进一步氧化为硝酸盐氮的过程；亚硝化阶段是指蛋白质水解为氨气，氨气又被氧化生成亚硝酸盐氮的硝化过程，可以表示如下：

$$L_N = L_0(N) \cdot \left[\exp(-K_N \frac{x}{u_x}) \right] \tag{6.8}$$

式中，L_N 表示水体中含氮有机物在任意断面处的剩余 NBOD；$L_0(N)$ 表示污染物排放点的剩余 NBOD；K_N 表示硝化系数，即含氮有机物生物化学衰减速率常数；其他符号表示意义同上。

其中，DO 含量、pH 值和水温 T 对水体中的含氮有机物产生生物化学衰减速率常数 K_N 有很大影响，可以通过动力学方程来求出。

3. BOD 的总耗氧过程

水体中 BOD 的总耗氧过程指的是水体中有机物碳化降解过程与硝化降解过程所耗溶解氧的总和，即

$$y = L_0(C) \cdot (1 - e^{-(K_{C,T})t}) + L_0(N) \cdot (1 - e^{-(K_{N,T})t}) \tag{6.9}$$

式（6.9）表明 $K_{C,T}$ 和 $K_{N,T}$ 的大小体现了有机物在水中耗氧微生物作用下的转化速度。但影响水体中的有机物转化的因素很多，主要有污染物特性和初始浓度，水体的氢离子浓度指数的负对数（pH 值）、温度 T、水力特性和悬浮物质等因素。

6.3　含重金属污染物的突发水污染事件衰减机理分析

进入水体的污染物若含有镉（Cd）、铬（Cr）、铜（Cu）、铅（Pb）、镍（Ni）、锌（Zn）等重金属，一般可以通过稀释、络合、吸附、氧化还原和沉淀等方式起到衰减的作用，表 6.1 列出了水体中重金属衰减的几种主要作用（蓝郁等，2017）。

表 6.1　重金属的衰减作用

作用	Cd	Cr	Cu	Pb	Ni	Zn
稀释	重要	重要	重要	重要	重要	重要
络合	重要	重要	很重要	很重要	很重要	很重要
氧化还原	不重要	不重要	不重要	不重要	不重要	不重要
吸附	重要	重要	重要	重要	重要	重要
硫化物沉淀	重要	不重要	重要	重要	重要	重要
碳酸盐沉淀	较重要	不重要	不重要	重要	不重要	较重要
其他	重要	很重要	重要	重要	不重要	不重要

径流水体一般均有大量有机物，这些有机物对重金属迁移扩散有重要影响作用。一方面，水体中的有机质对 Cd、Cu 和 Pb 等重金属有很强的络合作用。例如 Jensen 等（1999）研究表明，有机络合态的重金属所占的比例较大，其中 Cd、Ni、Zn、Cu 和 Pb 等所占比例分别为 85%、27%～62%、16%～36%、59%～95% 和 71%～91%；另外，Holmes（1997）等研究表明 Cd 主要是以有机络合物形态存在，占总络合态 Cd 的 99%，其中 70% 为高分子络合物，而且 25% 为稳定的络合物。另一方面，水体中的有机胶体对重金属具有很强的亲和作用，如 Jensen 等（1999）发现大部分重金属以胶体形态存在，但是对不同的重金属又各不相同，如 Cd、Ni、Zn、Cu 和 Pb 分别为占 38%～45%、27%～56%、24%～45%、86%～95% 和 96%～99%，而且在重金属胶体中，有机胶体 Cd 占 94%～99%、Ni 占 92%～99%、Cu 占 99%、Pb 占 87%～96%；Zn 主要是以无机胶体形态存在，有机胶体仅占 23%～26%。另外，还有小部分重金属以自由离子形态存在，如 Cu 和 Pb 的自由离子含量较少，仅占 1%～2%，而 Cd、Ni 和 Zn 等占 7%～17%。

吸附作用是重金属衰减的一个重要作用，它包括了所有的和表面有关的反应，如吸附、吸收、表面络合、表面沉淀和离子交换等（肖琴等，2019）。通常情况下，二价金属阳离子很容易被吸附到带负电的有机物质，如铁（Fe）、锰（Mn）、铝（Al）和硅（Si）等氧化物及碳酸钙（$CaCO_3$）等。

沉淀作用，尤其是硫化物沉淀，是垃圾渗滤液中的重金属衰减的另一个重要作用（董军等，2007）。受垃圾渗滤液持续污染的地下环境，在短时间内由氧化性环境转变为厌氧还原环境，其中的硫酸盐被不断还原并和重金属离子生成硫化物沉淀沉积下来。

6.4　突发水污染事件的耗氧/复氧机理分析

含有有机化合物突发水污染事件一旦发生，水体内的菌物一般在污染物迁移扩散过程中发生分解的同时需要消耗水中的 DO，并伴有对应的复氧过程（刘晓伟等，2011）。

6.4.1　耗氧/复氧的一般过程

污染物进入水体后，除了随流迁移作用外，还发生 DO 消耗过程和水体复氧过程。水体可能发生 DO 消耗过程：①水体中含氮或含碳有机物被氧化分解；②在缺氧条件下，水体底泥释放含有 CH_4、二氧化碳（CO_2）和 NH_3 等气体；③夜间水体中水生植物的光合作用；④污染物中含有其他化学物质。水体可能发生复氧过程：①来自上游水或外部径流的 DO；②排入水体中的废水所带来的 DO；③水体流动时，空气中的氧气（O_2）向水中扩散、溶解；④部分水生植物（如藻类）通过光合作用生成的 O_2。

由于水体总存在耗氧和复氧过程，所以水体中的 DO 处于相对动态平衡状态。若水体中含有少量的有机物，即有机物所消耗 DO 量低于水体中 DO 的补充量，则水体中 DO 的量在有机物发生氧化分解反应后很快就能得到补充；反之，水体中 DO 无法及时得到补充，将使水体处于缺氧或无氧状态，此时水体中的有机物还可能进一步发生缺氧分解反应，从而加剧水体的水质恶化。由此可以看出，污染物在水体中状态的改变可以用水体中 DO 来度量，水体中 DO 的量主要取决于它的复氧和耗氧过程。

综上，突发水污染事件发生后水体可能存在不同的耗氧/复氧过程，如图 6.3 所示。由图 6.3 可知，水体中污染物的复氧/耗氧过程是突发水污染事件演化态势的一个重要过程。

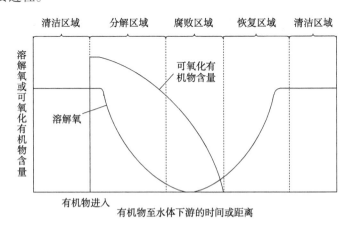

图 6.3　水体中溶解氧的变化曲线

6.4.2 耗氧/复氧的关键过程

进入水体的污染物，会因大气和光照等产生大气复氧、光合作用复氧、呼吸作用耗氧和沉积物耗氧等过程（唐诗等，2013；彭泽洲等，2007）。

1. 大气复氧

大气中富含氧气（O_2），且水体表面的 O_2 能透过水体中水气界面溶于水体，这种现象称为大气复氧。大气中的 O_2 溶入水体的快慢与水气界面的面积 A、水体中 DO 的不足量成正比，跟水体的体积 V 成反比。因而，空气中 O_2 溶入水体的速度可表示为

$$\frac{\mathrm{d}C}{\mathrm{d}t} = \frac{K_L A}{V}(C_s - C) \tag{6.10}$$

式中，C 表示水体中 DO 的浓度；C_s 表示水体中饱和 DO 的浓度；K_L 表示 O_2 溶于水速度系数；A 表示气体扩散的表面积；V 表示水体的体积。

若水体平均水位 $H=V/A$，水体中 DO 不足量用 $D=C_s-C$ 表示，则上式又可转化为

$$\frac{\mathrm{d}C}{\mathrm{d}t} = -\frac{K_L}{H}D = -K_a D \tag{6.11}$$

式中，K_a 表示大气复氧速度常数，单位为 d^{-1}。K_a 受水体流动状态和水体温度 T 等因素影响，温度 T 时 K_a 为

$$K_{a,T} = K_{a,20}\theta_T^{T-20} \tag{6.12}$$

式中，$K_{a,20}$ 表示 20℃时空气复氧速度常数 K_a；θ_T 为 K_a 的温度系数，一般情况下 $\theta_T=1.024$。

O'Connor 和 Dobbins（1958）早于 1958 年就提出了根据水流速度、水深提出了 K_a 的计算公式：

$$K_{a,20} = C\frac{u_x^n}{H^m} \tag{6.13}$$

式中，u_x 表示水体的平均水流速度，单位为 m/s；H 表示水体的平均水位，单位为 m；n、m 表示经验常数。

饱和 DO 浓度 C_s 取决于水体的温度、盐度以及大气压力。标准大气压下水体等淡水中的饱和 DO 浓度 C_s 的计算公式：

$$C_s = \frac{468}{31.6 + T} \tag{6.14}$$

式中，C_s 表示饱和溶解氧浓度，单位为 mg/L；T 表示温度，单位为℃。

由上述分析可知，水体的自净能力与大气复氧成正比，同有机物衰减成反比，

则定义为水体的自净系数：

$$f = \frac{K_a}{K_r} \qquad (6.15)$$

因此，水体中的大气复氧和污染物质的生物化学耗氧是影响水体复氧与耗氧的两个主要因素，它分别反映了水体中有机物消耗与 DO 的变化过程。表 6.2 给出了 $T=20℃$ 时不同水体的自净系数 f 参考值。

表 6.2　不同水体在温度为 20℃时的自净系数值 f

水体	池塘	缓慢河渠与湖泊	低流速大河	普通流速的大河	陡急河流	险流、瀑布
f 值	0.5～1.0（含）	1.0～2.0（含）	1.5～2.0（含）	2.0～3.0（含）	3.0～5.0（含）	>5.0

资料来源：彭泽洲等（2007）

2. 光合作用复氧

水体中 DO 的另一个重要来源是水生生物的光合作用。O' Connor 和 Dobbins（1958）认为水生植物光合作用的速度取决于水生植物接受光照的强弱，若光照强度用时间的函数来表示，则水生植物通过光合作用复氧的速度 p_t 可以表示为

$$p_t = p_m \sin(\frac{t}{T}\pi) \quad (0 \leqslant t \leqslant T) \qquad (6.16)$$

式中，T 表示水生植物在日间持续发生光合作用的时间；t 表示光合作用开始以后的时间；p_m 表示一天中水生植物通过光合作用的最大复氧速度。

就时间均值模型而言，可以假定水生植物通过光合作用复氧的速度为一天中的时间均值，即光合作用复氧的速度为一个常数 P：

$$(\frac{\partial O}{\partial t})_p = P \qquad (6.17)$$

式中，O 表示光合作用复氧的浓度。

3. 呼吸作用耗氧

水体中 DO 消耗以水生植物（如藻类）的呼吸作用消耗 DO 所占的比重最大，通常将水生植物的呼吸耗氧速度视为常数：

$$(\frac{\partial O}{\partial t})_r = -R \qquad (6.18)$$

一般情况下，R 的值在 0～5 mg/（L·d）。

4. 沉积物耗氧

水体中沉积物的耗氧过程主要是指覆盖在底泥顶层的还原性物质和水体底泥释放还原性物质共同与水中的 DO 发生化学反应过程，可用式（6.19）来表达：

$$\left(\frac{\mathrm{d}O}{\mathrm{d}t}\right)_d = -\frac{\mathrm{d}L_d}{\mathrm{d}t} = -\frac{K_b L_d}{(1+r_c)} \quad\quad (6.19)$$

式中，L_d 和 K_b 分别表示水体底部的 BOD 面积负荷及耗氧速度常数；r_c 表示水体沉积物耗氧的阻尼系数。

第7章 外部环境对突发水污染事件演化迁移过程的影响

突发水污染事件一旦发生，其演化态势除了受污染物在水体中的迁移、扩散和衰减等行为影响外，还受到光照、水温、大气沉降以及输水水量等外部环境的影响。

7.1 光照对突发水污染事件演化过程的影响分析

水体中污染物一旦吸收光子或热量，将处于电子激发态而发生化学反应，即光照会加速水体中污染物发生变化。例如，光照下水体中的氧气极易转变成臭氧，进而出现光合反应速度加快和药物分解变质等现象。然而，当光照射到水体时，除去光散射作用损失的部分能量，其余能量均被水体中污染物吸收，而吸收光能量的污染物极易产生光化学反应。因此，光照引起水体中污染物发生光化学反应是水体中污染物浓度发生变化的主要因素之一（彭泽洲等，2007）。目前，国内很多学者已研究光照强度对污染物迁移转化过程的影响。例如，李潜洲等（2015）通过比较同一水体不同时刻的氨氮浓度及亚硝酸盐含量，发现水体中氨氮浓度和亚硝酸盐含量随光照强度增加而降低；吴敏等（2009）研究表明，沉积物间隙与上覆水之间的浓度差可能是氨氮迁移转化的主要驱动力，光照时间长短与沉积物的氨氮释放量成正比；Turro 等（2015）认为光照条件下水体中的有机物存在光吸收和光反应过程，且经过这两个过程有机物将逐步发生光化学反应并分解成小分子物质，同时光照对水体中的生物的生长也有明显的影响；安克敬（2005）的研究表明，温度和光照（包括光照强度和日照长短）等因素会随着昼夜交替、季节变更而发生变化，这些变化进而影响水中植物的光合作用、需氧生物的耗氧情况，以及氧在水中的溶解，从而影响水体中 DO 的含量变化。

通常情况下，在分析光照对水体中污染物迁移转化过程的影响时，采用式（7.1）表述一个光子能量：

$$\varepsilon = hv = hc / \lambda \qquad\qquad （7.1）$$

式中，h 表示普朗克常数；c 表示光在真空中的传播速度；v、λ 分别表示光的频率和波长。

7.2　水温对突发水污染事件演化过程的影响分析

水温对污染物迁移的影响包括分子扩散作用和补给作用两个方面。其中，分子扩散作用主要考虑了由温度和浓度引起的分子扩散，补给作用主要考虑了水体与周围环境之间的热量交换。温度越高，越有利于污染物的扩散。污染物在水体中运动，分子扩散和补给等因素的相互作用，使得水温不断地随时间和空间的变化而变化，温度的不同，必然会影响污染物在水体中的迁移。

7.2.1　水温对分子扩散作用的影响机理

分子扩散作用是指污染物分子的无规则、随机运动而产生的传递现象。尽管分子运动方向是无规则的，但影响污染物分子扩散的因素主要有水体温度和污染物自身的浓度。

1. 温度

水体中污染物分子的扩散方向会随着温度的不同而发生变化。一般来说，温度越高就越有利于污染物的扩散，即污染物分子会从温度较高的区域向温度较低的区域扩散，最终使得整个水体中的污染物分子内部达到温度动态平衡，如图7.1所示。然而，当温度达到平衡以后，污染物分子的运动，使得原本达到浓度平衡的区域出现浓度的不同，这时污染物分子会因浓度不同继续进行扩散。

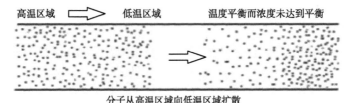

图 7.1　分子从高温区域向低温区域扩散图

2. 浓度

水体中污染物分子通常会从浓度高的区域向浓度低的区域扩散，以达到新的浓度平衡状态，如图 7.2 所示。然而，当浓度达到平衡以后，污染物分子的扩散，使得原本达到浓度平衡的区域出现了温差，这时污染物分子会因温度不同继续进行运动。

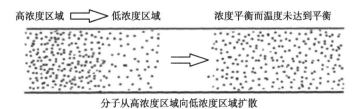

图 7.2　分子从高浓度区域向低浓度区域扩散图

综上，水体中污染物分子总是在温度平衡、浓度不平衡到浓度平衡、温度不平衡这两种状态之间反复运动与扩散。

7.2.2　水温对补给作用的影响机理

补给作用又称源汇作用，是指污染物在水体中的迁移、扩散和衰减等行为受入流和原径流等影响。一方面入流所带热量、太阳辐射热、大气辐射热等会增加水体的水温，进而会影响污染物在水体中的迁移、扩散和衰减；另一方面当径流中水体自身的温度高于外界的温度时，水体会与外界环境发生分子扩散作用，使得水体中的热量不断向外传递，降低了原径流中的水温，最终也影响了污染物在水体中的迁移。

7.2.3　考虑温度影响的突发水污染事件演化迁移方程

1. 水体中水温迁移方程

水温实质上是热能在水体中的一种反应，水体中水温迁移基本方程可以依据微分单元体的热量平衡和迁移扩散原理进行构建。若水体中温度分布呈现不均匀，则热量便会从温度高的地方流向温度低的地方，即水体出现热传导现象。根据热量守恒定理，净流入微单元体内的热量等于流入的热量减去流出的热量。若将单位时间里通过单位横截面积的热量定义为热流密度，则可以用式（7.2）表示热流密度：

$$q_0 = -K_{eq}\Delta v \qquad (7.2)$$

式中，q_0 表示热流密度；K_{eq} 表示等效导热系数。

2. 水体中污染物迁移方程

不管是否考虑温度，水体中污染物迁移方程的表达式都不会不变，其表达式为

$$\eta_e \frac{\partial C}{\partial t} - \Delta(\eta_e D\Delta C) - \Delta(Cv) = W \qquad (7.3)$$

式中，η_e 表示水体底部的活度系数，与水体坡度有关；D 表示亏氧量，$D=C_0-C$，C_0 为一定温度下水体中 DO 浓度；C 表示水体中 DO 浓度；v 表示水体的体积。

7.3　大气沉降对污染物迁移演化过程的影响分析

大气沉降是指沉降至水面的大气悬浮物，可分为干沉降和湿沉降。其中，干沉降是指大气中污染物质在未发生降水时受重力、颗粒吸附、植物气孔直接吸收等作用直接降到地面的过程；湿沉降是指发生雨、雪或雾等降水事件时，高空水滴或冰晶吸附大气中可溶性的物质降落到地面的过程。大气沉降对水生态系统的影响也是十分显著的，如水体中因雨水突然性、爆发性的氮输入可导致表层水域的暂时富营养化，促进藻类，特别是蓝藻、硅藻等的生长繁殖，改变浮游植物群落的组成。通过数理分析可以科学直观地为污染迁移演化提供大气混合沉降通量公式，以及大气氮（N）、磷（P）沉降负荷量和大气混合沉降负荷量，如式（7.4）~式（7.6）所示。

1. 大气混合沉降通量

大气混合沉降通量公式：

$$D_{N,P} = \frac{C_i \times P_i}{100} \qquad (7.4)$$

式中，$D_{N,P}$ 表示 N、P 的沉降通量；C_i 表示每次降水中 N、P 的平均浓度；P_i 表示每次降水量；100 表示单位换算系数。

2. 大气 N、P 沉降负荷量

既定水域的大气 N、P 沉降负荷量计算公式为

$$F_{N,P} = \sum_{i=1}^{n} \frac{C_i \times P_i}{100} \times A \qquad (7.5)$$

式中，A 表示既定水域面积；$F_{N,P}$ 表示全年 N、P 沉降负荷量。

3. 大气混合沉降负荷量

既定水域大气混合沉降负荷量的计算公式为

$$X_{N,P} = \frac{F_{N,P}}{H_{N,P} + M_{N,P} + N_{N,P} + X_{N,P}} \times 100\% \qquad (7.6)$$

式中，$X_{N,P}$ 表示大气 N、P 沉降负荷；$H_{N,P}$ 表示点源 N、P 产生量；$N_{N,P}$ 表示面源 N、P 产生量；$M_{N,P}$ 表示内源 N、P 产生量；$F_{N,P}$ 表示全年 N、P 沉降负荷量。

通过将气象因子和颗粒物浓度取对数后进行正态和方差齐性检验，满足条件后分别对总氮（TN）、总磷（TP）、氨氮进行线性分析。

7.4　水量对突发水污染事件演化过程的影响分析

水体中水生物的生长与水流的流速是密切相关的。有研究表明，水流流速在 1.5 cm/s ~ 2.5 cm/s 时，有利于混合藻类生长；水流流速高于 2.0 cm/s 时，可明显抑制（消除）水华（王建慧，2012）。例如，某段河流拥有较低的输水水量，则其水流流速偏慢，进而导致水体在该段河流停留时间过长，加上光照、沉降等因素的作用，有利于水生植物的生长，最终导致该段河流的水质变坏。通常，影响河流径流水量大小的因素众多，如流域集水面积的大小、降水量的大小、上游植被的覆盖情况、流域的地形、流域的城市、流域的人口、流域的土质等。

7.4.1　水体污染物横向扩散系数

横向扩散系数 M_y 是反映污染物在水体中横向扩散特征的参数，它与水体的弯度、河床粗糙度、水力条件、不规则断面形状等因素密切相关。当前，横向扩散系数的确定方法有经验公式法和直线图解法，其经验公式法有费希尔理想公式、泰勒公式等。式（7.7）为应用泰勒公式求得的水体污染物横向扩散系数 M_y：

$$M_y = (0.058H + 0.0065B) \times (gHa)^{1/2} \qquad (7.7)$$

式中，a 表示水面坡度；H 表示水体的平均水位；B 表示水面宽度；g 表示重力加速度。

7.4.2　水体中污染物迁移速度

采用径流模型协同地表污染物冲刷模型，可以实现对汇流面污染物迁移状况的模拟。污染物迁移速度反映了降雨过程中，污染物向自然水体的排放速度，是径流污染对水环境排污量的过程线。因而，水体中污染物迁移速度采用式（7.8）表示：

$$Q_w = C(t) \times Q(t) \tag{7.8}$$

式中，Q_w 表示污染物迁移速度；$C(t)$ 表示污染物浓度；$Q(t)$ 表示径流量。

　　由式（7.8）可知，地表可冲刷积累污染物的量影响污染物浓度迁移峰值，但不影响迁移过程中污染物浓度的变化趋势。污染物迁移趋势主要受降水形成的径流过程影响，因此研究污染物迁移通常与径流过程密切相关。

第8章 水动力条件下突发水污染事件 演化态势模拟模型构建

突发水污染事件一旦发生，应急决策者只有在事件发生的第一时间根据突发水污染事件演化变迁机理分析结果构建突发水污染事件演化态势模拟模型，才能准确还原事件发生历史过程和预测事件的走势。因此，突发水污染事件演化态势模型的构建是开展事件应急追溯研究的前提与基础。

8.1 问题描述及演化态势模拟模型研究现状

8.1.1 问题描述

突发水污染事件演化态势模拟模型在进行水体污染控制和水环境水质水量规划、水环境容量计算、突发水污染事件预测和预警系统中起着重要的作用（罗定贵等，2005；田炜等，2008）。然而，进入水体后的污染物在迁移扩散过程中将频繁受到水流、水温、物理、化学、生物、气候等因素的影响，进而产生物理、化学、生物等方面的变化（薛金凤等，2002）。以发生在某段河流/渠道的突发水污染事件为例，u 表示水体的平均水流流速，$s(t)$ 表示该段水体污染物源（汇）项，如图 8.1 所示。

由图 8.1 可知，为快速准确识别污染源（汇）项信息、追踪事件演化态势和掌握事件的影响范围及危害程度，应急管理者亟须根据污染物的属性及其在水体中迁移转化机理、外部环境对事件演化迁移的影响，利用大数据及相关技术构建能描述事件发生后水体中水质成分在水体与外界因素共同作用下发生怎样的变化规律的数学方程（贾海峰等，2001）。

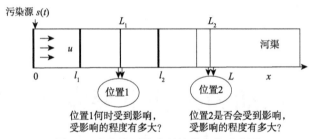

图 8.1　突发水污染事件演化态势示意图

8.1.2　演化态势模拟模型研究现状

自 Streeter-Phelps（S-P）模型构建以来，有关突发水污染事件演化态势模拟模型的研究就得到了不断深化与完善，目前已出现了能模拟包括地表水和地下水（田炜等，2008；朱学愚和孙克让，1994；王凯军等，2005；刘凌和王瑚，1998）、非点源（贾海峰等，2001；李家科等，2009；沈雪娇等，2009；宋林旭等，2013）、饮用水（赵璧奎等，2012；袁玥等，2016）、多介质（宋国浩和张云怀，2008；刘信安和吴方国，2004；窦明等，2015）和生态（王西琴等，2014）等多种水体类型爆发突发水污染事件演化态势的模型，如表 8.1 所示。其中，具有代表性的模型有 QUAL 系列模型（Brown and Barnwell，1987；Câmara and Randall，1984）、环境流体动力学模型（environmental fluid dynamics code，EFDC）（Cunanan and Salvacion，2014，2016）、WASP 模型（Di Toro et al.，1983；Ambrose et al.，1988；Connolly and Winfield，1984；Ekdal et al.，2011）、二维水动力学和水质模型（CE-QUAL-W2）（Afshar and Kazemi，2011；Bowen et al.，2003）和 MIKE 系列模型（Vázquez et al.，2002；McMichael et al.，2006）。

表 8.1　国外主要水质模型

模拟内容	模型名称	维度	适用水体
水体水质	BLTM	一维	河流、河口
	CE-QUAL-RI	一维	湖泊/水库
	OTEQ	一维	河流
	OTIS	一维	河流
	RMA4	二维	河流、河口、湖泊/水库、近海海域
	SED-2D	二维	河流、河口、湖泊/水库、近海海域
	CE-QUAL-ICM	一维、二维和三维	河流、河口、湖泊/水库、近海海域
	WASP8	一维、二维和三维	河流、河口、湖泊/水库、近海海域

续表

模拟内容	模型名称	维度	适用水体
水动力与 水质	CE-QUAL-RIVI	一维	河流、河网
	CE-QUAL-W2	二维	河流、水库、河口
	EFDC/HEM2D	一维、二维和三维	河流、河口、湖泊/水库、近海海域
	HSPF	流域	流域、河网
	MIKE11	一维	河口、河流、河网
	MIKE21	二维	河口、近海海域
	MIKE31	三维	河流、河口、湖泊/水库、近海海域
	MIKE SHE	流域	流域、河网
	PRMS	流域	流域、河网
	QUAL2E	一维	流域、河网
	RMA10	三维	河流、河口、湖泊/水库、近海海域
	SNTEMP	一维	河流、河网
	SSTEMP	一维	河流、河网

1. QUAL 系列模拟模型

QUAL 系列模型最初雏形是由 Masch 及其同事于 1970 年提出的，1971 年美国得克萨斯州水利发展部开发出完整模型 QUAL-Ⅰ模型，1972 年美国水资源工程公司和美国环保局合作开发了第一个版本的 QUAL-Ⅱ模型，1976 年 3 月密歇根州东南部政府委员会（Southeast Michigan Council of Governments，SEMCOG）和美国水资源工程公司合作对 QUAL-Ⅱ模型作了进一步升级（Brown and Barnwell，1987；Câmara and Randall，1984），之后又多次修订推出了 QUAL2E、QUAL2E-UNCAS 和 QUAL2K 等模型（Brown and Barnwell，1987）。其中，QUAL2E 模型适用于混合的枝状河流系统，该条流包含多条支流以及递增的流入流出量，允许多种污染物的排放、回收，可以模拟包括 DO、BOD、温度、有机氮、氨氮、亚硝酸盐、硝酸盐、有机磷和叶绿素 a 等 15 种水质成分，该模型主要基于以下假设推导基本方程：①将被研究的水体划分为等长单元水体，且污染物在每个单元水体中是混合均匀的；②污染物沿水体水流方向作迁移运动，纵轴方向则是作对流、扩散等运动，其中流量和旁侧入流是不随时间变化的常数；③所有单元水体的水力几何特征相同。QUAL2E-UNCAS 是塔夫斯大学和美国环保局水质模型中心环境研究实验室合作开发出来，它在 QUAL2E 和 QUAL-Ⅱ模型的基础上修改和增加了对仿真输出的不确定性分析（UNCAS）能力（Melching and Yoon，1996；Linfield and

Barnwell，1987）；QUAL2K 模型的基本原理与 QUAL2E 相同，只是在 QUAL2E 模型的基础上新增了如死亡藻类到 BOD 的转化、河流底泥 BOD 上浮成为悬浮物以及由特定植物引起的 DO 变化等一些要素之间的相互作用，以弥补 QUAL2E 模型的不足，它是一种灵活的河流水质模型，可用于研究污染物的瞬时排放对水质的影响，如有关污染源的事故性排放对水质的影响，目前被广泛应用于北美洲、欧洲、亚洲等地流域污染物总量控制和水质管理。

2. WASP 模拟模型

WASP 模型是美国环保局开发提出的动力学箱式模型系统，可用于模拟河流、湖泊、河口、近海海域等不同水体中常规污染物和有毒污染物的演化迁移规律，目前被广泛应用于污染物总量控制、排污权分配、流域保护规划以及环境污染决策。其基本方程（Di Toro et al.，1983；Ambrose et al.，1988）为

$$\frac{\partial(AC)}{\partial t} + \frac{\partial}{\partial x}(U_x AC - E_x A \frac{\partial C}{\partial x}) = A(S_L + S_B + S_K) \qquad (8.1)$$

式中，U_x 表示纵向速度，单位为 m/s；E_x 表示纵向弥散系数，单位为 m²/s；S_L 表示点源和面源，单位为 mg/（m³·s）；S_B 表示边界负荷，单位为 mg/（m³·s）；S_K 表示源汇项，单位为 mg/（m³·s）。

该模型主要由两个独立且能相互连接的 WASP 和水力学计算程序（DYNHYD）组成（Ambrose et al.，1988）。DYNHYD 模块是一维的水动力学模型，适用于模拟浅水系统中长波的传播过程。WASP 模块是三维水质模拟模块，又细分为常规污染物模拟富营养化模型（EUTRO）和有毒污染物模型（TOXI）两个基本模块，其中 EUTRO 模块采用 POTOMAC 富营养化的动力学结构，用来分析水体中包括 DO、COD 和氮、磷和藻类等富营养化物质在水体中的迁移变化情况；TOXI 模块采用 EXAMS 的动力学结构，结合模型迁移方程的结构和简单的沉积平衡机理，可用来模拟包括有机污染物、镉等离子态重金属污染物等有毒物质在各类水体中迁移积累的动态变化过程（Connolly and Winfield，1984）。WASP 模型的基本方程由于能反映对流、弥散、点杂质负荷与扩散杂质负荷以及边界交换等随时间变化的情形，因而具有系统开放性、内容全面、算法和模型网络科学输入数据格式统一规范、集成运行环境可经受实践检验等优点。例如，相对于流域水文模型（soil and water assessment tool，SWAT）、半分布式水文模型（hydrological simulation program fortran，HSPF）、AnnAGNPS 模型（annualized agricultural non-point source pollution model）等模型，它提供了多种污染物及其组成成分在受纳水体中迁移转化的细致模拟（Ekdal et al.，2011；Xie et al.，2015）；而相对于 CE-QUAL-W2、QUAL2K、EFDC 等其他水质模型，它具有操作简明、可配置性强、复杂程度适中等优点（朱瑶等，2013）。目前，国外许多学者已基于 WASP

模型开展了机理性与应用性研究。例如，Wagenschein 和 Rode（2008）以德国魏瑟·埃尔斯特河（Weisse Elsterriver）为研究对象，利用 WASP 模型模拟不同河段对氮素污染的消减效应，研究结果表明底泥反硝化作用在夏季低流量期间能够达到浮游植物吸收量的三倍；Hosseini 等（2016）以加拿大农业灌区南萨斯喀彻温河（South Saskatchewan River）为例，利用 WASP 模型研究了该河流水质对相关参数的敏感性，结果表明浮游植物生长速率对河流水质的影响最为显著，同时浮游植物生长速率在夏季和冬季又分别受到总磷含量和光照强度的影响；等等。然而，该模型中 DYNHYD 模块存在不足，需要通过其他模型提供水动力变量。因此，WASP 水质模块还可以与其他水动力学模型相连运行，这使得模型应用具有很强的灵活性。

3. EFDC 模拟模型

EFDC 最初由美国威廉与玛丽学院弗吉尼亚海洋科学研究所（Virginia Institute of Marine Science，VIMS）根据多个数学模型集成开发的内河模型，后期由美国环保局进行升级研究。EFDC 模型主要由水动力、泥沙、污染物运移和水质预测等模块组成，可以用于模拟河流、湖泊、近岸海域等水体的物理、化学变化过程（Hamrick，1992）。该模型的主要方程（Cunanan and Salvacion，2014；2016）为

$$\frac{\partial C}{\partial t} + \frac{\partial (uC)}{\partial x} + \frac{\partial (vC)}{\partial y} + \frac{\partial (wC)}{\partial z} = \frac{\partial}{\partial x}\left(K_x\frac{\partial C}{\partial x}\right) + \frac{\partial}{\partial y}\left(K_y\frac{\partial C}{\partial y}\right) + \frac{\partial}{\partial z}\left(K_z\frac{\partial C}{\partial z}\right) + S_c \quad (8.2)$$

式中，u 表示纵向 x 方向上的速度变量，单位为 m/s；v 表示横向 y 方向上的速度变量，单位为 m/s；w 表示垂向 z 方向上的速度变量，单位为 m/s；K_x、K_y 和 K_z 分别表示 x、y 和 z 方向上的湍流扩散系数，单位为 m²/s；S_c 表示单位体积上的内外部源汇项，单位为 mg/（m³·s⁻¹）。

该模型中水动力模块主要采用水力学原理，在二阶有限微分的基础上对 z 方向、自由表面和扰动平均进行数值求解，进而得到研究区域的水位、流场及水温分布情况。采用 Mellor 和 Yamada（1982）提出，并由 Galperin 等（1988）改进的湍流二阶矩封闭模型，求得 z 方向涡黏系数和涡流扩散系统。针对溶解物和悬浮物，模型同时计算欧拉输运−地形变化方程。EFDC 模型水质模块源于 CE-QUAL-ICM 模型，在水动力模块提供水深、流速等水力要素的基础上，结合泥水界面行为，模拟多项污染物的迁移转化。EFDC 模型中泥沙模块把沉积物分为黏性和非黏性泥沙，泥沙在水体中以悬移质形态运动采用三维对流扩散方程运算。因此，EFDC 模型能模拟 COD、氨氮、总磷、藻类等 21 种水质变量的时空迁移转化过程，还能实现河流、湖泊、水库、河口、海洋和湿地等地表水系统的三维水质模拟（Wu and Xu，2011）。由于 EFDC 模型拥有强大的水动力、沉积物和水质等方面的模拟功能，备受学者青睐，且已被广泛引用于科研机构、政府和

环境咨询机构。例如，Ji 等（2002）在采用 EFDC 模型对加利福尼亚州莫罗湾海湾浅滩进行水动力学数值模拟的基础上，研究影响 EFDC 模型运算效率的因素，结果表明将水平方向索引转化为单个索引方式，不仅能提高运算的效率，而且优化了内部存储计算和网格生成；Alarco 等（2012）对墨西哥海湾遭遇飓风袭击时水面高程（water level elevation，WSE）及水深进行模拟，结果显示 EFDC 模型可以模拟飓风袭击情景下洪水覆盖区域的水动力情况；Seo 等（2012）研究发现采用 EFDC 模型和 WASP 模型能较好地模拟洛东江湖的水位和垂向水温；Liu 和 Huang（2009）通过模拟河流在两场暴雨情形下遭遇洪峰，并通过实测盐度和 TSS（total suspended solids，总悬浮固体）校核及验证底质再悬浮与沉积过程；James 和 Boriah（2010）结合 EFDC 模型和 CE-QUAL 模型模拟了开放式航道河流的水动力及藻类生长动力学，证明两个模型耦合预测藻类生长准确，模拟结果的相关参数可运用人工河道设计；Vellidis 等（2006）研究了 EFDC、WASP 等模型对 DO 的模拟效果，并提出了未来建模需要克服的问题；等等。

4. CE-QUAL-W2 模拟模型

CE-QUAL-W2 模型是由美国陆军工程兵团（United States Army Corps of Engineers，USACE）水道试验站开发的二维水质水动力学模型。该模型以横向平均作为其基本假设，通过直接耦合的水动力学模型和水质输移模型来模拟污染物在水体纵向 x 和垂向 z 方向的运动与迁移规律（Jin et al.，2007），具体方程为

$$\frac{\partial(BC)}{\partial t}+\frac{\partial(uBC)}{\partial x}+\frac{\partial(wC)}{\partial z}=\frac{\partial}{\partial x}(BD_x\frac{\partial C}{\partial x})+\frac{\partial}{\partial z}(BD_z\frac{\partial C}{\partial z})+C_a+S_c \qquad （8.3）$$

式中，B 表示水体时空的变化层宽，单位为 m；u 表示水体纵向 x 方向的速度变量，单位为 m/s；w 表示垂向 z 方向的速度变量，单位为 m/s；D_x 和 D_z 分别表示 x 和 z 方向的扩散系数，单位为 m²/s；C_a 表示出入流组分的物质流量率，单位为 mg/L；S 表示相对组分的源汇项，单位为 mg/（m³·s）。

CE-QUAL-W2 模型能模拟包括 DO 和 BOD 等 17 种水质成分的浓度变化规律，适用于对相对狭长的湖泊和分层水库开展水质浓度模拟（Jin et al.，2007）。例如，Singleton 等（2013）采用 CE-QUAL-W2 模型对备用水源贝尔伍德采石场水库中的 DO、藻类和溶解态的铁、锰含量进行研究，并发现从中层入流、底层出流的方式更有利于水质保持；Gelda 等（1998）采用 CE-QUAL-W2 模型对坎农斯维尔水库的水温进行了模拟，发现该模型能很好地模拟分层和周转的时间、分层的持续时间、表观和低层的尺度等特征纵向变化规律，可用于主要支流河口溢出物质的纵向迁移规律模拟；Kim Y 和 Kim B（2006）对韩国昭阳湖的水温时空分布进行了模拟，结果发现该模型能很好地模拟水库温度分布和密度电流

运动方面；等等。

5. MIKE 模拟模型

MIKE 模型是由丹麦水利研究所开发的，最早的 MIKE11 是一维动态模型，适用于模拟河网、河口、滩涂等地区（Vázquez et al.，2002），它研究的变量包括水温、细菌、氮、磷、DO、BOD、藻类、水生动物、岩屑、底泥、金属以及用户自定义物质。此后，在 MIKE11 的基础上，DHI 又开发了二维 MIKE21 和三维 MIKE31 等水质模型（McMichael et al.，2006）。其中，MIKE21 是沿垂向平均的平面二维数学模型，常用于浅水湖泊、河口及海岸等平面尺度远大于垂向尺度的地区，能模拟多种水质指标的迁移转化过程。MIKE31 与 MIKE21 类似，但能处理三维空间。因此，MIKE 系列模型得到了很好的应用。例如，Vázquez等（2002）讨论了 MIKE 模型在使用不同网格大小的中型集水区中的应用，结果表明对于给定的数据输入和质量水平、模型类型和结构以及时间步长，600 米网格分辨率最适合于所研究的集水区；Panda 等（2010）为比较 MIKE11HD 与人工神经网络模型预测性能，利用库沙布哈德拉河（Kushabhadra River）支流 2006 年 6 月至 9 月的每小时水位数据进行验证，结果表明人工神经网络模型中观测到的峰值水位和模拟水位之间的差异远低于 MIKE11HD；等等。MIKE 系列模型的优点在于水动力模拟功能比较强大，系统界面友好，缺点是理论不公开，源程序不对外开放。由于 MIKE 模型程序源代码不对外开放，其模型程序包加密，研究人员只能使用该程序，而不能在其基础上修改完善成为适应本地区使用的专属水质模型，这在一定程度上抑制了该模型的发展。

此外，也有些学者针对上述有关突发水污染事件演化态势模拟模型进行改进，如南京水利科学研究院为实现模拟江河水体中污染物演化迁移规律，开发了 CJK3D 模型；重庆市环境科学研究院和重庆大学针对长江嘉陵江重庆段干流和城区江段的水文情况，分别开发了一维和二维突发水污染事件演化迁移模拟模型；侯国祥等（2000）基于 SIMPLEC、QUAL Ⅱ和 QUAL2D 等方法的优势，构建了一个能将流场和浓度场分开计算的远区计算模型，并将其应用于汉江仙桃段、湘江衡阳段、三峡库区重庆江段及长江诸河段，取得了较好的结果；王惠中等（2001）在风生环流的准三维数学模型和垂直涡黏系数沿深度变化的基础上，构建了三维风生流场模型，对太湖的主要水质成分进行模拟和分析，进而提出了相关的防治建议；郭永彬和王焰新（2003）基于汉江中下游的水质变化趋势，改进了 QUAL2K 模型，发现改进 QUAL2K 模型比 QUAL2E 更适用于水文条件复杂的水体水质预测；等等。还有些学者基于突发水污染事件特性及水动力特性，构建了不同类型突发水污染事件迁移扩散模型。彭虹等（2002）基于河流动力学原理、污染物对流扩散守恒理论以及以浮游植物为中心的富营养化动力学理论，构建了一维河流综合水质生态模型，并将该模型应用于汉江武汉段，取得了较好的效果；程聪（2006）为有效应对黄浦江突发溢油污染事故，以 DELFT3D-PART 模型软件为工具，模拟有毒有害污染物在黄浦江中的迁移扩散和转化规律，并利用实测资料和实验数据进行模型的率定和验证，构建黄浦江溢油事故模拟模型；窦明等（2015）基于具有闸门控制的河段中水质迁移转化机理具有高度复杂性的特点，提出在"水体-悬浮物-底泥-生物体"界面内开展水质多相转化研究的总体思路，并构建了具有一定物理机制的闸控河段水质多相转化模型。例如，王庆改等（2008）基于 MIKE11 的降雨径流模块、水动力模块和对流扩散模块，构建了能模拟不同季节不同水文条件下污染物迁移扩散规律的水量水质耦合模型，并以汉江中下游 2003 年水文条件下冬、夏季不同情况时的突发水污染事故为例，定量预测了突发水污染事件发生后汉江不同地点处污染物到达的时间和浓度增加值，结果显示所构建的耦合模型能较好地预测复杂情景下突发水污染事件污染物迁移扩散过程；饶清华等（2011）为有效模拟河流突发水污染事件中污染物的迁移扩散过程，基于有限元法建立河流水动力水质模型，并定量模拟了突发水污染事故发生后闽江下游不同地点处污染物到达的时间和浓度值，为决策者做出合理预警时间与级别提供准确的参考；董瑞瑞等（2017）基于 MIKE11 模型的水动力模块、对流扩散模块，构建一维水动力水质预警预报模型，并以枯水期汉江襄阳—仙桃段发生突发水污染事故为例对模型进行了率定和验证，计算值与实测值吻合较好；赵琰鑫等（2011）基于部分地区水系复杂、湖泊众多、河道水流方向复杂多变等特征，在一维河网水质模型和二维湖泊水质模型的基础上，构建了湖泊-河网耦合水动力水质模型，并以太湖 2007 年实测水文水质资料对耦合模型进行验证与率定，结果表明模型计算值与实测资料具有较好的吻合度；金忠青和韩龙喜（1998）基于平原地区河网的水力、水质特性以及单元划分法求解单元水质特性的可行性，构建了平原河网组合单元水质模型，并以发生在江苏某河网突发水污染事件为例对该模型进行率定和验证，取得了满意的成果；金春久等（2010）基于降雨径流模型、水动力学模型、污染物传输扩散模型的优势，构建主干河流水量水质耦合模型，并以 2005 年松花江水污染事件数据进行验证，结果表明模型能准确地模拟流域水量、污染物迁移转化规律；邓健等（2011）以一维圣维南方程和二维 EFDC 模型为基础，结合"油粒子"漂移扩散模型，构建模拟水上溢油预测模型；胡嘉镗等（2012）基于水体中存在"浮游植物—N—P—C—DO"循环以及颗粒物在底泥与水体界面的再悬浮过程，在一维与三维耦合水动力、悬沙模型的基础上，构建了一维与三维耦合水质模型，并采用相应水期的实测资料进行验证，结果表明耦合水质模型能较好地描述研究区域内水质要素的时空分布规律；等等。

综上，目前虽然对突发水污染事件演化态势模拟模型的构建和软件开发等展开了大量的研究，但水环境系统中存在很大随机性和偶然因素，以及突发水污染事件具有的不确定性，致使当前仍未完全清楚污染物在水体介质中演化迁移机理，尤其是在水量变化情形下，现有模型中许多参数难以较为准确地度量和估计，很难满足目前突发水污染事件应急管理的需求。为此，本章在突发水污染事件迁移、扩散、衰减机理分析和外部环境影响的基础上，根据水流连续性原理、能量守恒原理、物质转化与平衡原理等理论，构建能准确描述事件发生后水体中水质成分在水体与外界因素共同作用下变化规律的模拟模型，即构建一维、二维和三维水动力条件下突发水污染事件演化态势模拟模型。

8.2　一维水动力条件下突发水污染事件演化态势模拟模型

若受污染的水体宽度与深度相对其长度来说非常小，那么进入这一类型水体的污染物能在短时间内与水体混合均匀，如天然河流、长距离明渠等。因而，该类型水体的水流和污染物浓度可简化为一维模型进行计算，即假定水体断面内水流速度和污染物浓度是均匀分布的，且污染物只随流程方向变化（Chow et al.，2008；曹小群等，2010；陈正侠等，2017；杨启文等，2000；Cruz et al.，2003；Li et al.，2011）。为较好地反映水体的流场特征，并为突发水污染事件演化态势模拟提供流场条件，应基于一维水体水流运动规律和污染物迁移转化规律，如动量、能量及污染物质迁移规律等，建立一维水动力条件下突发水污染事件演化态势模拟模型（Chow et al.，2008；曹小群等，2010；陈海洋等，2012；Keats et al.，2009；Yee et al.，2008；Keats et al.，2007；Amirov and Ustaoglu，2009；Chen et al.，2009）。

8.2.1　一维水体水动力学模型

在自然界或工程实践中，水体中水多处于运动状态，故研究水体中的水流运动规律可以为污染物在水体中的输运提供关键的动力信息，如水流速度和环流形势、混合和扩散等信息（李玉柱和苑明顺，2008），通常用圣维南方程描述一维水体水流的数学模型。

1. 水流连续方程

以 Δx 长度的水体作为研究对象，$Q(x)$、$Q(x+\Delta x)$ 分别表示从上游流入该水体和从该水体下游流出的流量，单位为 m³/s；q_c、q_d 分别表示渗入该水体和从该水体渗出的量，单位为 m³/（s·m）；P_s、E_s 分别表示该水体的降水强度和蒸发强度，单位为 m³/（s·m²）；b 表示该水体的水面宽度，单位为 m；A 表示该水体的过水断面面积，单位为 m²。根据水量平衡原理，可以得出一维条件下微元水体的水量平衡图，如图 8.2 所示。

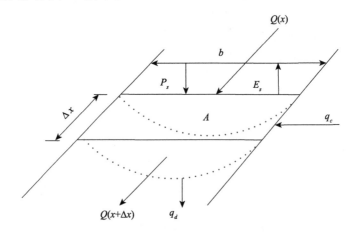

图 8.2　微元水体的水量平衡示意图

根据图 8.2，对微元水体 Δx 在 $t \sim t+\mathrm{d}t$ 时段内开展水量平衡分析。

1）上下游流量引起的增量

$$Q(x)\mathrm{d}t - Q(x + \Delta x)\mathrm{d}t = -\frac{\partial Q}{\partial x}\Big|_x \Delta x \mathrm{d}t \tag{8.4}$$

2）渗入渗出引起的增量

$$q_c \big|_x \Delta x \mathrm{d}t - q_d \big|_x \Delta x \mathrm{d}t \tag{8.5}$$

3）降水蒸发引起的增量

$$P_s b \Delta x \mathrm{d}t - E_s b \Delta x \mathrm{d}t \tag{8.6}$$

因此，微元水体 Δx 在 $\mathrm{d}t$ 时段内的水量总增量可以用式（8.7）表述：

$$
\begin{aligned}
&-\frac{\partial Q}{\partial x}\Big|_x \Delta x \mathrm{d}t + q_c \big|_x \Delta x \mathrm{d}t - q_d \big|_x \Delta x \mathrm{d}t + P_s b \Delta x \mathrm{d}t - E_s b \Delta x \mathrm{d}t \\
&= \left[-\frac{\partial Q}{\partial x} + q_c - q_d + (P_s - E_s)b \right] \Delta x \mathrm{d}t
\end{aligned}
\tag{8.7}
$$

微元水体 $\mathrm{d}t$ 时段内的总增量还可以用整个柱体的增量表示：

$$A(x, t+\mathrm{d}t)\Delta x - A(x, t)\Delta x = \frac{\partial A}{\partial x}\Big|_{(x,t)} \Delta x \mathrm{d}t \tag{8.8}$$

依据质量守恒定律，并联合式（8.4）~式（8.8），得

$$\frac{\partial A}{\partial x} = -\frac{\partial Q}{\partial x} + q_c - q_d + (P_s - E_s)b \tag{8.9}$$

若忽略 q_d, P_s, E_s, 则式（8.9）可以转化为式（8.10）：

$$\frac{\partial A}{\partial t} + \frac{\partial Q}{\partial x} = q_c \tag{8.10}$$

2. 动量方程

控制体积的动力增量等于从控制体积表面进出的流体净动力及其作用在控制体积的冲量和矢量。其中，作用于水体上的总外力包括水流方向的重力、摩阻力、水压力以及侧壁在水流方向的压力，可用式（8.11）计算：

$$F = \rho g A \Delta x S_0 - \rho g A \Delta x S_f - \rho g A \Delta x \frac{\partial h}{\partial x} \tag{8.11}$$

式中，h 表示水体的深度，单位为 m；g 表示重力加速度，单位为 m/s^2；S_0 表示水体底坡；S_f 表示摩阻比降，其他符号的意义同上。由于非恒定流的摩阻损失与恒定流的摩阻损失之间的差异较小，因此摩阻比降 S_f 可分别用曼宁公式、谢才公式或流量模数公式计算：

$$S_f = \begin{cases} n^2 u^2 R^{3/4} \\ u^2 C^{-2} R^{-1} \\ Q^2 K^{-2} \end{cases} \tag{8.12}$$

式中，n 表示曼宁糙率系数；C 表示谢才系数；K 表示流量模数；R 表示水力半径。

再由进出控制体的流体的净动量和控制体的动量增量，可得一维水体的动量方程：

$$\frac{\partial Q}{\partial t} + \frac{\partial}{\partial x}(\alpha Q u) + g A \frac{\partial h}{\partial x} = q_l V_x + g a (S_0 + S_f) \tag{8.13}$$

式中，α 表示动量校正系数；u 表示断面平均流速；V_x 表示旁侧入流流速在河道水流方向上的分类。一般情况下，认为 V_x 为零，若断面流速分布均匀时视 $\alpha=1$，反之 α 就显得很重要。

结合式（8.10）和式（8.13）得到一般情况下一维水体水动力学模型，又称为 SVE：

$$\begin{cases} \dfrac{\partial A}{\partial t} + \dfrac{\partial Q}{\partial x} = q_c \\[2mm] \dfrac{\partial Q}{\partial t} + \dfrac{\partial}{\partial x}\left(\dfrac{Q^2}{A}\right) + g A \left(\dfrac{\partial z}{\partial x} + \dfrac{Q|Q|}{K^2}\right) = 0 \end{cases} \tag{8.14}$$

式中，z 表示水体的水位，单位为 m；$\dfrac{\partial z}{\partial x}$ 表示水体水面坡降；Q 表示过水流量，单位为 m^3；A 表示过水断面的面积，单位为 m^2；t 表示时间，单位为 s；x 表示水流流向纵向距离，单位为 m；K 表示流量模数；q_c 表示旁侧入流流量，单位为 m^3。

　　根据水文气象和水域地形等资料，通过式（8.14）可以求得水体的流量 Q、水位 z、流速 u、水深 f 等沿流程 x 和时间 t 变化。然而，这一步工作在解算污染物质输运方程之前完成，作为解算输运方程的条件给出，若当水质因素（如水温）对水体水流运动有明显影响时，则要同时连接水流、水质方程。

8.2.2　一维污染物变迁模型

　　与上述推导类似，可以根据微元水体中污染物的质量守恒定律来推导水体中污染物变迁模型基本方程。以微元水体 Δx 为研究，若 $C(x,t)$ 表示污染物浓度，单位为 g/m^3；S_L 表示污染物在单位时间内从侧面向单位长度的微元水体流（汇）入和流（漏）出的量，单位为 $g/(m\cdot s)$；S_s 表示污染物在单位时间内向单位面积的微元水体流（汇）入和流（漏）出的量，单位为 $g/(m^2\cdot s)$；S_v 表示污染物在单位时间内向单位体积的微元水体流（汇）入和流（漏）出的量，单位为 $g/(m^3\cdot s)$；P_i（i=1,2,3）分别表示因分子扩散、紊动扩散和弥散等作用引起的污染物通量，单位为 $g/(m^2\cdot s)$；E_M、E_T、E_x 分别表示分子扩散系数、紊动扩散系数和沿水流方向即 x 方向的弥散系数，单位为 m^2/s；k_f 表示污染物质在水体中的衰减速度常数，单位为 d^{-1}；其他符号意义同前。则可以根据污染物质量守恒定律得到微元水体中污染物质量平衡示意图，如图 8.3 所示。

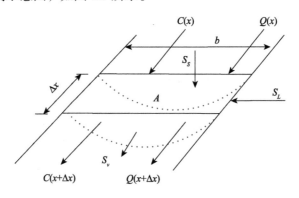

图 8.3　微元水体中污染物质量平衡示意图

　　由图 8.3 可以得知，微元水体中的污染物增量是由上游来水、外界及迁移转化等原因引起。若微元水体内的污染物质在迁移扩散过程中还存在衰减过程，则可以用一级动力学反应来表达。

1. 上游来水引起的质量增量

$$[Q(x)C(x) - Q(x+\Delta x)C(x+\Delta x)]dt = -\frac{\partial(QC)}{\partial x}|_x \Delta xdt \qquad (8.15)$$

2. S_L、S_s 和 S_v 引起的质量增量

$$S_L|_{(x,t)} \Delta xdt + S_s|_{(x,t)} b\Delta xdt + S_v|_{(x,t)} A\Delta xdt \qquad (8.16)$$

3. 分子扩散、紊流扩散和弥散作用引起的质量增量

$$\begin{cases} P_1A|_x\,dt - P_1A|_{(x+\Delta x)}\,dt = -\dfrac{\partial(P_1A)}{\partial x}|_{(x,t)}\Delta xdt = -\dfrac{\partial}{\partial x}(E_MA\dfrac{\partial C}{\partial x})|_{(x,t)}\Delta xdt \\[2mm] P_2A|_x\,dt - P_2A|_{(x+\Delta x)}\,dt = -\dfrac{\partial(P_2A)}{\partial x}|_{(x,t)}\Delta xdt = -\dfrac{\partial}{\partial x}(E_TA\dfrac{\partial C}{\partial x})|_{(x,t)}\Delta xdt \\[2mm] P_3A|_x\,dt - P_3A|_{(x+\Delta x)}\,dt = -\dfrac{\partial(P_3A)}{\partial x}|_{(x,t)}\Delta xdt = -\dfrac{\partial}{\partial x}(E_xA\dfrac{\partial C}{\partial x})|_{(x,t)}\Delta xdt \end{cases} \qquad (8.17)$$

4. 衰减作用引起的增量

$$S_kA\Delta xdt \qquad (8.18)$$

综上，微元水体中污染物质的总增量为

$$\left\{ -\frac{\partial(QC)}{\partial x} + \frac{\partial}{\partial x}\left[(E_m + E_T + E_x)A\frac{\partial C}{\partial x}\right] + S_L + S_sb + S_vA + S_kA \right\}\Delta xdt \qquad (8.19)$$

此外，dt 时间内微元水体的污染物质量增量又可表示为

$$A(x,t+\Delta t)C(x,t+\Delta t)\Delta x - A(x,t)C(x,t)\Delta x = \frac{\partial(AC)}{\partial t}|_{(x,t)}\Delta xdt \qquad (8.20)$$

令 $AS = S_L + S_sb + S_vA$，并根据质量守恒定律得

$$\frac{\partial(AC)}{\partial t} = -\frac{\partial(QC)}{\partial x} + \frac{\partial}{\partial x}\left[(E_M + E_T + E_x)A\frac{\partial C}{\partial x}\right] + S + S_k \qquad (8.21)$$

8.2.3　基于一维水动力学的突发水污染事件演化态势模拟模型

1. 基本方程

联合式（8.14）和式（8.21），一维水动力条件下突发水污染事件演化态势模拟模型可用式（8.22）表示：

$$\frac{\partial(A\phi)}{\partial t} + \frac{\partial(Au\phi)}{\partial x} = \frac{\partial}{\partial x}(\Gamma_\phi \frac{\partial\phi}{\partial x}) + S_\phi \qquad (8.22)$$

式中，ϕ 表示待求因变量；S_{ϕ} 表示污染物质源（汇）项；Γ_{ϕ} 表示扩散系数，各参数的具体表达含义见表 8.2。

表 8.2　一维水动力条件下突发水污染事件演化态势模型中各参数的具体含义

方程	ϕ	Γ_{ϕ}	S_{ϕ}
连续	1	0	q
x-动量	u	0	$-gA\left(\dfrac{\partial z}{\partial x}+\dfrac{Q\lvert Q\rvert}{K^2}\right)$
浓度	C	$E_m+E_T+E_x$	$S+S_k$

2. 定解条件

1）初始条件

$$z(x,0)=z_0(x), u(x,0)=u_0(x), C(x,0)=C_0(x) \tag{8.23}$$

2）边界条件

边界条件主要包括入流边界、出流边界和固壁边界。其中，入流边界一般包括流场边界和浓度场边界，其中浓度场边界有进口断面和充分混合段两种，进口断面浓度分布应根据实际情况来定，对于充分混合段，可采用均匀分布 $C(x,t)\lvert_{\Gamma_0}=C_i(t)$。入流边界可以用式（8.24）表示，出流边界可以用式（8.25）表示，固壁边界可以用式（8.26）表示：

$$z(x,t)\lvert_{\Gamma_0}=z_i(t) \text{ 或 } u(x,t)\lvert_{\Gamma_0}=u_i(t) \tag{8.24}$$

$$\begin{cases} z(x,t)\lvert_{\Gamma}=z_i(t) \\ \dfrac{\partial u}{\partial s}=\dfrac{\partial z}{\partial s}=\dfrac{\partial C}{\partial s} \end{cases} \tag{8.25}$$

$$\begin{cases} v_{\eta}=0 \\ \dfrac{\partial C}{\partial \eta}=0 \end{cases} \tag{8.26}$$

式中，s 表示流线方向；η 表示岸边界法线方向。

8.3　二维水动力条件下突发水污染事件演化态势模拟模型

由 8.2 可知，在构建一维水动力条件下突发水污染事件演化态势模拟模型时，存在着部分简化和理想化的情况。现实中大多数水体存在着不满足使用一维水动力条件下突发水污染事件演化态势模拟模型的条件与要求，如有部分水体水平尺度较短或宽度较大，污染物进入该类水体时存在着横向浓度梯度较大等情形，此时需要同时考虑水力系数沿纵向和横向变化的突发水污染事件演化态势模拟模型，才能准确地描述和刻画水流过程及污染物质浓度的变化（陈海洋等，2012；Keats et al.，2009；Cruz et al.，2003）。

8.3.1　二维水动力模型

在水体沿程中取一从底部至水面的微小水体，如图 8.4 所示。用 H 表示该水体的水深，U_x、U_y、U_z 分别表示纵向 x、横向 y 和垂向 z 方向沿水深平均流速，u、v、w 分别表示 x、y、z 方向沿水流速度。根据水量平衡原理，可以得出二维水体的水量平衡图，如图 8.4 所示。

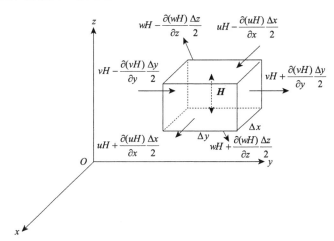

图 8.4　微小水体的水量平衡示意图

其中，H、U_x、U_y 和 U_z 的关系表达式可用式（8.27）表示：

$$\begin{cases} H = h_0 - z_0 \\ U_x = \int_{z_0}^{h_0} u\mathrm{d}z, U_y = \int_{z_0}^{h_0} v\mathrm{d}z, U_z = \int_{z_0}^{h_0} w\mathrm{d}z \end{cases} \tag{8.27}$$

式中，h_0、z_0 分别表示某一基准面下的水体水位和底部高程。

引用莱布尼茨公式，则自由表面及底部运动学可分别用式（8.28）和式（8.29）描述：

$$\frac{\partial}{\partial x_i}\int_a^b f\mathrm{d}z = \int_a^b \frac{\partial f}{\partial x_i}\mathrm{d}z + f\mid_b \frac{\partial b}{\partial x_i} - f\mid_a \frac{\partial a}{\partial x_i} \tag{8.28}$$

$$\begin{cases} w\mid_{z=h_0} = \dfrac{D\overline{h_0}}{Dt} = \dfrac{\partial \overline{h_0}}{\partial t} + \dfrac{\partial \overline{h_0}}{\partial x}u\mid_{z=h_0} + \dfrac{\partial \overline{h_0}}{\partial y}v\mid_{z=h_0} \\[3mm] w\mid_{z=z_0} = \dfrac{D\overline{z_0}}{Dt} = \dfrac{\partial \overline{z_0}}{\partial t} + \dfrac{\partial \overline{z_0}}{\partial x}u\mid_{z=z_0} + \dfrac{\partial \overline{z_0}}{\partial y}v\mid_{z=z_0} \end{cases} \tag{8.29}$$

1. 沿水深均匀的连续性方程

联合式（8.27）~式（8.29），可得

$$\begin{aligned} \int_{z_0}^{h_0}\left(\frac{\partial u}{\partial x}+\frac{\partial v}{\partial y}+\frac{\partial w}{\partial z}\right) &= \frac{\partial}{\partial x}\int_{z_0}^{h_0}u\,dz - \frac{\partial \overline{h_0}}{\partial x}u\mid_{z=h_0} + \frac{\partial \overline{z_0}}{\partial x}u\mid_{z=h_0} \\ &\quad + \frac{\partial}{\partial y}\int_{z_0}^{h_0}v\,dz - \frac{\partial \overline{h_0}}{\partial y}v\mid_{z=h_0} + \frac{\partial \overline{h_0}}{\partial x}v\mid_{z=z_0} + w\mid_{z=h_0} - w\mid_{z=z_0} \\ &= \frac{\partial Hu}{\partial x} + \frac{\partial Hv}{\partial y} + \frac{\partial \overline{h_0}}{\partial t} - \frac{\partial \overline{z_0}}{\partial t} \end{aligned} \tag{8.30}$$

整理式（8.30）得水流连续方程：

$$\frac{\partial H}{\partial t} + \frac{\partial (Hu)}{\partial x} + \frac{\partial (Hv)}{\partial y} = q \tag{8.31}$$

式中，q 表示单位面积上进出水体的流量，流入为正，流出为负。

2. 沿水深平均的运动方程

设 u_x 表示垂线平均流速，$\Delta\overline{u_i}$ 表示时均流速 $\overline{u_x}$ 与垂线平均流速 u_x 的差值，即 $\overline{u_i} = u_i + \Delta\overline{u_i}$ ，则在 x 方向上紊流平均运动方程为

$$\int_{z_0}^{h_0}\left[\frac{\partial \overline{u_x}}{\partial t} + \frac{\partial(\overline{u_x u_x})}{\partial x} + \frac{\partial(\overline{u_x u_y})}{\partial x} + \frac{\partial(\overline{u_x u_z})}{\partial x} + \frac{1}{\rho_m}\frac{\partial \overline{p}}{\partial t} - \varepsilon\left(\frac{\partial^2 \overline{u_x}}{\partial x^2} + \frac{\partial^2 \overline{u_x}}{\partial y^2} + \frac{\partial^2 \overline{u_x}}{\partial z^2}\right)\right]dz = 0 \tag{8.32}$$

1）非恒定项的积分

$$\int_{z_0}^{h_0}\frac{\partial \overline{u_x}}{\partial t}dz = \frac{\partial Hu_x}{\partial t} - \frac{\partial \overline{h_0}}{\partial t}\overline{u_x}\mid_{z=h_0} + \frac{\partial \overline{z_0}}{\partial t}\overline{u_x}\mid_{z=z_0} \tag{8.33}$$

2）对流项的积分

$$\begin{aligned} \int_{z_0}^{h_0}\frac{\partial(\overline{u_x u_x})}{\partial x}dz &= \frac{\partial}{\partial x}\int_{z_0}^{h_0}\overline{u_x u_x}\,dz - \frac{\partial \overline{h_0}}{\partial t}\overline{u_x u_x}\mid_{z=h_0} + \frac{\partial \overline{z_0}}{\partial t}\overline{u_x u_x}\mid_{z=z_0} \\ &= \frac{\partial}{\partial x}(H\overline{u_x u_x}) - \frac{\partial \overline{h_0}}{\partial t}\overline{u_x u_x}\mid_{z=h_0} + \frac{\partial \overline{z_0}}{\partial t}\overline{u_x u_x}\mid_{z=z_0} \end{aligned} \tag{8.34}$$

3）压力项的积分

$$\int_{z_0}^{h_0} \frac{1}{\rho_m} \frac{\partial \overline{p}}{\partial t} \mathrm{d}z = \frac{1}{\rho_m}[\frac{\partial}{\partial x}\int_{z_0}^{h_0} \overline{p}\mathrm{d}z - \frac{\partial \overline{h_0}}{\partial x}\overline{p}\,|_{z=h_0} + \frac{\partial \overline{z_0}}{\partial x}\overline{p}\,|_{z=z_0} = gH\frac{\partial \overline{h_0}}{\partial x} \quad (8.35)$$

4）阻力项的积分

$$\int_{z_0}^{h_0}\left[\varepsilon(\frac{\partial^2 \overline{u_x}}{\partial x^2} + \frac{\partial^2 \overline{u_x}}{\partial y^2} + \frac{\partial^2 \overline{u_x}}{\partial z^2})\right]\mathrm{d}z = \frac{\partial}{\partial x}(H\gamma_{\mathrm{eff}}\frac{\partial u}{\partial x}) + \frac{\partial}{\partial x}(H\gamma_{\mathrm{eff}}\frac{\partial u}{\partial y}) - \tau_{bx} \quad (8.36)$$

式中，z 表示水体的水位；γ_{eff} 表示有效黏性系数。

若 u, v 分别表示水体 x, y 方向的流速分量，则水体 x 方向的动量输运方程为

$$\frac{\partial(Hu)}{\partial t} + \frac{\partial(Huu)}{\partial x} + \frac{\partial(Hvu)}{\partial t} = -gH\frac{\partial z}{\partial x} + \frac{\partial}{\partial x}(H\gamma_{\mathrm{eff}}\frac{\partial u}{\partial x}) + \frac{\partial}{\partial y}(H\gamma_{\mathrm{eff}}\frac{\partial u}{\partial y}) - \tau_{bx} \quad (8.37)$$

类似水体 x 方向的动量输运方程，水体 y 方向的动量输运方程为

$$\frac{\partial(Hv)}{\partial t} + \frac{\partial(Huv)}{\partial x} + \frac{\partial(Hvv)}{\partial t} = -gH\frac{\partial z}{\partial y} + \frac{\partial}{\partial x}(H\gamma_{\mathrm{eff}}\frac{\partial v}{\partial x}) + \frac{\partial}{\partial y}(H\gamma_{\mathrm{eff}}\frac{\partial v}{\partial y}) - \tau_{by} \quad (8.38)$$

水体湍流动能和湍流耗散输运方程分别为

$$\frac{\partial(Hk)}{\partial t} + \frac{\partial(Huk)}{\partial x} + \frac{\partial(Hvk)}{\partial t} = \frac{\partial}{\partial x}(H\frac{\gamma_{\mathrm{eff}}}{\sigma_k}\frac{\partial k}{\partial x}) + \frac{\partial}{\partial y}(H\frac{\gamma_{\mathrm{eff}}}{\sigma_k}\frac{\partial k}{\partial y}) + HP_k - H\varepsilon \quad (8.39)$$

$$\frac{\partial(H\varepsilon)}{\partial t} + \frac{\partial(Hu\varepsilon)}{\partial x} + \frac{\partial(Hv\varepsilon)}{\partial t} = \frac{\partial}{\partial x}(H\frac{\gamma_{\mathrm{eff}}}{\sigma_\varepsilon}\frac{\partial \varepsilon}{\partial x}) + \frac{\partial}{\partial y}(H\frac{\gamma_{\mathrm{eff}}}{\sigma_\varepsilon}\frac{\partial \varepsilon}{\partial y}) + C_{\varepsilon 1}H\frac{\varepsilon}{k}P_k - C_{\varepsilon 2}H\varepsilon$$

$$(8.40)$$

其中，湍流动能产生项：

$$\begin{cases} P_k = \gamma_{\mathrm{eff}}\left[2(\frac{\partial u}{\partial x})^2 + (\frac{\partial u}{\partial y})^2 + (\frac{\partial u}{\partial y} + \frac{\partial v}{\partial x})^2\right] \\ \gamma_{\mathrm{eff}} = \mu + C_\mu\frac{k^2}{\varepsilon} \\ \tau_{bx} = C_f^* u, \tau_{by} = C_f^* v, C_f^* = \frac{gn^2(u^2 + v^2)^{1/2}}{H^{1/3}} \end{cases} \quad (8.41)$$

式中，H 表示水体的平均水深；g 表示重力加速度；n 表示水体底部的糙率；k、ε 分别表示水体深度平均的湍流动能及耗散率；μ 表示分子动力黏性系数；C 表示水流输送的水质变量浓度；C_μ、$C_{\varepsilon 1}$、$C_{\varepsilon 2}$、σ_k、σ_ε、σ_c 均为水体中湍流经验常数，见表 8.3。

表 8.3　水体湍流经验常数

C_μ	$C_{\varepsilon 1}$	$C_{\varepsilon 2}$	σ_k	σ_ε	σ_c
0.09	1.44	1.92	1.0	1.3	1.0

资料来源：Keats et al.，2009

8.3.2　二维污染物变迁模型

污染物进入地表水体后，主要发生迁移、扩散和离散作用，因此，在考虑单元体污染物的物质守恒情况时主要研究这三个作用的影响，同时还需要研究单元体内物理、化学、生物作用的影响。在流体中取一从底部至水面的微小水体，如图 8.3 所示的均衡单元体。根据质量守恒定律，通过分析微分单元体内污染物的物质守恒情况来推导水体二维污染物变迁模型的基本方程。任意 dt 时段内，各种因素共同作用所引发的微分单元体内污染物的质量增量，包含水平面 (x, y) 方向上的变化量。这些因素主要包括推流运动、分子扩散运动、紊动扩散作用、弥散作用和其他作用引起的质量增量。因此，可以建立均衡单元体的污染物质输运的微分方程，即多种影响因素的共同作用所引起单元体积内污染物的总增（减）量等于该单元体内污染物在 dt 时段内的变化量。

1. 推流运动对污染物浓度演化的影响

推流运动对水体中污染物浓度演化的影响，主要表现为推流运动给水体 x、y 方向引起的污染物增量通量：

$$\begin{cases} [HuC\,|_{(x-dx/2,y)}\ dy - HuC\,|_{(x+dx/2,y)}\ dy]dt = -\dfrac{\partial(HuC)}{\partial x}|_{(x,y)}\ dxdydt \\ [HvC\,|_{(x,y-dy/2)}\ dx - HvC\,|_{(x,y+dy/2)}\ dx]dt = -\dfrac{\partial(HvC)}{\partial y}|_{(x,y)}\ dxdydt \end{cases} \quad (8.42)$$

2. 分子扩散运动对污染物浓度演化的影响

分子扩散运动对污染物浓度演化的影响，主要表现为分子扩散运动给水体 x、y 方向引起的污染物增量通量：

$$\begin{cases} [H \cdot P_{1x}\,|_{(x-dx/2,y)}\ dy - H \cdot P_{1x}\,|_{(x+dx/2,y)}\ dy]dt = -\dfrac{\partial}{\partial x}(E_{mx}\dfrac{\partial(HC)}{\partial x})|_{(x,y)}\ dxdydt \\ [H \cdot P_{1y}\,|_{(x,y-dy/2)}\ dx - H \cdot P_{1y}\,|_{(x,y+dy/2)}\ dx]dt = -\dfrac{\partial}{\partial y}(E_{my}\dfrac{\partial(HC)}{\partial y})|_{(x,y)}\ dxdydt \end{cases} \quad (8.43)$$

3. 紊动扩散运动对污染物浓度演化的影响

紊动扩散运动对污染物浓度演化的影响，主要表现为紊动扩散运动给水体 x、y 方向引起的污染物增量通量：

$$\begin{cases} [H \cdot P_{2x} \mid_{(x-dx/2,y)} \, \mathrm{d}y - H \cdot P_{2x} \mid_{(x+dx/2,y)} \, \mathrm{d}y] \mathrm{d}t = -\dfrac{\partial}{\partial x}(E_{Tx} \dfrac{\partial(HC)}{\partial x}) \mid_{(x,y)} \, \mathrm{d}x\mathrm{d}y\mathrm{d}t \\ [H \cdot P_{2y} \mid_{(x,y-dy/2)} \, \mathrm{d}x - H \cdot P_{2y} \mid_{(x,y+dy/2)} \, \mathrm{d}x] \mathrm{d}t = -\dfrac{\partial}{\partial y}(E_{Ty} \dfrac{\partial(HC)}{\partial y}) \mid_{(x,y)} \, \mathrm{d}x\mathrm{d}y\mathrm{d}t \end{cases} \tag{8.44}$$

4. 弥散运动对污染物浓度演化的影响

弥散运动对污染物浓度演化的影响，主要表现为弥散运动给水体 x、y 方向引起的污染物增量通量：

$$\begin{cases} [H \cdot P_{3x} \mid_{(x-dx/2,y)} \, \mathrm{d}y - H \cdot P_{3x} \mid_{(x+dx/2,y)} \, \mathrm{d}y] \mathrm{d}t = -\dfrac{\partial}{\partial x}(E_x \dfrac{\partial(HC)}{\partial x}) \mid_{(x,y)} \, \mathrm{d}x\mathrm{d}y\mathrm{d}t \\ [H \cdot P_{3y} \mid_{(x,y-dy/2)} \, \mathrm{d}x - H \cdot P_{3y} \mid_{(x,y+dy/2)} \, \mathrm{d}x] \mathrm{d}t = -\dfrac{\partial}{\partial y}(E_y \dfrac{\partial(HC)}{\partial y}) \mid_{(x,y)} \, \mathrm{d}x\mathrm{d}y\mathrm{d}t \end{cases} \tag{8.45}$$

5. 源（汇）项 S_C 及水体的衰减对污染物浓度演化的影响

源（汇）项 S_C 及水体的衰减作用引起的污染物增量通量可以用式（8.46）表示：

$$S_C \mid_{(x,y)} \, \mathrm{d}x\mathrm{d}y\mathrm{d}t + S_k \mid_{(x,y)} \, \mathrm{d}x\mathrm{d}y\mathrm{d}t \tag{8.46}$$

综上，上述各项作用引起的总增量通量为

$$\left\{ -\dfrac{\partial(HuC)}{\partial x} - \dfrac{\partial(HvC)}{\partial y} - \dfrac{\partial(HwC)}{\partial z} + \dfrac{\partial}{\partial x}\left[(E_{mx} + E_{Tx} + E_x) \dfrac{\partial(HC)}{\partial x} \right] \right. \\ \left. + \dfrac{\partial}{\partial y}\left[(E_{my} + E_{Ty} + E_y) \dfrac{\partial(HC)}{\partial y} \right] + S_v + S_k \right\} \mathrm{d}x\mathrm{d}y\mathrm{d}t \tag{8.47}$$

另外，在 $\mathrm{d}t$ 时间内微元体内污染物质量的变化量为

$$[HC(x,y,t+\mathrm{d}t) - HC(x,y,t)]\mathrm{d}x\mathrm{d}y = \dfrac{\partial(HC)}{\partial t} \mid_{(x,y)} \, \mathrm{d}x\mathrm{d}y\mathrm{d}t \tag{8.48}$$

联合式（8.47）和式（8.48），并根据质量守恒定律得二维污染物浓度演化方程为

$$\dfrac{\partial(HC)}{\partial t} + \dfrac{\partial(HuC)}{\partial x} + \dfrac{\partial(HvC)}{\partial y} = \dfrac{\partial}{\partial x}(E_x \dfrac{\partial HC}{\partial x}) + \dfrac{\partial}{\partial y}(E_y \dfrac{\partial HC}{\partial y}) + S_C + S_k \tag{8.49}$$

式中，C 表示水体中污染物的浓度，单位为 g/m^3；H 表示水体的水深，单位为 m；t 表示污染物运移的时间，单位为 h；E_x，E_y 分别表示水体 x，y 方向的弥散系数，单位为 m^2/s；S_C 表示污染源（汇）项的强度；S_k 表示水体中的污染物质衰减项。

8.3.3 基于二维水动力学的突发水污染事件演化态势模拟模型

1. 基本方程

联合式（8.31）、式（8.39）、式（8.40）和式（8.49）得，二维水动力条件下突发水污染事件演化态势模拟模型基本方程可以用式（8.50）表示：

$$\frac{\partial(H\phi)}{\partial t} + \frac{\partial(Hu\phi)}{\partial x} + \frac{\partial(Hv\phi)}{\partial y} = \frac{\partial}{\partial x}\left(\Gamma_{\phi1}\frac{\partial\phi}{\partial x}\right) + \frac{\partial}{\partial y}\left(\Gamma_{\phi2}\frac{\partial\phi}{\partial y}\right) + S_\phi \qquad (8.50)$$

式中，$\Gamma_{\phi2}$ 表示横向的扩散系数，其他参数的具体意义如前所述。各参数的具体含义见表8.4。

表 8.4　二维水动力条件下突发水污染事件演化态势模型中各参数的具体含义

方程	ϕ	$\Gamma_{\phi1}$	$\Gamma_{\phi2}$	S_ϕ
连续	1	0	0	q
x-动量	u	$H\gamma_{\text{eff}}$	$H\gamma_{\text{eff}}$	$-gH\frac{\partial z}{\partial x} - \frac{gn^2(u^2+v^2)^{1/2}}{H^{1/3}}u$
y-动量	v	$H\gamma_{\text{eff}}$	$H\gamma_{\text{eff}}$	$-gH\frac{\partial z}{\partial y} - \frac{gn^2(u^2+v^2)^{1/2}}{H^{1/3}}v$
浓度	C	E_x	E_y	$S_c + S_k$
湍流动能	k	$H\gamma_{\text{eff}}/\sigma_k$	$H\gamma_{\text{eff}}/\sigma_k$	$H(P_k - \varepsilon)$
耗散率	ε	$H\gamma_{\text{eff}}/\sigma_\varepsilon$	$H\gamma_{\text{eff}}/\sigma_\varepsilon$	$H\varepsilon(C_{\varepsilon1}P_k/k - C_{\varepsilon2})$

2. 定解条件

1）初始条件

$$\begin{cases} z(x,y,0) = z_0(x,y) \\ u(x,y,0) = u_0(x,y) \\ v(x,y,0) = v_0(x,y) \\ C(x,y,0) = C_0(x,y) \end{cases} \qquad (8.51)$$

2）边界条件

边界条件主要包括入流边界、出流边界和固壁边界。其中，若进口断面为充分混合段，则其浓度场可采用均匀分布，$C(x,y,t)|_{\Gamma_0} = C_i(t)$；流场边界可以用式（8.52）表示，出流边界可以用式（8.53）表示，固壁边界可以用式（8.54）表示：

$$z(x,y,t)|_{\Gamma_0} = z_i(t) \text{ 或 } u(x,y,t)|_{\Gamma_0} = u_i(t), v(x,y,t)|_{\Gamma_0} = v_i(t) \qquad (8.52)$$

$$z(x,y,t)|_{\Gamma} = z_i(t), \frac{\partial u}{\partial s} = \frac{\partial v}{\partial s} = \frac{\partial z}{\partial s} = \frac{\partial C}{\partial s} \qquad (8.53)$$

$$v_\eta = 0, \frac{\partial C}{\partial \eta} = 0 \tag{8.54}$$

式中，s 表示流线方向；η 表示岸边界法线方向。

8.4 三维水动力条件下突发水污染事件演化态势模拟模型

若水体的水位较大，且水流大都处于复杂的湍流状态或水流相对较小但分层结构明显，那么污染物进入此类水体时其浓度在水深方向不是均匀分布的，此时需要考虑含水深方向的三维水动力条件下突发水污染事件演化态势模拟模型（Chow et al.，2008；Cruz et al.，2003）。

8.4.1 三维水动力模型

纳维-斯托克斯方程（Navier-Stokes equation）是一个描述黏性不可压缩流体动量守恒的运动方程，简称 N-S 方程。但是，对于普通的水动力学问题，需经过适当的变化来导出相应的结果。在水体内任取一点（x, y, z），并以此点为中心作长、宽、高分别为 dx、dy、dz 的微元体，如图 8.5 所示。

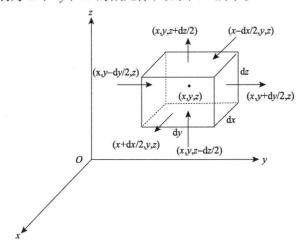

图 8.5 三维微元体水量平衡示意图

在 dt 时段内，对该微元水体进行水量平衡分析。

1）上游来水引起的增量

$$\frac{\partial \rho}{\partial t} + \frac{\partial u}{\partial x} + \frac{\partial u}{\partial y} + \frac{\partial u}{\partial z} = 0 \tag{8.55}$$

2）x, y, z 方向的动量输运方程

$$\begin{cases} \dfrac{\partial \rho u}{\partial t} + \dfrac{\partial (\rho uu)}{\partial x} + \dfrac{\partial (\rho uv)}{\partial y} + \dfrac{\partial (\rho uw)}{\partial z} = -\dfrac{\partial p}{\partial x} + \dfrac{\partial}{\partial x}(\Gamma_\phi \dfrac{\partial u}{\partial x}) + \dfrac{\partial}{\partial y}(\Gamma_\phi \dfrac{\partial u}{\partial y}) \\ \qquad\qquad\qquad\qquad + \dfrac{\partial}{\partial z}(\Gamma_\phi \dfrac{\partial u}{\partial z}) + S_u \\[2mm] \dfrac{\partial \rho v}{\partial t} + \dfrac{\partial (\rho uv)}{\partial x} + \dfrac{\partial (\rho vv)}{\partial y} + \dfrac{\partial (\rho vw)}{\partial z} = -\dfrac{\partial p}{\partial y} + \dfrac{\partial}{\partial x}(\Gamma_\phi \dfrac{\partial v}{\partial x}) + \dfrac{\partial}{\partial y}(\Gamma_\phi \dfrac{\partial v}{\partial y}) \\ \qquad\qquad\qquad\qquad + \dfrac{\partial}{\partial z}(\Gamma_\phi \dfrac{\partial v}{\partial z}) + S_v \\[2mm] \dfrac{\partial \rho w}{\partial t} + \dfrac{\partial (\rho uw)}{\partial x} + \dfrac{\partial (\rho wv)}{\partial y} + \dfrac{\partial (\rho ww)}{\partial z} = -\dfrac{\partial p}{\partial z} + \dfrac{\partial}{\partial x}(\Gamma_\phi \dfrac{\partial w}{\partial x}) + \dfrac{\partial}{\partial y}(\Gamma_\phi \dfrac{\partial w}{\partial y}) \\ \qquad\qquad\qquad\qquad + \dfrac{\partial}{\partial z}(\Gamma_\phi \dfrac{\partial w}{\partial z}) + S_w \end{cases} \tag{8.56}$$

3）湍流动能输运方程

$$\begin{aligned} \frac{\partial \rho k}{\partial t} + \frac{\partial (\rho uk)}{\partial x} + \frac{\partial (\rho vk)}{\partial y} + \frac{\partial (\rho wk)}{\partial z} &= \frac{\partial}{\partial x}\left[(\frac{\Gamma_\phi}{\sigma_k})\frac{\partial k}{\partial x}\right] + \frac{\partial}{\partial y}\left[(\frac{\Gamma_\phi}{\sigma_k})\frac{\partial k}{\partial y}\right] \\ &\quad + \frac{\partial}{\partial z}\left[(\frac{\Gamma_\phi}{\sigma_k})\frac{\partial k}{\partial z}\right] + P_k - \rho\varepsilon \end{aligned} \tag{8.57}$$

4）湍流耗散输运方程

$$\begin{aligned} \frac{\partial \rho k}{\partial t} + \frac{\partial (\rho uk)}{\partial x} + \frac{\partial (\rho vk)}{\partial y} + \frac{\partial (\rho wk)}{\partial z} &= \frac{\partial}{\partial x}\left[(\frac{\Gamma_\phi}{\sigma_\varepsilon})\frac{\partial k}{\partial x}\right] + \frac{\partial}{\partial y}\left[(\frac{\Gamma_\phi}{\sigma_\varepsilon})\frac{\partial k}{\partial y}\right] \\ &\quad + \frac{\partial}{\partial z}\left[(\frac{\Gamma_\phi}{\sigma_\varepsilon})\frac{\partial k}{\partial z}\right] + C_{\varepsilon 1}\frac{\varepsilon}{k}P_k - \rho C_{\varepsilon 2}\frac{\varepsilon^2}{k} \end{aligned} \tag{8.58}$$

5）湍流能产生项

$$P_k = 2\Gamma_\phi\left[(\frac{\partial u}{\partial x})^2 + (\frac{\partial v}{\partial y})^2 + (\frac{\partial w}{\partial z})^2 + \frac{1}{2}(\frac{\partial u}{\partial y} + \frac{\partial v}{\partial x})^2 + \frac{1}{2}(\frac{\partial u}{\partial z} + \frac{\partial w}{\partial x})^2 + \frac{1}{2}(\frac{\partial v}{\partial z} + \frac{\partial w}{\partial y})^2\right]$$

$$\Gamma_\phi = \mu + \rho C_\mu \frac{k^2}{\varepsilon}$$

$$\tag{8.59}$$

式中，u、v、w 分别表示水体中 Δx 长度的水体 x, y, z 方向的流速分量；p 表示动力压强；k 表示湍流动能；ε 表示湍流动能耗散率；Γ_ϕ 表示有效黏性系数；μ 表示水的分子动力黏性系数；C_μ、$C_{\varepsilon 1}$、$C_{\varepsilon 2}$、σ_k、σ_ε 分别表示湍流常数，取值可参考表 8.3。

8.4.2　三维污染物变迁模型

在连续性原理和质量平衡关系的基础上，采用类似于一维污染物浓度演化模型的推导方法，推导出三维空间中任一水团的污染物浓度演化方程。设污染物浓度为 C，微元体存在污染源（汇）项 S_v，单位为 g/（m³·s），流速 $V=$（u,v,w），单位为 m/s，分子扩散通量为 $P_1=-E_M\mathrm{grad}$（C），紊流扩散通量 $P_2=-E_T\mathrm{grad}$（C），r 为化学和生物化学反应项，即污染物由衰减作用引起的增量，单位为 g/（m³·s）。根据图 8.4，按照质量守恒原理分析微元水体的污染物质量的各项增量通量。

1. 推流作用在 x,y,z 方向引起的污染物增量通量

$$
\begin{cases}
[uC\,|_{(x-\mathrm{d}x/2,y,z)}\ \mathrm{d}y\mathrm{d}z - uC\,|_{(x+\mathrm{d}x/2,y,z)}\ \mathrm{d}y\mathrm{d}z]\mathrm{d}t = -\dfrac{\partial(uC)}{\partial x}\Big|_{(x,y,z)}\ \mathrm{d}x\mathrm{d}y\mathrm{d}z\mathrm{d}t \\[2mm]
[vC\,|_{(x,y-\mathrm{d}y/2,z)}\ \mathrm{d}x\mathrm{d}z - vC\,|_{(x,y+\mathrm{d}y/2,z)}\ \mathrm{d}x\mathrm{d}z]\mathrm{d}t = -\dfrac{\partial(vC)}{\partial y}\Big|_{(x,y,z)}\ \mathrm{d}x\mathrm{d}y\mathrm{d}z\mathrm{d}t \\[2mm]
[wC\,|_{(x,y,z-\mathrm{d}z/2)}\ \mathrm{d}x\mathrm{d}y - wC\,|_{(x,y,z+\mathrm{d}z/2)}\ \mathrm{d}x\mathrm{d}y]\mathrm{d}t = -\dfrac{\partial(wC)}{\partial z}\Big|_{(x,y,z)}\ \mathrm{d}x\mathrm{d}y\mathrm{d}z\mathrm{d}t
\end{cases}
\tag{8.60}
$$

2. 分子扩散作用在 x,y,z 方向引起的污染物增量通量

$$
\begin{cases}
[P_{1x}\,|_{(x-\mathrm{d}x/2,y,z)}\ \mathrm{d}y\mathrm{d}z - P_{1x}\,|_{(x+\mathrm{d}x/2,y,z)}\ \mathrm{d}y\mathrm{d}z]\mathrm{d}t = -\dfrac{\partial}{\partial x}(E_{mx}\dfrac{\partial C}{\partial x})\Big|_{(x,y,z)}\ \mathrm{d}x\mathrm{d}y\mathrm{d}z\mathrm{d}t \\[2mm]
[P_{1y}\,|_{(x,y-\mathrm{d}y/2,z)}\ \mathrm{d}x\mathrm{d}z - P_{1y}\,|_{(x,y+\mathrm{d}y/2,z)}\ \mathrm{d}x\mathrm{d}z]\mathrm{d}t = -\dfrac{\partial}{\partial y}(E_{my}\dfrac{\partial C}{\partial y})\Big|_{(x,y,z)}\ \mathrm{d}x\mathrm{d}y\mathrm{d}z\mathrm{d}t \\[2mm]
[P_{1z}\,|_{(x,y,z-\mathrm{d}z/2)}\ \mathrm{d}x\mathrm{d}y - P_{1z}\,|_{(x,y,z+\mathrm{d}z/2)}\ \mathrm{d}x\mathrm{d}y]\mathrm{d}t = -\dfrac{\partial}{\partial z}(E_{mz}\dfrac{\partial C}{\partial z})\Big|_{(x,y,z)}\ \mathrm{d}x\mathrm{d}y\mathrm{d}z\mathrm{d}t
\end{cases}
\tag{8.61}
$$

3. 紊动扩散作用在 x,y,z 方向引起的污染物增量通量

$$
\begin{cases}
[P_{2x}\,|_{(x-\mathrm{d}x/2,y,z)}\ \mathrm{d}y\mathrm{d}z - P_{2x}\,|_{(x+\mathrm{d}x/2,y,z)}\ \mathrm{d}y\mathrm{d}z]\mathrm{d}t = -\dfrac{\partial}{\partial x}(E_{Tx}\dfrac{\partial C}{\partial x})\Big|_{(x,y,z)}\ \mathrm{d}x\mathrm{d}y\mathrm{d}z\mathrm{d}t \\[2mm]
[P_{2y}\,|_{(x,y-\mathrm{d}y/2,z)}\ \mathrm{d}x\mathrm{d}z - P_{2y}\,|_{(x,y+\mathrm{d}y/2,z)}\ \mathrm{d}x\mathrm{d}z]\mathrm{d}t = -\dfrac{\partial}{\partial y}(E_{Ty}\dfrac{\partial C}{\partial y})\Big|_{(x,y,z)}\ \mathrm{d}x\mathrm{d}y\mathrm{d}z\mathrm{d}t \\[2mm]
[P_{2z}\,|_{(x,y,z-\mathrm{d}z/2)}\ \mathrm{d}x\mathrm{d}y - P_{2z}\,|_{(x,y,z+\mathrm{d}z/2)}\ \mathrm{d}x\mathrm{d}y]\mathrm{d}t = -\dfrac{\partial}{\partial z}(E_{Tz}\dfrac{\partial C}{\partial z})\Big|_{(x,y,z)}\ \mathrm{d}x\mathrm{d}y\mathrm{d}z\mathrm{d}t
\end{cases}
\tag{8.62}
$$

4. 弥散作用在 x, y, z 方向引起的污染物增量通量

$$\begin{cases} [P_{3x}\,|_{(x-\mathrm{d}x/2,y,z)}\;\mathrm{d}y\mathrm{d}z - P_{3x}\,|_{(x+\mathrm{d}x/2,y,z)}\;\mathrm{d}y\mathrm{d}z]\mathrm{d}t = -\dfrac{\partial}{\partial x}(E_x\dfrac{\partial C}{\partial x})|_{(x,y,z)}\;\mathrm{d}x\mathrm{d}y\mathrm{d}z\mathrm{d}t \\[3mm] [P_{3y}\,|_{(x,y-\mathrm{d}y/2,z)}\;\mathrm{d}x\mathrm{d}z - P_{3y}\,|_{(x,y+\mathrm{d}y/2,z)}\;\mathrm{d}x\mathrm{d}z]\mathrm{d}t = -\dfrac{\partial}{\partial y}(E_y\dfrac{\partial C}{\partial y})|_{(x,y,z)}\;\mathrm{d}x\mathrm{d}y\mathrm{d}z\mathrm{d}t \\[3mm] [P_{3z}\,|_{(x,y,z-\mathrm{d}z/2)}\;\mathrm{d}x\mathrm{d}y - P_{3z}\,|_{(x,y,z+\mathrm{d}z/2)}\;\mathrm{d}x\mathrm{d}y]\mathrm{d}t = -\dfrac{\partial}{\partial z}(E_z\dfrac{\partial C}{\partial z})|_{(x,y,z)}\;\mathrm{d}x\mathrm{d}y\mathrm{d}z\mathrm{d}t \end{cases} \quad (8.63)$$

5. 源（汇）项 S_v 及水体的衰减作用引起的污染物的增量通量

$$S_v\,|_{(x,y,z)}\;\mathrm{d}x\mathrm{d}y\mathrm{d}z\mathrm{d}t + S_k\,|_{(x,y,z)}\;\mathrm{d}x\mathrm{d}y\mathrm{d}z\mathrm{d}t \quad (8.64)$$

分子扩散是由分子的随机运动引起的质点分数现象，通常在静水条件下发生；湍流扩散是在水体的湍流场中质点的各种状态的瞬时值相对于其平均值的随机脉动而导致的分子现象。基于此，各项作用在水体复杂水流运行状态下引起的总增量通量为

$$\left\{\dfrac{\partial}{\partial x}\left[E_x\dfrac{\partial C}{\partial x} - uC\right] + \dfrac{\partial}{\partial y}\left[E_y\dfrac{\partial C}{\partial y} - vC\right] + \dfrac{\partial}{\partial z}\left[E_z\dfrac{\partial C}{\partial z} - wC\right] + S_v + S_k\right\}\mathrm{d}x\mathrm{d}y\mathrm{d}z\mathrm{d}t$$

$$(8.65)$$

另外，在 $\mathrm{d}t$ 时间内微元体内污染物质量的变化量为

$$[C(x,y,z,t+\mathrm{d}t) - C(x,y,z,t)]\mathrm{d}x\mathrm{d}y\mathrm{d}z = \dfrac{\partial C}{\partial t}|_{(x,y,z)}\;\mathrm{d}x\mathrm{d}y\mathrm{d}z\mathrm{d}t \quad (8.66)$$

联合式（8.65）和式（8.66），得

$$\begin{aligned} &\dfrac{\partial C}{\partial t} + \dfrac{\partial(uC)}{\partial x} + \dfrac{\partial(vC)}{\partial y} + \dfrac{\partial(wC)}{\partial z} = \dfrac{\partial}{\partial x}(E_x\dfrac{\partial C}{\partial x}) \\[2mm] &+ \dfrac{\partial}{\partial y}(E_y\dfrac{\partial C}{\partial y}) + \dfrac{\partial}{\partial z}(E_z\dfrac{\partial C}{\partial z}) + S_v + S_k \end{aligned} \quad (8.67)$$

$\vec{V} = (u, v, w)$，所以式（8.67）又可写为

$$\dfrac{\partial C}{\partial t} + \mathrm{div}(\vec{V} \cdot C) = \mathrm{div}[E \cdot \mathrm{grad}C] + S_v + S_k \quad (8.68)$$

式中，$E = \begin{bmatrix} E_x & 0 & 0 \\ 0 & E_y & 0 \\ 0 & 0 & E_z \end{bmatrix}$。

可以采用隐式差分格式对式（8.68）离散，然后再结合对角追赶法进行求解。

8.4.3　基于三维水动力学的突发水污染事件演化态势模拟模型

1. 基本方程

根据式（8.51）~式（8.56）、式（8.68）得三维水动力条件下污染物浓度演化通用方程：

$$\frac{\partial(\rho\phi)}{\partial t}+\frac{\partial(u\phi)}{\partial x}+\frac{\partial(v\phi)}{\partial y}+\frac{\partial(w\phi)}{\partial z}=\frac{\partial}{\partial x}(\Gamma_{\phi 1}\frac{\partial\phi}{\partial x})+\frac{\partial}{\partial y}(\Gamma_{\phi 2}\frac{\partial\phi}{\partial y})+\frac{\partial}{\partial z}(\Gamma_{\phi 3}\frac{\partial\phi}{\partial z})+S_\phi$$

$$(8.69)$$

式中，$\Gamma_{\phi 3}$ 表示垂向横向系数，其他参数如前所述，各参数的具体含义见表 8.5。

表 8.5　三维水动力条件下突发水污染事件演化态势模型中各参数的具体含义

方程	ϕ	$\Gamma_{\phi 1}$	$\Gamma_{\phi 2}$	$\Gamma_{\phi 3}$	S_ϕ
连续	1	0	0	0	0
x-动量	u	Γ_ϕ	Γ_ϕ	Γ_ϕ	$S_u-\frac{\partial p}{\partial x}$
y-动量	v	Γ_ϕ	Γ_ϕ	Γ_ϕ	$S_v-\frac{\partial p}{\partial y}$
z-动量	w	Γ_ϕ	Γ_ϕ	Γ_ϕ	$S_w-\frac{\partial p}{\partial z}$
浓度	C	E_x	E_y	E_z	S_C+S_k
湍流动能	k	Γ_ϕ/σ_k	Γ_ϕ/σ_k	Γ_ϕ/σ_k	$P_k-\rho\varepsilon$
耗散率	ε	$\Gamma_\phi/\sigma_\varepsilon$	$\Gamma_\phi/\sigma_\varepsilon$	$\Gamma_\phi/\sigma_\varepsilon$	$\varepsilon(C_{\varepsilon 1}P_k/k-C_{\varepsilon 2}\varepsilon)$

2. 定解条件

设研究的水域为 Ω，Γ 为水域 Ω 的边界，由 Γ_1 和 Γ_2 两部分组成即 $\Gamma=\Gamma_1\cup\Gamma_2$。水域 Ω 内污染物浓度、水位和流速的初始分布的表达式如式（8.70）所示。

1）初始条件

$$\begin{cases} z(x,y,z,0)=z_0(x,y,z)\\ u(x,y,z,0)=u_0(x,y,z)\\ v(x,y,z,0)=v_0(x,y,z)\\ w(x,y,z,0)=w_0(x,y,z)\\ C(x,y,z,0)=C_0(x,y,z) \end{cases}$$

$$(8.70)$$

2）边界条件

边界条件主要包括入流边界、出流边界和固壁边界。其中，入流边界一般包括流场边界和浓度场边界，其中浓度边界有进口断面和充分混合段两种，进口断

面浓度分布应根据实际情况来定，对于充分混合段，可采用均匀分布，即 $C(x,y,z,t)|_{\Gamma_1} = C_i(t)$。流场边界可以用式（8.71）表示，出流边界可以用式（8.72）表示，固壁边界可以用式（8.73）表示：

$$\begin{cases} z(x,y,z,t)|_{\Gamma_1} = z_i(t), u(x,y,z,t)|_{\Gamma_1} = u_i(t) \\ v(x,y,z,t)|_{\Gamma_1} = v_i(t), w(x,y,z,t)|_{\Gamma_1} = w_i(t) \end{cases} \qquad (8.71)$$

$$\begin{cases} z(x,y,z,t)|_{\Gamma} = z_i(t) \\ \dfrac{\partial u}{\partial s} = \dfrac{\partial v}{\partial s} = \dfrac{\partial w}{\partial s} = \dfrac{\partial z}{\partial s} = \dfrac{\partial C}{\partial s} \end{cases} \qquad (8.72)$$

式中，s 表示流线方向。

$$v_\eta = 0, \frac{\partial C}{\partial \eta} = 0 \qquad (8.73)$$

式中，η 表示岸边界法线方向。

8.5　模型求解方法与计算流程

　　水体的水流状态通常非常复杂，且突发水污染事件发生形式及污染物类型多样，因此数值模拟是定量研究突发水污染事件应急追溯的重要方法之一（曹小群等，2010；刘晓东等，2009）。水动力条件下突发水污染事件演化态势模型是根据水力学、流体力学的基本原理和污染物在水体中迁移转化规律建立的数学模型，该模型以数值方法和计算机技术为手段，在一定的初始条件和边界条件作用下，对事发水域的水流运动和污染物浓度变化进行数值模拟，从而得出事发水域的水质变化趋势，为水污染防治、规划管理以及水环境保护提供理论依据和方法基础（朱利等，2019）。

8.5.1　模型求解方法

　　从 8.2 ~ 8.4 可以看出，水动力条件下污染物浓度演化模型是一个相当复杂的微分方程组，需要采用计算精度和计算效率较高、适应性和操作性较好的方法进行求解。当前，用于求解此类方程的方法主要有有限差分法、有限元法和有限体积法等。

1. 有限差分法

　　有限差分法（finite differential method，FDM）是一种被广泛应用的数值解方法，是用差分网格节点上函数值的差商代替控制方程导数的方式来求解微分方程问题的方法（许锋等，2003；张文生，2006）。换言之，有限差分法是直接将微分方程的求解转化为代数方程进行求解的一种方法，它首先以差分网格的方式剖分求解域，然后将这些有限网格节点替换连续的求解域使用。

常用的有限差分网格形式分类有很多种，主要分为空间形式、时空形式和计算精度形式三种（张文生，2006）。其中，空间形式主要有中心和逆风等格式；计算精度形式主要有一阶、二阶和高阶等格式；时空形式有隐性、显性和隐性显性交替等格式。

1）隐式有限差分法

隐式有限差分法（implicit finite difference method，IFDM）是一种需要求解每一时间步长 Δt 对应的变量值的方法（张文生，2006；Nadolin，2018）。隐式有限差分法相对于显性格式而言，克服了精度低以及时间步长受限制等缺点。

2）显式有限差分法

显式有限差分法（explicit finite difference method，EFDM）被用于水动力条件下突发水污染演化态势模型求解，在求解水体中水位、流速和浓度等变量的过程中，$t = n \cdot \Delta t (n = 1, 2, \cdots, m)$ 时刻的值由 $(n-1)\Delta t$ 的值确定。该方法格式简单，并容易理解，但收敛性和稳定性较差。典型的显式有限差分法可以分为 Lax 格式、逆风格式、蛙跳格式、Dufort-Frankel 格式、Mac-Cormack 格式和 Adams-Bashforth 格式等（张文生，2006；王焕，2003）。

3）混合有限差分法

混合有限差分法（hybrid finite difference method，HFDM）又称为隐性显性交替差分法，该方法是指在求解变量过程中采用了隐式和显式交替的方式推进的一种有限差分方法（张文生，2006；项彦勇，2011）。该方法具有计算稳定、精度高、计算量少等特点。交替方向隐式方法是目前混合有限差分法最具代表性的一种方法。

然而，有限差分法主要适用于求解有网格结构的问题，即主要适合于水体一维水流水质耦合模拟模型的求解。因此，针对水体突发水污染事件追踪溯源问题，水动力条件下事件演化态势模拟模型的微分方程建立是运用有限差分法的前提条件，之后将该微分方程离散化为差分方程进行求解。另外，有限差分法可以用来求一些水体类型形状比较规则和污染物迁移扩散机理相对复杂的突发水污染事件追踪溯源研究。

2. 有限元法

有限元法（finite element method，FEM）的基本上思想最早产生于 20 世纪 50 年代，它以加权余量法和变分原理为基础（龙江和李适宇，2007；梁赛等，

2019；廖日东，2009）。有限元法的基本思想是首先以三角形、四边形或六面体等形状将求解域剖分成有限个相互连接、互不重叠的微单元，然后从微单元寻找求解函数的插值点，并将微分控制方程中的变量用线性表达式来表示，最后利用加权余量法或变分原理对微分控制方程离散求解。有限元法原理在于从每个微单元内选择基函数，并通过其线形组合来逼近单元中的真解（梁赛等，2019）。

　　然而，不同的插值函数和权函数组成不同的有限元法。例如，插值函数有线性或高次等多种插值函数形式；权函数有矩量法、配置法、伽辽金法和最小二乘法等。此外，有限元法还有三角形网格、四边形网格等计算单元网格形式（廖日东，2009）。所以不同的有限元计算格式由不同组合构成，如伽辽金法以逼近函数中的基函数作为其权函数，最小二乘法以余量本身作为权函数。常用插值函数有多项式插值函数，如拉格朗日插值多项式和埃尔米特插值多项式。其中，在插值点取已知值是拉格朗日多项式插值的基本要求，而埃尔米特多项式插值是插值多项式本身及其导数值在插值点取已知值。有限元法求解思路和步骤如图 8.6 所示。

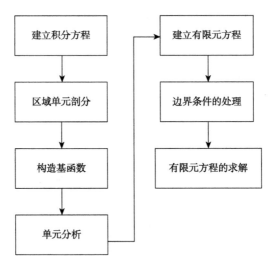

图 8.6　有限元法的基本思路与基本步骤

　　有限元法通过在子区间内假设插入函数方式来准确表示出子区间内各中间点的值，即有限元法能准确地描述不规则几何区域，所以近年来有限元法被广泛应用于二维、三维水体中污染物迁移转化求解领域。然而，有限元法虽然适合模拟复杂边界的水体水质问题，但它求解的速度相对较慢。

3. 有限体积法

有限体积法（finite volume method，FVM）是近来发展较快的一种离散数值方法，它又被称为控制体积法或广义差分法（汪继文和窦红，2008）。它的基本思路是：首先，通过网格方式剖分计算区域，从而在所有网格点周围形成互不重复的控制体积；其次，通过控制体积分的方式将控制方程离散为一组代数方程组。因此，必须假定这些未知数的变化规律，即假设值的分段的分布剖面，才能求出控制体的积分。由于有限体积法是以 MWR（method of weighted residuals，加权残数法）中的子域法来选取积分区域，采用局部近似的离散法来获取未知解，所以有限体积法是一种以子域法和离散耦合为基础的数值离散方法。

类似于微分方程，控制体中因变量守恒是离散方程组的物理意义，所以通过有限体积法获得的代数方程组除了满足任一控制体外，还满足整个求解域。单就离散方法来说，有限体积法是介于有限差分法和有限元法之间的数值方法。

因此，基于有限体积法的因变量的守恒原理，有限体积法在很多实际的水质模拟工作中得到了运用，目前主要被用来模拟三维水体水流水质耦合模型，但有限体积法在对复杂边界的适应能力方面没有有限元法强（龚春生等，2006）。

4. 其他方法

1）边界元法

边界元法（boundary element method，BEM）也是近来发展较快的一种数值计算方法，它又被称为边界积分方程法，它是一种通过边界分元插值离散方式将边界积分方程转化为离散方程组进行求解的方法（汪德爟，2011；姚振汉和王海涛，2010）。同有限元法相比，边界元法具有以下的优点：①该方法能降低问题的维数；②该方法事先不需寻找任何泛函；③该方法得到的方程组数目较小。当然，边界元法也有其缺点，适应性不广是边界元法主要缺点之一：一方面由于边界元法无法处理以非均匀介质为代表的问题，仅适应求解以相应的微分算子基本解为先决条件的均匀介质问题；另一方面由于该方法通常是以非对称满系数矩阵的形式建立求解代数方程组的系数阵，该方法仅适合求解规模不太大的问题。另外，一般非线性问题中的域内积分项与边界元法的离散边界的作用类似。

2）控制体积有限元法

控制体积有限元法（control volume finite element method，CVFEM）是 Baliga 与 Patankar 于 20 世纪 80 年代在有限体积法和有限元法的基础上提出的一种求解方法，该方法吸取了有限体积法与有限元法的优点，即它除了具有有限体积法保证满足守恒性的优势外，还具有有限元法对不规则区域适应性强的特点，因而该方法得到普遍的运用和进一步的发展（Baliga and Patankar，1983）。例如，陶文铨（2001）认为处理压力——速度耦合关系是有效处理不规则区域问题的关键，因此将有限体积法中的分散式求解方法的基本思想融进控制体积有限元法。

3）格子 Boltzmanm 方法

作为一种新兴的计算流体力学方法，格子玻尔兹曼方法（lattice Boltzmann method，LBM）是通过格子中粒子的运动方式来模拟复杂的水体流动状态，所以该方法极具发展前景，并已成功应用到复杂水体类型水动力学求解领域（冯亚辉等，2006）。此外，由于格子玻尔兹曼方法模型考虑和保留了流体运动中粒子间相互作用的影响，因而格子玻尔兹曼方法对水体湍流的描述比连续介质的 N-S 方程要精确。因此，通过格子玻尔兹曼方法建立的简化模型比较准确地模拟和逼近流体力学方程。

综上所述，有限体积法的计算量比有限元法少，由于它可以构造高精度的格式，所以其计算精度近似于同次的有限元法；有限差分法网格剖分简单，但不适应复杂区域，且精度不高；有限元法适应于不规则区域，其计算结果比有限差分法精确。同时，上述数值方法存在数值振荡、数值弥散及产生浓度负值等缺陷。因此，研究建立针对实际问题的混合方法是当前研究的方向。

8.5.2　模型模拟的难点

水体沿程的边界条件不同、不同时期的水文条件不同、引发突发水污染事件污染物类型的不确定性等特点，使得突发水污染事件应急追溯研究过程中面临许多难点。本节结合现有的研究，从模拟中面临的难点出发，对突发水污染事件模拟计算流程进行探讨。由于突发水污染事件态势演变规律取决于边界条件的复杂程度和污染物自身的属性，其中水体边界条件的复杂性主要体现在周界形状、水底地形或水文条件等方面，如水体的边界流量和水位、枯水期、平水期和丰水期、闸门控制期等。因此，水动力和污染物属性是影响突发水污染事件态势演变的主要因素。

1. 水体的水动力与水环境问题特点

水体是地表水圈的重要组成部分，是以相对稳定的陆地为边界的天然水域，包括江、河、湖、海、冰川、积雪、水库、池塘等，也包括地下水和大气中的水汽。重力和流动阻力的共同作用使得水体具有复杂的流动结构。其中，水体的流动阻力主要有断面、弯道等变化所产生的局部阻力和水体底部产生的沿程阻力。

以河流为例，由于水体周界不规则，河道主要阻力参数（糙率）变化极为复杂，即糙率随水位和沿程的变化而变化。另外，河道或渠道中的水流因断面形态、底坡等因素的影响呈现不同的流动形态。河流的分类有很多，若按河流表面形态可将水体划分为弯曲型河流、直型河流和汊口型河流等类型；若按区域可将水体划分为山区和平原。从河流断面上看，河道是由漫滩和主河道两部分组成。一般而言，天然河流拥有弯曲的主河道，并且在不同时期它的流量差异显著，同时还伴随各种各样的二次流，如内环流、涨落水环流等。因此，河道中复杂的水流现象是由二次流和主流共同组合形成的。然而随着人类活动、气候或水文条件的改变，河道还将发生明显的变化，如水工建筑物能在一定程度上改变河道的自然形态和水流特征。通常，采用一维恒定流或非恒定流水动力学模型对天然河流或长距离渠道进行模拟。但对于天然河流或长距离渠道周界变化大的区域，如环流区、局部回流区以及近岸或近建筑物区域，则需根据要求选择二维或三维水动力模型进行模拟。

水体中的污染物质、悬浮物质（如泥沙）、水生生物等均是沿水流方向进行随流迁移的，因而水体中污染物质的输运过程在很大程度上由水体的水流状态决定。流速大的水体导致污染物质只做短暂的滞留，从而在水体中引发不太严重的污染问题；反之，则引起较严重的污染问题。因此，在水体中污染物质的输运过程具有明显的方向性。污染物进入实际水体后，除了随流迁移和衰减外，还有沿水流方向的纵向离散和断面方向的横向扩散两种扩散方式。然而由于水体的长宽比较大，所以相对污染物在水体中的推流迁移和纵向离散过程而言，污染物在水体中的横向扩散过程可以忽略不计。因此，在实际中大多采用一维模型进行模拟计算。

目前，国内外有关水体纵向离散系数的研究虽然较多，但至今没有一个普适性经验计算公式能清楚描述污染物质在水体中纵向离散机理和全面考虑纵向离散系数的影响因素之间的关系，即不同水体或同一水体不同水文条件下的纵向离散系数的计算公式是不同的。因此，水体纵向离散系数能否快速准确地率定就显得非常重要。

2. 水体的水动力因素及不同污染物的模型选择

水体中污染物质运动规律的准确描述是水体中水质水量耦合模拟模型建立的主要目的，而该耦合模型是以数学方程的形式来描述和刻画水体中污染物各组分的相互影响以及变化规律之间的关系的。因此，该模型除可以用来进行污染事件预警和预测外，还可用于水体水质标准的评价与模拟，是制订水体中污染物排放标准和水环境污染防治与治理的重要工具。

水体的水流运动过程是其输运污染物、悬浮颗粒等物质的动力基础，它可以为污染物质输运规律的描述提供水流速度、环流形势、混合和扩散等关键动力信息，所以水体中水流运动过程与污染物的迁移过程是一致的，如表 8.6 所示。所以，水体的水文条件是计算区域的水动力过程主要因素，水体的水流状态决定于它的盐度场、温度场和 DO 的分布以及悬浮颗粒（泥沙）、污染物和水生植物（藻类）的聚集与分散。因此，进入水体中的污染物在不同水体段采用的污染物质输运模型也是不同的，表 8.7 为以发生在河流或渠道的突发水污染事件为例，污染物在不同边界河流或渠道中的输运模型。

表 8.6　影响发生在河流/渠道的突发水污染事件污染物迁移转化的动力因素

因素	河流/渠道
动力基础	入流径流
迁移扩散	大多数具有方向性，且以推流迁移为主
水体分层	无分层结构，归因于水体垂向、横向混合较快
流动特点	流速较大且流向单一
模型维数	以一维为主、二维和三维为辅
边界条件	径流流量

表 8.7　污染物在不同边界河流或渠道中的输运模型

水体类型	污染物	
	非保守（非持久）污染物	保守（持久）污染物
充分完全混合河流/渠道段	S-P 模型	河流/渠道完全混合模型
顺直型河流/渠道混合段	二维稳态衰减混合模型	二维稳态混合模型
弯曲型河流/渠道混合段	稳态混合衰减累计流量模型	稳态混合累计流量模型
沉降作用明显型的河流/渠道段	混合阶段采用近似非保守污染物的相应模型，充分混合段采用 Thomas 模型	

8.5.3　模拟计算流程

突发水污染事件不仅影响水体的水质，而且威胁水体周围居民的饮用水安全。因而，准确模拟诱发突发水污染事件的污染物质在水体内输运过程，对评价污染事件的影响程度有着一定的现实意义。

污染物的泄漏及其在水体内输运在很大程度上影响着人类正常生产生活，故掌握污染物在水体中输运规律以及准确追踪污染物浓度的变化规律是至关重要的。因此，结合突发水污染事件及其污染物浓度演化模型基本方程，并依据水体的水文、气象和水域地形等资料，可以获得水体中某点的水位 z、流量 Q、平均流速 u、水深 H 等水动力因素。上述工作必须在求解该点的污染物浓度基本方程之前完成，其输出数据可作为求解污染物浓度演化模型方程的输入数据；反之，若污染物浓度演化模型过程对水流过程有影响明显，则要同时求解水动力条件下污染物浓度演化模型基本方程。图 8.7 为水动力条件下污染物浓度演化模型基本方程计算流程图。

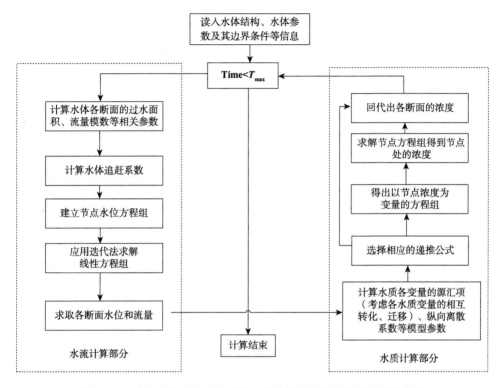

图 8.7　水动力条件下突发水污染事件演化态势模型模拟计算流程图

8.6　模型验证分析

通常情况下，我们用 DO、藻类、水体温度及浊度、污染物浓度的综合指标等来反映水体中污染特性（杜秀英和殷兴军，1986）。其中，污染物浓度的综合指标主要包括五日生化需氧量（BOD_5）、CBOD 和 COD。作为反映水体污染程度最重要的指标，COD 是指水体中污染物被氧化分解所消耗水体中 DO 的含量，它可以用来衡量水中有机物量的多寡（周峻和黄晓晨，2015）。为此，以某河段的流场和浓度场的计算对模型进行验证分析（杨海东，2014）。

8.6.1 概况

在计算区域内有一家排放 COD 的污水处理厂，且该计算区域长度和平均宽度分别为 26.8km 和 9.6km，年均径流量和平均流量分别为 $9.8 \times 10^{12} m^3$ 和 $3.1 \times 10^4 m^3$。另外，该河段处于长江潮位界范围内，其潮汐平均周期约 12.4h，而且涨落潮分别历时约 4.15h 和 8.25h，平均潮差为 2.68m，多年平均最高潮和最低潮分别为 5.66m 和 0.93m。

8.6.2 流场计算

为切合计算区域的实际边界，本书基于有规则排列三角形网格形式来剖分计算区域，得到该计算区域内有 9 408 个三角形网格数。由于该计算区域较宽，采用水体二维水流水质耦合模拟模型基本方程进行计算，并以实测潮汐资料作为计算区域的流场的上下游边界条件。污水处理厂排污口排污流量为 334.47×10^4/（吨/年），COD 排放浓度为 134mg/L。为了有效反映紊动水流和保证计算收敛，通过实测资料和计算进行率定和调整，水位和流速的数值滤波系数分别取 0.975 和 1.0，对浓度的数值滤波系数取 0.997，曼宁系数取值范围为 0.020 ~ 0.028。

选择横向离排污口距离 2km 的位置布置观测点 A，通过计算得到该测点分别在大潮和小潮情景下流速的计算值，并与实测值进行对比，结果如图 8.8 ~ 图 8.11 所示。

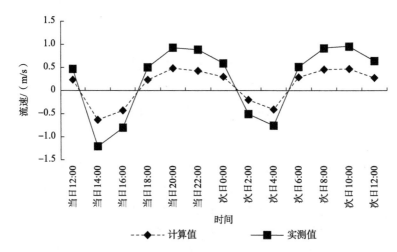

图 8.8　大潮情景下观测点 A 流速实测值与计算值分布图

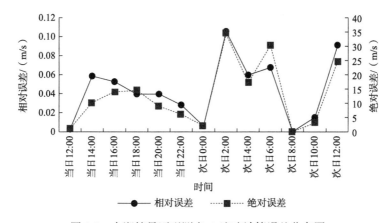

图 8.9　大潮情景下观测点 A 流速计算误差分布图

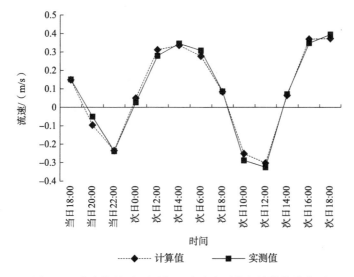

图 8.10　小潮情景下观测点 A 流速实测值与计算值分布图

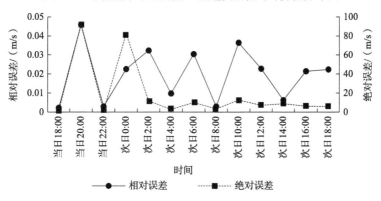

图 8.11　小潮情景下观测点 A 流速计算误差分布图

8.6.3 浓度场计算

在计算区域内的排污口附近于退潮时当日投放 5kg 罗丹明 B，并以投放时刻作为坐标原点，然后实时跟踪罗丹明 B 扩散云图。其中，该河段的纵向混合系数和横向混合系数分别采用下面公式进行计算：

$$\begin{cases} D_\xi = \alpha_1 H U_* \\ D_\eta = \alpha_2 H U_* \end{cases} \tag{8.74}$$

式中，H 表示水深，单位为 m；U_* 表示摩阻流速，单位为 m/s；α_1、α_2 表示系数。经计算调试得到 $\alpha_1=4.2$、$\alpha_2=0.5$。根据二维水动力条件下污染物浓度演化模型基本方程，计算得到该水体在退潮当日和次日示踪剂扩散云团中心最大浓度值及相关误差分析图，分别如图 8.12 ~ 图 8.15 所示。

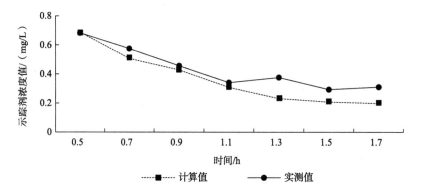

图 8.12　退潮当日示踪剂扩散云团中心最大浓度的分布图

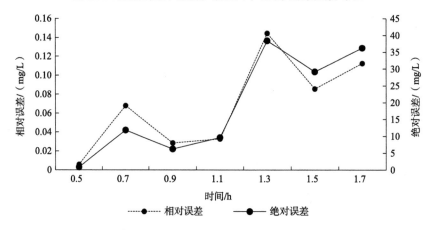

图 8.13　退潮当日示踪剂扩散云团中心最大浓度的计算误差分析图

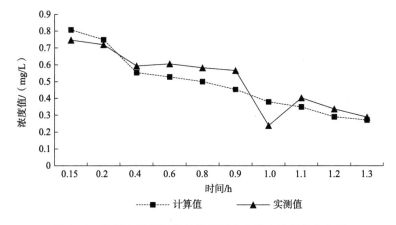

图 8.14　退潮次日示踪剂扩散云团中心最大浓度的分布图

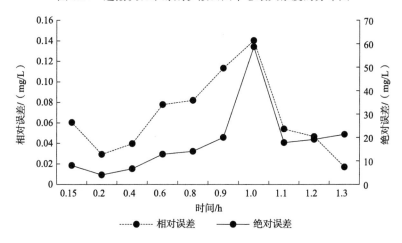

图 8.15　退潮次日示踪剂扩散云团中心最大浓度的计算误差分析图

8.6.4　结果分析

根据图 8.8 ~ 图 8.15,采用上述构建的二维水动力条件下突发水污染事件演化态势模拟模型基本方程对求解区域流场和浓度场进行求解分析,得到以下结论。

1. 大小潮情景下模拟结果基本相同

大潮情景下观测点 A 实测值与计算值的平均误差为 12.80%,平均相对误差为 0.044;小潮情景时观测点 A 实测值与计算值的平均误差为 18.77%,平均相对误差为 0.020。

2. 退潮后不同时刻的模拟结果一致

退潮次日不同时间观测点的平均误差为 18.27%，平均相对误差为 0.066；退潮当日不同时间观测点的平均误差为 18.90%，平均相对误差为 0.068。

综上，在基于水动力学基础上建立的突发水污染事件演化态势模拟模型基本方程，能很好地描述事件演化态势，计算结果与观测值从整体上趋于一致且吻合度较高。

第四篇　突发水污染事件应急溯源篇

第9章 突发水污染事件应急溯源基本原理分析

突发水污染事件是自然因素和社会因素相互作用的结果，它的应对既需要利用环境工程技术手段，又需要依赖于应急追溯理论与方法。突发水污染事件应急溯源基本原理分析是事件发生历史过程溯源的前提与基础。本章拟从应急溯源问题、类型、技术与方法等方面展开突发水污染事件应急溯源基本原理分析。

9.1 突发水污染事件应急溯源问题提出

突发水污染事件一旦发生，应急决策者只有迅速开展应急溯源研究，才能了解事件的起因、制定补救措施并落实相关方的责任（郭少冬等，2009）。突发水污染事件应急溯源管理，是指利用监测点的观测数据推演出突发水污染事件发生历史过程的活动。以某突发水污染事件为例，若水体断面几何形状变化不大，u 表示水体平均流速，E_x 表示水体纵向离散系数，k_f 表示污染物在水体中衰减系数，s 表示计算区域[0, L]污染物源项，在计算区域[0, L]布置了若干观测点 q_j（$j=1,2,\cdots,m$），用 $q_j(t)$ 表示在 t 时段内观测点 j 观测得到污染物浓度分布函数，如图 9.1 所示。因此，该突发水污染事件应急溯源问题就演变成如何依据已知信息 $q_j(t)$ 准确获得诱发突发水污染事件发生的污染源信息 $s(t)$。

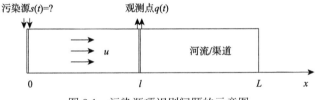

图 9.1 污染源项识别问题的示意图

因水体中水流状态变化不大，可用式（9.1）描述和表示事件发生后污染物在水体中的迁移转化规律：

$$\frac{\partial C}{\partial t} = -u\frac{\partial C}{\partial x} + \frac{\partial}{\partial x}(E_x\frac{\partial C}{\partial x}) + s(t) + k_f C \ , \quad 0 < x < L; 0 < t < T \quad （9.1）$$

式中，C 表示水体中污染物浓度，单位为 g/m^3，其他参数含义同上。

若用 $x=0$ 表示诱发事件发生的污染物泄漏位置，并设定研究对象上游来水和下游流出的污染物浓度均为 0，则突发水污染事件爆发时初始条件和边界条件可以用式（9.2）表示：

$$\begin{cases} C(x,0) = 0, & 0 < x < L \\ C(0,t) = s(t), & 0 < t < T \\ C(L,t) = 0, & 0 < t < T \end{cases} \quad （9.2）$$

式中，$s(t)$ 表示引发突发水污染事件的污染物强度。

结合式（9.1）和式（9.2）得突发水污染事件爆发后水体中污染物的演化模型：

$$C(x,t) = \int_0^t s(\tau)\frac{x}{2\sqrt{\pi E_x \cdot (t-\tau)^3}}\exp\left(-\frac{[x-u(t-\tau)]^2}{4E_x \cdot (t-\tau)} - k_f \cdot (t-\tau)\right)\mathrm{d}\tau \quad （9.3）$$

若已知 $s(t)$，则式（9.3）又可以表述为突发水污染事件应急追踪模型。此外，若监测点或取样点布置在事发点下游位置 $x = l$ 处，则只有当污染物形成的污染团从排放位置向下游方向输运到该点时才被人们感知有突发水污染事件发生，那么该观测点的污染物浓度时间序列值可以表示为

$$C(l,t) = q(t) \ , \quad 0 < t < T \quad （9.4）$$

若此时未知污染源释放强度 $s(t)$，则式（9.1）、式（9.2）和式（9.4）构成了突发水污染事件应急溯源模型，即突发水污染事件一旦发生，亟须在观测点实际观测事件序列值 $q(t)$ 的基础上利用相关技术或方法逆向计算 $s(t)$，并将 $s(t)$ 的结果代入式（9.3）获得水体中污染物浓度演化模型 $C(x,t)$，从而为决策者采取正确的应急处理措施提供技术支撑。

此外，事发现场、监测仪器设备、取样等使得 $q(t)$ 存在一定的观测误差，且该误差对溯源结果的准确性起决定性作用。因而，式（9.4）又可以表示为

$$q_{j,\mathrm{noisy}} = q_{j,\mathrm{exact}} + \varepsilon \cdot \omega_j \cdot q_{j,\mathrm{exact}} \ , \quad j = 1,2,\cdots,m \quad （9.5）$$

式中，$q_{j,\mathrm{noisy}}$ 表示带噪声的观测值；$q_{j,\mathrm{exact}}$ 表示无噪声的观测值；ε 表示误差水平；ω_j 为一组符合标准 Guass 分布的随机数；m 表示观测值的数量。联合式（9.4）和式（9.5），可得突发水污染事件应急溯源结果误差模型：

$$
\begin{cases}
E_S = \sqrt{\dfrac{1}{M}\sum_{k=1}^{M}((S_e)_k - (S_t)_k)^2} \Bigg/ \sqrt{\dfrac{1}{M}\sum_{k=1}^{M}((S_t)_k)^2} \\[4mm]
E_C = \sqrt{\dfrac{1}{N}\sum_{k=1}^{N}((C_e)_k - (C_t)_k)^2} \Bigg/ \sqrt{\dfrac{1}{N}\sum_{k=1}^{N}((C_t)_k)^2}
\end{cases}
\tag{9.6}
$$

式中，E_S、E_C 分别表示应急溯源结果（污染物排放强度与污染物浓度时空分布）的误差值；S_t、C_t 分别表示应急追溯的实际值；S_e、C_e 分别表示应急追溯的计算结果；M、N 分别表示污染物排放强度与污染物浓度时空分布的输出数目。

9.2　突发水污染事件应急溯源问题类型

通常情况下，自然界的物化过程、系统状态等现象均可用偏微分方程组来描述（刘晓东等，2009），其形式可以表示如下：

$$
\begin{cases}
Lu(x,t) = f(x,t), & x \in \Omega; t \in (0,\infty) \\
Bu(x,t) = \varphi(x,t), & x \in \partial\Omega \\
Au(x,t) = k(x,t), & x \in \partial\Omega \\
Du(x,t) = \phi(x,t), & x \in \Omega; t \in 0
\end{cases}
\tag{9.7}
$$

式中，L、B、A 和 D 分别表示微分方程算子、边界条件算子、附加条件算子和初始条件算子；$u(x,t)$ 表示微分方程的解；$f(x,t)$、$\varphi(x,t)$、$k(x,t)$ 和 $\phi(x,t)$ 分别表示污染源（汇）项函数、边界条件函数、附加条件函数和初始条件函数。

根据未知量的不同，可将式（9.7）划分为不同类型的问题：①若只有 L 未知，式（9.7）属于算子溯源问题；②若只有 $f(x,t)$ 未知，式（9.7）属于污染源项溯源问题；③若只有初始条件 $\phi(x,t)$ 未知时，式（9.7）属于逆时间问题；④若只有 $\varphi(x,t)$ 未知时，式（9.7）属于边界控制问题；⑤若只有趋于边界 $\partial\Omega$ 未知时，式（9.7）属于集合反向问题。

根据式（9.7）求解问题分类和突发水污染事件应急溯源概念与内涵，突发水污染事件应急溯源管理问题可以分为以下四种类型。

（1）第 I 类应急溯源问题。该类问题是根据监测点的观测值、应急主体行为等相关信息推求模型中的右端污染源项 $f(x,t)$，包括污染源位置、排放强度和排放时间等源（汇）项信息，因而又被称污染源项溯源问题（contaminant source identification problem，CSIP）。

（2）第 II 类应急溯源问题。该类问题是指依据监测点的观测值、应急主体行为和污染源项等相关信息逆推初始条件 $\phi(x,t)$，因而又被称初始条件逆推问题（initial conditions of inverse problem，ICIP）。

（3）第Ⅲ类应急溯源问题。该类问题是指根据已知监测点的观测值、应急主体行为和污染源项等信息推求水体边界条件的类型或参数 $\varphi(x,t)$ 或参数，因而又被称边界条件逆推问题（boundary conditions of inverse problem，BCIP）。

（4）第Ⅳ类应急溯源问题。该类问题是第Ⅰ类应急溯源问题、第Ⅱ类应急溯源问题和第Ⅲ类应急溯源问题的混合。

9.3 突发水污染事件应急溯源技术与方法

针对突发水污染事件不同类型应急溯源问题的研究，目前国内外有很多相对应的溯源技术和方法，可以概括为现场取样测定法和数学模型模拟法两大类。现场取样测定法主要有同位素法（胡恭任等，2013）、水纹识别法（吕清等，2016）和紫外光谱分析法（王燕等，2014）等方法，该方法虽然拥有较高的精确性和稳定性，但工作量大、耗时较长、无法及时给出事件的起因及相关信息。数学模型模拟法相对于现场取样测定方法而言，具有灵活、快速和可操作性强等优点（彭泽洲等，2007），有助于决策者迅速掌握污染物在事件中演化情况（陈正侠等，2017）。目前，国内外关于突发水污染事件溯源方法的研究多是围绕优化思想和不确定分析这两个思路展开（朱嵩等，2007；2008），即分别是从确定性理论方法和不确定性理论方法对突发水污染事件溯源展开研究与讨论（Zheng and Chen，2011）。

9.3.1 确定性应急溯源方法

确定性应急溯源方法是指在突发水污染事件演化态势模拟模型和实际观测结果的基础上，构建基于溯源结果的目标函数，并利用确定性优化算法对所构建的目标函数进行求解，以寻求最佳匹配度的溯源结果（Li and Mao，2011）。确定性应急溯源方法主要包括传统优化方法和启发式优化方法。其中，传统优化方法一般采用目标函数的梯度信息进行确定性搜索（Li and Mao，2011），如广义最小二乘法（generalized least squares，GLS）、梯度型优化方法（gradient optimization method，GOM）、模式搜索法（pattern search，PS）和 Nelder-Mead 单纯性法（Nelder-Mead simplex method，NMSM）等；启发式优化方法以仿生优化算法为主，它可以在目标函数不连续或不可微的情况下实现多可行解的并行、随机优化（杨启文等，2000），如神经网络法（neural networks，NNs）、模拟退火算法（simulated annealing algorithm，SAA）、粒子群优化（particle swarm optimization，

PSO）算法、遗传算法（genetic algorithm，GA）和差分进化（differential evolution，DE）算法等。部分传统优化方法和启发式优化方法的基本原理、特点等如表 9.1 所示。

表 9.1　典型优化模型算法特点

算法	基本原理	特点	初始值依赖性	收敛性	代表性成果
GLS	以模拟值和观测值之间差异最小的方式搜索合理的溯源结果	需要获取目标函数的梯度信息	是	局部	Li 和 Mao（2011）；Brus 和 de Gruijter（2011）
GOM	以不断调参的方式使得输出结果尽可能与观测值匹配	收敛速度快	是	局部	Li 和 Niu（2005）；Elbern 等（2000）；Yumimoto 和 Uno（2006）
PS	以模式移动的方式搜索最优值	不需要目标函数梯度信息	是	局部	Zheng 和 Chen（2010）
NNs	建立适应的人工神经网络，分析输入输出之间的规律，推出输入结果	以训练网络方式进行并行处理	否	局部	Mahar 和 Datta(1997)；Singh 和 Datta（2007）；Singh 和 Datta（2004）
SAA	依据物理中固体物质的退火过程的相似性，进行随机搜索	不依赖初始解和不计算目标函数的导数，但需多次抽样	否	全局	Jha 和 Datta（2013）
PSO	源于鸟群的捕食行为，迭代过程中以个体极值和全局极值进行更新	具有记忆和信息共享等特性	否	全局	Eberhart 和 Kennedy(1995)；郭建青等（2007）
GA	首先随机生成由待求参数的非实数编码的初始群体；其次对每个个体的适应度函数进行评价；最后选取适应度高的个体参加遗传变异操作，从而组成新一代种群，再进行下一轮进化	无明确的规则，能自动优化寻优空间和调整搜索方向，但具有较差的局部寻优能力，易早熟收敛，搜索效率低和适应能力差	否	全局	Mahinthakumar 和 Sayeed（2005）；Singh 和 Datta（2006）；Singh（2013）
DE	是一种基于实数编码具有保优思想的贪婪 GA，它首先随机产生初始种群，然后通过变异、交叉、选择等产生新的种群，再进行下一轮操作	该方法通过种群内个体间的竞争与合作的方式实现求解，具有很强的空间搜索能力	否	全局	Storn 和 Price（1997）；Das 和 Suganthan（2011）

　　传统优化方法，如 GLS（Lushi and Stockie，2010；Brus and de Gruijter，2011）、共轭梯度方法（conjugate gradient method，CGM）和变分同化方法（variational data assimilation method，VDAM）（Jaroslav et al.，2010；Vira and Sofiev，2012；Altaf et al.，2013）等，在测量值和污染物迁移转化扩散模型的基础上构建对应的目标

函数，之后以目标函数的梯度方向作为待求参数的迭代更新方向。例如，Li 和 Mao（2011）采用最小二乘法识别地下水污染源项；Ding 等（2004）采用 CGM 识别浅水河流的曼宁系数；Vira 和 Sofiev（2012）采用 VDAM 识别污染事件的初始条件和排放强度。但对于含有多个溯源结果的情形，则难以通过目标函数来获取对应的梯度信息，进而导致上述优化理论方法在突发水污染事件溯源方法研究中受到限制。

随着人工智能和计算机技术的飞速发展，产生了 SAA（Jha and Datta，2013）、PSO（Eberhart and Kennedy，1995；郭建青等，2007）、GA（Mahinthakumar and Sayeed，2005；Singh and Datta，2006；Singh，2013）和 DE（Storn and Kenneth，1997）等启发式方法，且这些方法在环境保护和防治过程中得到了广泛的应用。例如，王薇等（2004）利用 SAA 估计河流水质模型参数；Ng 和 Perera（2003）利用 GA 对河流污染物迁移扩散模型的参数进行率定；Chau 和 Yang（1993）、刘国东等（1999）运用 GA 率定了水质扩散模型参数；闵涛等（2003，2004）采用 GAs 分别研究了一维河流的流速、扩散系数和衰减系数等多参数识别问题和一维对流-扩散方程的右端项识别问题；Haupt 等（2007）在复杂的污染物迁移扩散模型和带有白噪声测量数据的基础上，采用了 GAs 来识别污染源项问题；Pelletier（2006）利用 GA 开发出了可以率定河流水质模型参数的应用程序；郭建青等（2007）将 PSO 应用于一维河流水质参数识别问题研究；牟行洋（2011）将 DE 用于单点源和多点源突发泄漏事件的污染源项特性求解中。为提高追踪溯源方法的收敛速度和寻优能力，许多国内外学者除了研究方法的改进外，还研究了混合方法。例如，Ostfeld 和 Salomons（2005）采用混合 GA 率定了二维水动力水质模型（CE-QUAL-W2）参数；黄明海等（2002）应用遗传梯度法估计了水质模型参数；徐敏等（2004）用 GA 结合有限差分法对二维河流的纵向、横向弥散系数和衰减系数进行了参数估计；王宗志等（2004）采用了改进的 AGA（accelerating genetic algorithm，加速遗传算法）优化了 BOD-DO 河流水质模型参数；杨晓华和郦建强（2006）结合混沌和 GA 的优点，提出了将混沌 GA 用于水质模型的参数优选研究；朱嵩等（2007）提出了基于有限体积法-混合 GA 的河流水质模型多参数识别方法；袁君等（2009）、孟令群和郭建青（2009）采用了 CPSO（chaos pantide swarm optimization algorithm）率定河流污染物质输运模型各参数。此外，进化策略（evolutionary strategy，ES）、人工神经网络和模糊优化方法等也被成功应用于环境污染事件溯源方法研究中。例如，Cervone 等（2010a）提出一种改进的进化算法实现污染源项的识别；Singh 和 Datta（2007）为准确识别未知地下水污染源，在误差逆传播算法和人工神经网络的基础上，设计了一种基于误差逆传播网络的人工神经网络识别方法；Singh 和 Datta（2004）在测量数据有限的情境下，通过建立人工神经网络识别出未知地下水污染源；Najah 等（2009）采用人工神经网络估计柔佛河流（Johor River）的水质参数；Datta 等（2009）采用人工神经网络识别出地下水污染源项和估计含水层参数；Chang 等（2001）运用模糊综合评价方法识别了河流的水质。

综上，确定性应急溯源方法是一种考察和衡量实际观测值与模型计算值之间匹配度的方法，采用这类方法能较快地确定污染源的排放位置、强度和时间以及水体初始条件、边界条件等信息，从而为应急决策者掌握事件演化态势以及发布准确的预警级别提供依据。

9.3.2　不确定性应急溯源方法

水环境系统是由水体与人工系统组成的一个复杂性系统，影响和制约该系统的因素很多，因而该系统具有很强的不确定性（Veldkamp et al., 1997；Huang and Xia, 2001）。另外，突发水污染事件中广泛存在随机现象，如事发时间和事发地点的随机性。因此，突发水污染事件应急溯源研究往往是追寻所有引发事件的可行解而非"最优解"或"点估计"。当前，随机方法是处理不确定问题较为普遍的方法之一，它通过概率分布来描述客观事物的随机性，常用的有统计归纳法、最小相对熵和贝叶斯推理等方法。

统计归纳法的优势在于能基于大量数据作不确定性分析，如 Huang 等（2010）在收集 2004 年钱塘江 46 个监测点数据的基础上，通过统计归纳分析钱塘江的污染物主要来源区域。然而，事件应急处置过程中获取的有限污染物浓度数据不足以支撑基于该方法进行的应急溯源问题研究。最小相对熵的优势在于对应急溯源问题进行不确定性分析，即它能基于应急溯源问题的先验分布获取应急溯源问题的二次估计，如 Woodbury 和 Ulrych（1996）率先将最小相对熵用于来地下水污染源识别和大气污染历史重构等问题研究；Newman 等（2005）在 SAA 计算出模型参数值的基础上采用最小相对熵分析模型参数的置信区间。

贝叶斯推理是一种以概率论为理论基础的能反映突发水污染事件不确定性的方法，它在充分利用似然函数和待求参数的先验信息基础上，求解待求参数的后验概率分布，再通过相应的抽样方法得到诸如污染物迁移扩散模型参数或污染源（汇）项各参数等待求参数的估计值，即该方法能给出水污染事件溯源结果的分布函数。因此，基于贝叶斯推理的方法主要是对突发水污染事件的发生概率进行估计，它能得到溯源结果的后验概率分布，而非单一解，同时能量化溯源结果的不确定性，可以提供更多关于突发水污染事件溯源的信息。为有效获取突发水污染溯源结果的估计值，需要贝叶斯推理与相关抽样方法结合，如马尔可夫链蒙特卡罗（Markov chain Monte Carlo，MCMC）和随机蒙特卡罗（Monte Carlo，MC）

等抽样方法。其中，MC 方法是一种不管初始值是否远离真实值均容易收敛到次优解的估计方法，因此该方法得到溯源结果的准确率不高（Cervone and Franzese，2010b）。通过将贝叶斯推理与 MC 方法或 MCMC 方法结合方式迭代，得到的溯源结果的分布函数能够弥补 MC 方法的不足（陈增强，2013）。例如，Bergin 和Milford（2000）、Sreedharan 等（2006）认为传统 MC 的抽样结果与待求参数及其先验分布是相关性较强的；Sohn 等（2000）利用 BMC（Bayes Monte Canto，贝叶斯蒙特卡罗）方法通过比较传感器的数据流与模拟结果的一致性确定最匹配的模型输入以及对应的误差。然而，BMC 虽然通过采用连续似然函数来改善误差估计，但其计算效率不高（Rasmussen and Ghahramani，2003；Qian et al.，2003）。

　　MCMC 方法是通过随机游动得到一条足够长的马尔可夫链，这样才能保证抽样结果接近于溯源结果的后验分布，即用马尔可夫链的极限分布来表示溯源结果的后验概率密度函数。因此，基于 MCMC 方法的优势，当前贝叶斯推理被广泛应用到了突发环境污染事件应急溯源问题研究中。例如，Senocak 等（2008）、Chow 等（2008）在污染物浓度观测值有限的条件下采用 Bayesian-MCMC 方法来获取污染源排放强度及其位置；曹小群等（2010）利用 Bayesian-MCMC 方法研究对流-扩散方程的污染源（汇）项识别问题，陈海洋等（2012）采用了 Bayesian-MCMC 方法研究二维河流污染源（汇）项识别问题，并将识别结果与基于 GAs 方法的结果进行对比分析。然而，采用 MCMC 方法研究突发水污染事件应急溯源问题时，通常是经过几千次甚至几万次迭代才能保证抽样结果与溯源结果的后验分布接近。因此，基于 MCMC 方法的突发水污染事件应急溯源问题研究的结果无法满足事件应急管理要求（Senocak et al.，2008）。为此，国内外部分学者尝试将 MCMC 方法与其他方法相结合来应对突发水污染事件溯源的需要。例如，Keats 等（2009）、Yee 等（2008）结合伴随方程和 MCMC 方法来确定溯源结果的似然函数，数值研究结果表明该方法能显著提高溯源的计算速度；Keats 等（2007）研究了非守恒情况下采用 Bayesian-MCMC 方法能快速识别污染源项各参数。

　　综上，不确定性溯源方法虽然能综合突发水污染事件本身与监测点的观测数据等特征，能保证溯源结果的稳定性，但该方法运行的前提条件是事先设定溯源结果的先验分布，并且需要对溯源结果的后验概率分布进行大样本抽样。

第10章 优化视角下突发水污染事件应急溯源问题研究

突发事件应急溯源结果的准确与否及其获取速度的快慢，不仅关系到应急预警级别的发布，而且关系到应急处置与救援的效果。本章首先从大数据及其技术应用的角度出发，构建突发水污染事件应急溯源问题优化模型，然后在单纯形法和微分进化算法的基础上，设计基于混合优化算法的突发水污染事件应急溯源方法，并以第 I 类应急溯源问题为例验证所设计的方法的有效性和可靠性。

10.1 优化视角下突发水污染事件应急溯源模型构建

实验条件的限制与外界因素的干扰，给突发水污染事件应急溯源问题研究带来了很大影响。因而，在应对突发水污染事件过程中，应急溯源结果能否准确地反映事件实际情况，其方法与技术的选择显得尤为重要。此外，由于理论公式法在介质速度规律与公式等方面还没有形成一个统一的结论，以及经验公式法的适用性和准确性较低等原因，导致采用理论公式法和经验公式法等方法无法准确地对突发水污染事件展开应急溯源问题研究（Kowalsky et al., 2012）。近年来，国内外许多学者在示踪试验观测的基础上，在复杂非线性的突发污染事件应急溯源研究方面取得了一定的成果，如对于复杂条件下水体水流水质耦合模拟模型参数识别和污染源项识别方面，可以从模型整体出发，将这一类研究转化为一优化过程，并利用优化方法，搜寻能使观测值同模型值匹配时最优追踪溯源解。

若一个系统的输入参数为 θ（$\theta_1, \theta_2, \cdots, \theta_m$），其中 m 为待求参数的数目，f_k^* 表示为第 k 个观测点的监测值，与 f_k^* 对应的系统输出值为 $f_k = f(\theta_1, \theta_2, \cdots, \theta_m)$。通常以计算值和观测值之间的距离作为系统误差的目标函数。其中，距离度量有 1-范数、2-范数和∞-范数等不同的形式，通常采用较多是最小平方和误差，即 2-范数。

　　然而，当观测值或水体水流水质耦合模拟模型存在偏差时，采用 2-范数定义的目标函数并不能保证追踪溯源结果的准确性。因此，许多学者对目标函数进行分析，如 Haupt 等（2007）分析了包括均方误差、开平方误差、开四次方误差以及开八次方误差对结果的影响，结果表明任何误差函数均不存在绝对优势，但是高阶开发的结果略差于其他的误差函数结果；Cervone 等（2010a）在 Haupt 研究的基础上研究比较了不同目标函数的性能。

　　系统误差优化求解过程的关键是如何实现自动修改待求参数，即求出这些待求参数的改正量。若设给定的初始待求参数为 $x^0 = (x_1^0, x_2^0, \cdots, x_m^0)$，其目标就是求出一组关于待求参数的改正量 $\delta = (\delta_1, \delta_2, \cdots, \delta_m)$，来修改给定的初始待求参数，即

$$\min \delta = \min(x - x^0) \tag{10.1}$$

　　传统的最优化方法分为直接方法和梯度型方法。其中，直接方法不用求解目标函数的梯度信息，仅通过目标函数值的比较来寻找最佳的模型参数，如单纯形法等；梯度方法是在计算目标函数的梯度信息基础上构造搜寻方向，并得到模型参数的修正量，进而获得最佳的模型参数，如最速下降法、变尺度法和共轭梯度法等。

　　若水体下游某断面 x=X 的污染物浓度 $C(x, t)$ 分布已知，则突发水污染事件应急溯源问题可转化为根据断面 x=X 的污染物浓度 $C(x, t)$ 信息来识别模型参数 S，即在某种意义下求预测值 $C(x, t|S)$ 与观测值 $C_{obs}(x, t)$ 之间的误差最小：

$$F = \min g(s) = \min_{X \in R^n, (x,t) \in \Gamma_{xt}} \left\| C_{obs}(x, t) - C(x, t \mid S) \right\|_2^2 \tag{10.2}$$

式中，$\Gamma_{xt} = \{(x, t) \in (0, l) \times (0, T)\}$；g 表示定义域为 R 上的实数值，常称为目标函数；S 表示待求参数向量，其表达式为

$$S = (s_1, s_2, \cdots, s_i, \cdots, s_m)^{\mathrm{T}} \tag{10.3}$$

式中，s_i 为待求参数向量集中的第 i 个参数。

　　当污染事件发生在水流状态变化大的水体，若在下游布置多个观测点，则能在很大程度上保证更多的浓度数据被有效检测。对发生在水体的污染事件来说，常用的多观测点网络是沿水体断面呈矩形分布。以水动力条件污染物浓度演化模型得到的污染物浓度数据与观测值的误差作为目标函数，如式（10.4）所示：

$$g(s) = \left| C_\eta(x, y, t) - C(x, y, t \mid S) \right| \tag{10.4}$$

　　则突发水污染事件应急溯源模型可转化为

$$F = \min g(s) = \min_{X \in R^n, (x,y,t) \in \Gamma_{xyt}} \left\| C_{obs}(x, y, t) - C(x, y, t \mid S) \right\| \tag{10.5}$$

式中，S 表示任意一个溯源结果；$C_{obs}(x, y, t)$ 表示位置 (x, y) 在时刻 t 的观测值；$C(x, y, t|S)$ 表示当溯源结果为 S 时得到位置 (x, y) 在时刻 t 的模拟浓度值。其中：

$$\Gamma_{xyt} = \{(x, y, t) \in (0, l) \times (0, k) \times (0, T)\} \tag{10.6}$$

综上所述，突发水污染事件应急溯源问题研究可以转化为利用优化算法求式（10.5），其求具体求解流程如图 10.1 所示。

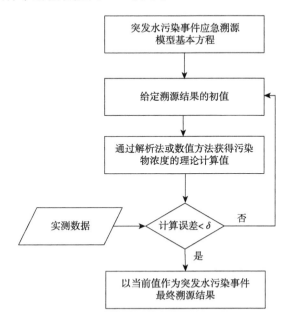

图 10.1　优化视角下突发水污染事件应急溯源问题研究流程示意图

10.2　基于混合 DE-NMS 的应急溯源方法

10.2.1　混合 DE-NMS 基本原理

DE 算法是 Storn 和 Price 为解决切比雪夫（Tschebyscheff）多项式拟合问题而提出的，它与标准进化算法具有相同的操作策略，不需要以单独的概率分布方式来生成子代（Storn and Price，1997）。因此，DE 具有自适应迭代寻优的功能，能有效求解非凸函数、多峰函数和非线性函数等，优化问题。然而，由于 DE 的全局搜索能力与收敛速度之间存在一定的矛盾，如 DE 缺乏局部区域精细搜索能力，并在搜索后期会出现收敛停滞现象，导致通过基于 DE 的应急溯源方法虽然能获取较优的应急溯源结果，但其计算量非常大且搜索最优溯源结果的时间较长。

Nelder-Mead 单纯形（Nelder-Mead simplex，NMS）算法是一种依赖于初始值选择的非梯度型确定性优化算法，它是通过利用给定单纯形的顶点函数值大小，确定最高点和最低点，并采用一系列的反射、扩展、压缩或收缩等操作构成新的单纯形，不断逼近极小点从而最终寻找到最优追踪溯源结果（Kamiyama，2010）。因而，NMS 不仅具有较快的局部搜索能力，而且只有在特定情况下局部搜索能力才得以体现。

综上，NMS 能够在局部进行快速寻优，它可以克服 DE 在后期收敛较慢的特点。反过来，DE 虽然具有较强的全局搜索能力和缺乏局部区域精细搜索能力，但 DE 还是可以弥补 NMS 易受参数初值的影响和易陷入局部极值点的缺陷。因此，为快速搜寻最优溯源结果，可以结合 DE 和 NMS 两种方法的优势，设计一种具有强搜索能力的应急溯源方法，即基于混合 DE-NMS 应急溯源方法。该方法应包括两个阶段：①全局搜索阶段。利用 DE 大范围搜索目标函数的解空间；②强化搜索阶段。在 DE 搜索基础上，利用 NMS 进一步搜索得到最优解（杨海东，2014）。

1. 全局搜索阶段

该阶段的主要目的是采用 DE 在求解空间范围内搜索到全局最优解的附近。其中，DE 是一种智能化的寻优方法，其主要寻优过程中有编码、个体评价、选择、交叉和变异等操作。DE 首先采用实数对突发水污染事件追踪溯源进行编码，获得初始种群；其次将初始种群、水文实时数据和实时测量浓度值代入水体水流水质耦合模拟模型；最后根据目标函数计算个体的适应度值，即判断追踪溯源结果与真实值之间的匹配程度；匹配程度满足终止条件时终止迭代，输出对应的追踪溯源结果，否则进行交叉、变异和选择等操作，从而得到一个新的种群，进入强化搜索阶段。

2. 强化搜索阶段

该阶段的主要目的是在全局最优解的附近，利用 NMS 进一步搜索得到最优解。为推进和加速搜寻进程，将全局搜索阶段得到的种群作为 NMS 的初始种群，即以 DE 输出的种群为中心，按式（10.2）随机生成一初始单纯形进行局部搜索，并将局部搜索得到的结果替代当前种群中最差个体，再返回全局搜索阶段：

$$x_{gbest,d+1}^{(Gen)} = x_{gbest,d}^{(Gen)} \times (1+0.5\eta) \tag{10.7}$$

式中，$x_{gbest,d}$ 表示 x_{gbest} 第 d 维取值；η 表示服从标准正态分布的随机变量。

10.2.2　基于混合 DE-NMS 应急溯源方法的操作步骤

根据上述设计思路，基于混合 DE-NMS 应急溯源方法是采用了 DE 和 NMS 的串行策略，计算流程如图 10.2 所示，具体操作步骤如下。

（1）初始化。初始化种群，设定种群大小规模 NP、缩放因子 F、交叉概率 CR、迭代次数 Gen、反射系数 α、扩展系数 γ、压缩系数 β、收缩系数 λ、允许误差 ε，置 Gen=1。

（2）个体评价。计算个体 $X_i^{(Gen)}$ 的适应度函数值 $f(X_i^{(Gen)})$（$i=1,2,\cdots,NP$），并对 $f(X_i^{(Gen)})$ 进行排序与编号，以确定最优适应度函数值 $f(X_{gbest}^{(Gen)})$ 及最优个体 $X_{gbest}^{(Gen)}$。

（3）变异。从 $X_i^{(Gen)}$ 中随机生成三个不同的个体，并通过变异生成新的个体 $V_i^{(Gen)}$。

（4）交叉。在 $V_i^{(Gen)}$ 和 $X_i^{(Gen)}$ 的基础上交叉得到试验个体 $U_i^{(Gen)}$。

（5）选择。在 $U_i^{(Gen)}$ 和 $X_i^{(Gen)}$ 的基础上选择生成第 Gen 代个体 $Y_i^{(Gen)}$。

（6）判断。如果种群 $Y_i^{(Gen)}$ 满足终止条件或达到最大迭代次数 T，则输出最优解，否则执行步骤（7）。

（7）计算 $Y_i^{(Gen)}$ 的适应度值 $f(Y_i^{(Gen)})$，确定最优适应度函数值 $f(Y_{gbest}^{(Gen)})$ 及最优个体 $Y_{gbest}^{(Gen)}$。

（8）生成第 NP+1 个点，并计算适应度函数值 $f(Y_i^{(Gen)})$（$i=NP+1$）。

（9）排序。对于 $f(Y_i^{(Gen)})$（$i=1,2,\cdots,NP+1$）进行排序和编号，确定最优点 $Y_b^{(Gen)}$、次差点 $Y_g^{(Gen)}$、最差点 $Y_w^{(Gen)}$，其中，$b,g,w \in \{1,2,\cdots,NP+1\}$，计算除 $Y_b^{(t)}$ 外 NP 点的平均值 $\overline{Y}^{(Gen')} = \frac{1}{NP}(\sum_{i=1}^{NP} Y_i^{(Gen)} - Y_w^{(Gen)})$，并计算 $f(\overline{Y})$，若

$$\sqrt{\frac{1}{NP}\sum_{i=1}^{NP}(f(Y_i^{(Gen)}) - f(\overline{Y}^{(Gen)}))^2} \leqslant \varepsilon$$，则停止迭代，输出 $Y_w^{(Gen)}$，否则执行步骤（10）。

（10）反射。令 $Y_{NP+1}^{(Gen)} = \overline{Y}^{(Gen)} + \alpha(\overline{Y}^{(Gen)} - Y_w^{(Gen)})$，计算 $f(Y_{NP+1}^{(Gen)})$。

（11）判断。若 $f(Y_{NP+1}^{(Gen)}) < f(Y_b^{(Gen)})$，执行步骤（12）；若 $f(Y_b^{(Gen)}) \leqslant f(Y_{NP+1}^{(Gen)}) \leqslant f(Y_g^{(Gen)})$，则 $Y_w^{(Gen)} = Y_{NP+1}^{(Gen)}$，执行步骤（15）；若 $f(Y_{NP+1}^{(Gen)}) > f(Y_g^{(Gen)})$，执行步骤（13）。

（12）扩展。令 $Y_{NP+2}^{(Gen)} = \overline{Y}^{(Gen)} + \gamma(Y_{NP+1}^{(Gen)} - Y_w^{(Gen)})$，计算 $f(Y_{NP+2}^{(Gen)})$，若 $f(Y_{NP+2}^{(Gen)}) < f(Y_{NP+1}^{(Gen)})$，则 $Y_w^{(Gen)} = Y_{NP+2}^{(Gen)}$，执行步骤（15）；否则 $Y_w^{(Gen)} = Y_{NP+1}^{(Gen)}$，执行步骤（14）。

（13）压缩。令 $f(Y_p^{(Gen)}) = \min\{f(Y_w^{(Gen)}), f(Y_{NP+1}^{(Gen)})\}$，$p \in \{w, NP+1\}$，则 $Y_{NP+3}^{(Gen)} = \overline{Y}^{(Gen)} + \beta(Y_p^{(Gen)} - \overline{Y}^{(Gen)})$，计算 $f(Y_{NP+3}^{(t)})$，若 $f(Y_{NP+3}^{(Gen)}) < f(Y_p^{(Gen)})$，则 $Y_w^{(Gen)} = Y_{NP+3}^{(Gen)}$、$f(Y_w^{(Gen)}) = f(Y_{NP+3}^{(Gen)})$，执行步骤（15）；否则执行步骤（14）。

（14）收缩。令 $Y_i^{(Gen)} = Y_i^{(Gen)} + \lambda(Y_b^{(Gen)} - Y_i^{(Gen)})$，执行步骤（15）。

（15）若 $\sqrt{\frac{1}{NP+1}\sum_{i=1}^{NP+1}(f(Y_i^{(Gen)}) - f(\overline{Y}^{(Gen)}))^2} \leqslant \varepsilon$，则停止计算，当前最好点近

似为最优解；反之，$Gen = Gen + 1$，返回步骤（2）。

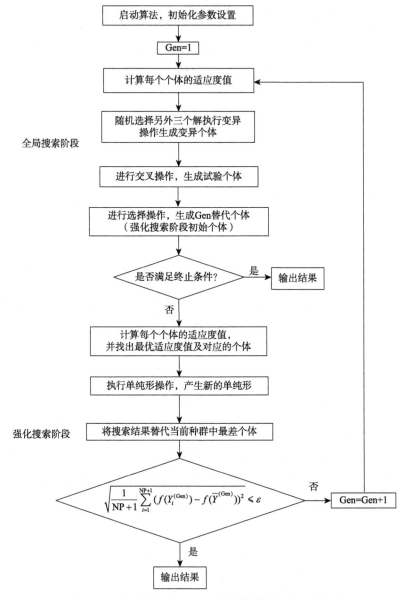

图 10.2　基于混合 DE-NMS 应急溯源方法流程示意图

10.2.3　基于混合 DE-NMS 应急溯源方法求解流程

水动力条件突发水污染事件污染物态势演变模拟模型属于偏微分方程范

畴，该模型与水体的初始条件、边界条件及观测值一起组成不同类型的突发水污染事件应急溯源问题。在上述有关混合 DE-NMS 应急溯源方法原理及操作步骤的基础上，可以得到采用该方法求解突发水污染事件应急溯源问题的流程，如图 10.3 所示。

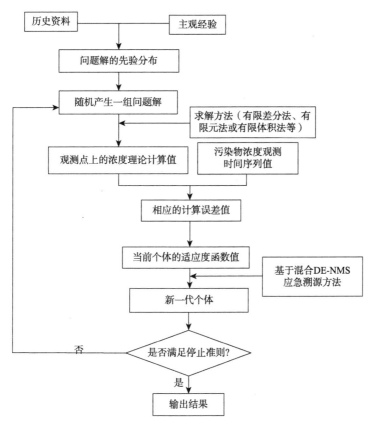

图 10.3　采用基于混合 DE-NMS 应急溯源方法求解突发水污染事件应急溯源问题流程示意图

10.3　算 例 分 析

污染源（汇）项信息是构建水动力条件下污染物浓度演化模型、预报水体水质变化的基本数据（丁涛等，2012），它的准确与否在突发水污染事件应急管理过程中起着至关重要的作用。为验证优化视角下突发水污染事件应急溯源模型及其方法的可行性，本节以第Ⅰ类突发水污染事件应急溯源问题为例进行验证分析（牟行洋，2011）。

10.3.1　问题描述与模型构建

以某一河段发生瞬时点源 q（$q \geqslant 1$）岸边排放突发水污染事件为例，其中下游已布置观测点 g（$g \geqslant 1$），具体如图 10.4 所示。若通过对观测点 g 获取的各水质指标时间序列数据分析，发现某个时刻该监测点的某项水质指标出现异常，则表明该河段极有可能爆发突发水污染事件。为进一步掌握突发水污染事件相关信息，应急决策者亟须根据观测点的观测值快速推断诱发突发水污染事件的位置、污染强度等信息，以期为后续应急处置措施制定提供参考依据。

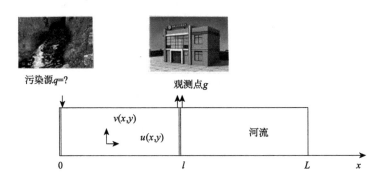

图 10.4　某河段发生突发水污染事件示意图

若用 $D(x, y)$ 和 $E(x, y)$ 分别表示二维河渠的纵向和横向扩散系数，$u(x, y)$ 和 $v(x, y)$ 表示为二维河渠在纵向 x 和横向 y 的流速，$k(x, y)$ 表示污染物在河渠中综合降解系数，(x_i, y_i) 表示为第 i 个点源的位置，M_i 表示点源的强度，q 表示点源的个数，δ 表示狄拉克函数。水动力条件不变的情况下，则突发水污染事件在该河段的演化态势模拟模型可以用式（10.8）描述：

$$\frac{\partial C}{\partial t} + u(x, y)\frac{\partial C}{\partial x} + v(x, y)\frac{\partial C}{\partial y} = \frac{\partial}{\partial x}(D(x, y)\frac{\partial C}{\partial x}) + \frac{\partial}{\partial y}(E(x, y)\frac{\partial C}{\partial y})$$
$$+ k(x, y)C + \sum_{i=1}^{q} M_i \delta(x - x_i, y - y_i) \tag{10.8}$$

$$C(x, y, 0) = C_0(x, y), \quad (x, y) \in \Omega \tag{10.9}$$

$$C(x, y, t) = C_1(x, y, t), \quad (x, y) \in \Gamma_1 \tag{10.10}$$

$$\frac{\partial}{\partial n}C(x, y, t) = C_2(x, y, t), \quad (x, y) \in \Gamma_2 \tag{10.11}$$

若 $D(x, y)$、$E(x, y)$、$u(x, y)$、$v(x, y)$、$k(x, y)$ 及 $C_0(x, y)$、$C_1(x, y, t)$、$C_2(x, y, t)$ 已知，则式（10.8）～式（10.11）就构成了包含污染源位置 (x_i, y_i)

（ $i=1,2,\cdots,q$ ）和排放强度 M_i（ $i=1,2,\cdots,q$ ）的水动力条件不变情景下突发水污染事件演化态势模拟模型。若已知观测点 A 的部分观测信息为

$$C(x,y,t) = C_{obs}(x,y,t)，\quad (x,y) \in \Gamma_{obs}; \Gamma_{obs} \subset \partial\Omega \tag{10.12}$$

因此，根据式（10.8）~式（10.12）来确定未知函数 S 就是第Ⅰ类突发水污染事件应急溯源问题研究。其中，边界 $\partial\Omega = \Gamma_1 \bigcup \Gamma_2$，$S$ 为第Ⅰ类应急溯源结果，即由污染源的个数 q、排放强度和排放位置等构成的待定向量函数。

综上，基于优化视角下突发水污染事件第Ⅰ类应急溯源模型可以用式（10.13）表述：

$$\nabla C = \min \| C_{obs}(x,y,t) - C(S;x,y,t) \|_2，\quad S \in R^n; (x,y,t) \in \Gamma_{\eta t} \tag{10.13}$$

式中，$\Gamma_{\eta t} = \{(x,y,t) \in \Gamma_\eta, t \in (0,T)\}$，$T$ 表示观测时间。

为方便计算，假设 $D(x,y)$、$E(x,y)$、$u(x,y)$、$v(x,y)$、$k(x,y)$ 分别为

$$\begin{cases} D(x,y) = E(x,y) = x^2 + y^2 \\ u(x,y) = x + 2y \\ v(x,y) = 3x + 4y \\ k(x,y) = x + y + 1 \end{cases} \tag{10.14}$$

初始条件为 $C_0(x,y) = 0$，边界条件为

$$\begin{cases} C(0,y) = 1 + (ty)^2 \\ C(x,0) = 1 + (tx)^2 \\ \dfrac{\partial C}{\partial y}\Big|_{y=1} = 2t^2(1+x^2) \\ \dfrac{\partial C}{\partial x}\Big|_{x=1} = 2t^2(1+y^2) \end{cases} \tag{10.15}$$

10.3.2　单点源瞬时排放情景

若 $q=1$，即通过监测和排查发现只有一个固定污染源偏离瞬时排放进入河流，且污染源的位置 (x,y) 和排放强度分别为（0.3 m, 0.5 m）与 5 kg/m³。计算时间及步长分别为 1s 和 0.1s，基于 DE 应急溯源方法和基于混合 DE-NMS 应急溯源方法的参数设置如表 10.1 所示。其中，污染源位置和污染源排放强度的搜索区间分别为[0, 1]和[0, 10]。

表 10.1　模型参数相关设置

参数	D	NP	CR	F	α	γ	β	λ	ε	Gen
参数值	3	20	0.1	0.5	1	1.5	0.5	0.5	10^{-4}	1000

分别采用基于 DE 和混合 DE-NMS 的应急溯源方法进行求解，并剔除误差比较大的数据，具体结果见图 10.5，并将当基于 DE 和混合 DE-NMS 的应急溯源方法迭代到最大代数时应急溯源结果与真值进行比较，如表 10.2 所示。

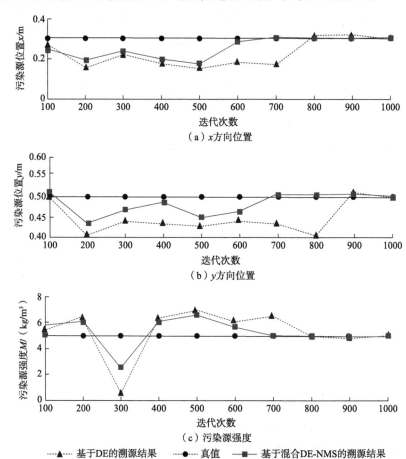

图 10.5　不同应急溯源方法情景下污染源 x 方向位置、y 方向位置和污染源强度的迭代过程图

表 10.2　基于 DE 和混合 DE-NMS 应急溯源方法得到的结果与真值比较表

参数	x/m		y/m		Ml（kg/m³）	
	DE	DE-NMS	DE	DE-NMS	DE	DE-NMS
溯源值	0.308	0.306	0.503	0.502	4.942	4.973
绝对误差	0.008	0.006	0.003	0.002	0.058	0.027
相对误差	2.567%	1.867%	0.678%	0.460%	1.158%	0.536%

由图 10.5（a）可知，采用基于混合 DE-NMS 应急溯源方法求解 x 方向污染源位置时，大约经过 600 次迭代后开始接近于真值；若采用基于 DE 应急溯源方法进行求解，则经过大约 800 次迭代后才接近于真值。图 10.5（b）显示，采用基于混合 DE-NMS 应急溯源方法求解 y 方向污染源位置时，大约经过 700 次迭代后就接近于真值；倘若采用基于 DE 应急溯源方法进行求解，则需经过 900 次迭代后才接近于真值。图 10.5（c）显示，采用基于混合 DE-NMS 应急溯源方法求解污染源强度时，大约经过 700 次迭代后就接近于真值；倘若采用基于 DE 应急溯源方法进行求解，则需经过 800 次迭代后才接近于真值。由表 10.2 得出，相比基于 DE 应急溯源方法而言，基于混合 DE-NMS 应急溯源方法所得到的溯源结果总平均相对误差降低 7.92%，最终溯源结果的相对误差分别比采用基于 DE 应急溯源方法少 0.700、0.218、0.622 个百分点。

10.3.3　多点源瞬时排放情景

若存在三个固定点污染源（B_1, B_2, B_3）向河流瞬时排放污染物，即 $q=3$。这些点源的位置（x_i, y_i）（$i=1,2,3$）分别为（0.2 m,0.6 m）、（0.3 m,0.3 m）和（0.6 m,0.8 m），强度 m_i（$i=1,2,3$）分别 6 kg/m³、4 kg/m³、2 kg/m³，其他条件不变。类似 10.3.2 小节进行相关参数设置，并分别采用基于 DE 应急溯源方法和基于混合 DE-NMS 应急溯源方法进行求解，其迭代过程见图 10.6 和图 10.7，溯源结果和真值比较情况如表 10.3 ~ 表 10.5 所示。

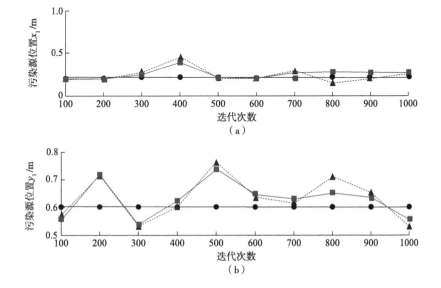

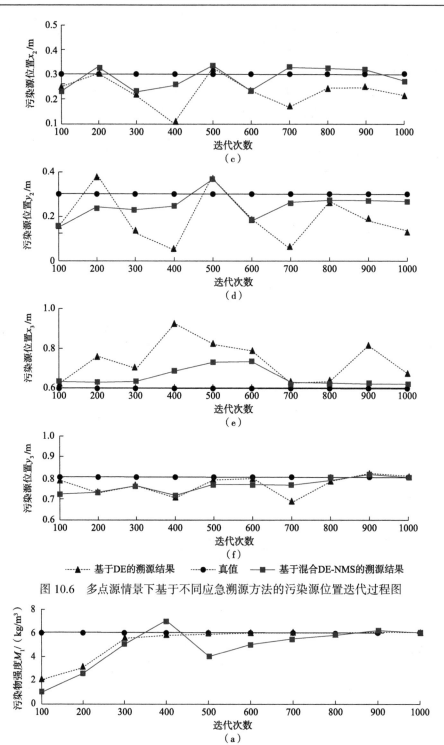

图 10.6　多点源情景下基于不同应急溯源方法的污染源位置迭代过程图

----▲---- 基于DE的溯源结果　　●— 真值　　—■— 基于混合DE-NMS的溯源结果

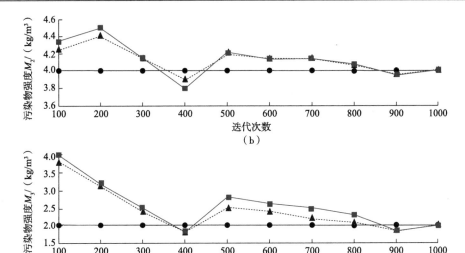

（b）

（c）

图 10.7　多点源情景下基于不同应急溯源方法的污染源强度迭代过程图

表 10.3　污染源强度的溯源值与真值比较表

参数	$M_1/（kg/m^3）$		$M_2/（kg/m^3）$		$M_3/（kg/m^3）$	
	DE	DE-NMS	DE	DE-NMS	DE	DE-NMS
溯源值	6.009	6.007	3.998	3.998	1.999	1.999
绝对误差	0.009	0.007	0.003	0.002	$6×10^{-4}$	$5×10^{-4}$
相对误差	0.148%	0.113%	0.063%	0.053%	0.030%	0.025%

表 10.4　污染源纵向位置 x_i（$i=1,2,3$）的溯源值与真值比较表

参数	x_1/m		x_2/m		x_3/m	
	DE	DE-NMS	DE	DE-NMS	DE	DE-NMS
溯源值	0.27	0.247	0.129	0.263	0.528	0.55
绝对误差	0.07	0.047	0.171	0.037	0.072	0.05
总平均相对误差	28.09%	25.92%	47.31%	21.69%	10.96%	9.82%
相对误差	34.80%	23.45%	57.07%	12.40%	11.93%	8.37%

表 10.5　污染源横向位置 y_i（$i=1,2,3$）的溯源值与真值比较表

参数	y_1/m		y_2/m		y_3/m	
	DE	DE-NMS	DE	DE-NMS	DE	DE-NMS
溯源值	0.673	0.62	0.216	0.276	0.802	0.802
绝对误差	0.077	0.02	0.084	0.024	0.002	0.002
总平均相对误差	22.54%	8.79%	24.58%	13.76%	4.85%	5.02%
相对误差	12.22%	3.36%	27.97%	8.13%	0.29%	0.23%

由图 10.6（a）可知，采用基于混合 DE-NMS 应急溯源方法对 B1 污染源 x 方向位置进行求解时，只需迭代 500 次就开始稳定并接近真值，而采用基于 DE 应急溯源方法则需约 900 次迭代才完全稳定并接近真值；图 10.6（b）显示，采用基于混合 DE-NMS 应急溯源方法对 B1 污染源 y 方向位置进行求解时，大约迭代 700 次后就开始接近真值并在真值附近小幅波动，而采用基于 DE 应急溯源方法大约迭代 900 次后才在真值附近小幅波动；图 10.6（c）显示，采用基于混合 DE-NMS 应急溯源方法对 B2 污染源 x 方向位置进行求解，大约迭代 700 次后 B2 污染源 x 方向位置才开始稳定并逐渐接近真值，而采用基于 DE 应急溯源方法则需迭代 800 次后才完全稳定并接近真值；由图 10.6（d）可知，采用基于混合 DE-NMS 应急溯源方法对 B2 污染源 y 方向位置进行求解，大约迭代 700 次后 B2 污染源 y 方向位置才开始稳定并接近真值，而采用基于 DE 应急溯源方法则需迭代超 1000 次后才可能稳定并接近真值；由图 10.6（e）可知，采用基于混合 DE-NMS 应急溯源方法对 B3 污染源 x 方向位置进行求解，大约迭代 700 次后 B3 污染源 x 方向位置就完全稳定并接近真值，而采用基于 DE 应急溯源方法则需迭代 1000 次后才开始稳定并接近真值；图 10.6（f）可知，采用基于混合 DE-NMS 应急溯源方法对 B3 污染源 y 方向位置进行求解，大约迭代 500 次后 B3 污染源 y 方向位置就完全稳定并接近真值，而采用基于 DE 应急溯源方法则需迭代 800 次后才开始稳定并接近真值。总之，采用基于混合 DE-NMS 应急溯源方法对多点源情景下污染源位置信息进行迭代求解时，平均只需迭代 630 余次后迭代结果就开始稳定并接近于真值，比基于 DE 应急溯源方法少迭代 270 次。

由图 10.7（a）可知，采用基于混合 DE-NMS 应急溯源方法对 B1 污染源强度进行迭代求解时，大约迭代 300 次后迭代结果就开始稳定并接近于真值，而采用基于 DE 应急溯源方法进行迭代求解时需迭代超过 800 次才能得到跟真值接近的结果；图 10.7（b）显示，采用基于混合 DE-NMS 应急溯源方法对 B2 污染源强度进行迭代求解时，大约迭代 800 次后迭代结果就开始稳定并接近于真值，而采用基于 DE 应急溯源方法进行迭代求解时也需迭代超过 800 次才能得到跟真值接近的结果；图 10.7（c）显示，采用基于混合 DE-NMS 应急溯源方法对 B3 污染源强度进行迭代求解时，大约迭代 700 次后迭代结果就开始稳定并接近于真值，而采用基于 DE 应急溯源方法进行迭代求解时需迭代超过 900 次才能得到跟真值接近的结果。总之，采用基于混合 DE-NMS 应急溯源方法对多点源情景下污染源强度进行迭代求解时，平均只需迭代 600 次，迭代结果就开始稳定并接近于真值，比基于 DE 应急溯源方法少迭代 230 次。

由图 10.6 和图 10.7 可知，若采用基于 DE 应急溯源方法对多点源突发水污染事件应急溯源问题求解时，大约迭代 800 次后得到跟真值比较接近的污染源溯源结果；若采用基于混合 DE-NMS 应急溯源方法对多点源突发水污染事件应急溯源问题求解时，大约迭代 700 次后得到跟真值接近的污染源项溯源结果。由表 10.3 ~ 表 10.5 可知，采用基于混合 DE-NMS 应急溯源方法所得到污染源位置的总平均相对误差比基于 DE 应急溯源方法要低 5.29 个百分点，达到最大迭代次数后获得的污染源强度总相对误差比基于 DE 应急溯源方法分别少 0.035、0.010 和 0.005 个百分点。采用基于 DE 应急溯源方法得到的污染源位置总平均相对误差为 19.71%，而基于混合 DE-NMS 应急溯源方法得到的污染源位置总平均相对误差为 14.42%，污染源位置的相对误差分别为（34.80%，12.22%）、（57.07%，27.97%）和（11.93%，0.29%），比基于 DE 应急溯源方法得到的污染源位置的相对误差分别少（11.5%，8.86%），（44.67%，19.84%）和（3.56%，0.06%）。

10.3.4　算例结果分析

本节以发生在某一河段瞬时岸边排放突发水污染事件为例验证基于混合 DE-NMS 应急溯源方法的有效性和可靠性。首先在优化视角下构建突发水污染事件应急溯源问题模型，并设置单点污染源瞬时排放和多点污染源瞬时排放两种情景，然后分别基于混合 DE-NMS 应急溯源方法和基于 DE 应急溯源方法对问题模型进行求解。

（1）若待求污染源（汇）项信息的数量较少且复杂程度不高，则采用上述两种应急溯源方法求解，均能较快地收敛到全局最优解和得到精度较高的溯源结果。其中，基于混合 DE-NMS 应急溯源方法收敛速度明显比基于 DE 应急溯源方法要快，它能有效缩减 12.5% 的迭代次数。

（2）相同迭代次数情形下，混合 DE-NMS 的种群差异比 DE 小，即基于混合 DE-NMS 应急溯源方法能迅速迭代至全局最优值附近，具有较高的计算效率。

（3）若待溯源（汇）项信息数量较少但有无穷多的局部最优解包围全局最优解，一般情形下上述两种应急溯源方法均能收敛到全局最优解。其中，基于混合 DE-NMS 应急溯源方法的计算精度要高于基于 DE 应急溯源方法。例如，在单点污染源排放情形下，采用基于混合 DE-NMS 应急溯源方法得到溯源结果的总平均相对误差比基于 DE 应急溯源方法低 0.51%

（4）相比基于 DE 应急溯源方法而言，基于混合 DE-NMS 应急溯源方法更适合应用于待求污染源项信息的数量较多且复杂程度较高的情景。例如，在多点污染源排放的情形下，基于混合 DE-NMS 应急溯源方法得到溯源结果的总平均相对误差比基于 DE 应急溯源方法低 0.51% 和 29.46%。

综上，从优化视角构建和设计突发水污染事件应急溯源模型与方法，适用于数据有限的情形下突发水污染事件应急溯源问题的研究，即在有限信息条件下，从优化视角开展突发水污染事件应急溯源研究，能较快地确定污染源的位置、排放强度、排放时间以及水体初始条件、边界条件等信息。但从优化视角构建和设计突发水污染事件应急溯源模型与方法上，没有考虑突发水污染事件的不确定性，如进入水体的污染物强度与类型及污染事件所发生水域的水文条件等方面的不确定性，导致从优化视角开展的应急溯源研究只能获得溯源结果的"点估计"。然而，就突发水污染事件应急管理而言，溯源结果的"点估计"不仅无法提供更多有关事件演化态势、污染源项等相关信息，而且无法保证应急追踪结果的可靠性与模型应用的精度。

第 11 章 贝叶斯框架下突发水污染事件应急溯源问题研究

突然进入水体的污染物的强度及类型等存在不确定性，以及观测数据有限并存在误差，导致突发水污染事件应急溯源问题模型求解过程具有高度的不适定性（Kamiyama et al., 2010）。本章在不确定性应急溯源方法分析的基础上，首先开展突发水污染事件应急溯源问题的不适定性分析，其次从贝叶斯框架与视角下构建突发水污染事件应急溯源问题模型，并设计相应的应急溯源方法，最后以某河段单点源瞬时岸边排放事件为例，验证所设计方法的有效性和优越性。

11.1 应急溯源问题的不适定性分析

适定性是指在定解条件的误差是连续变化情境下求解能描述自然现象的数学模型（Gutiérrez et al., 2016）。换句话说，模型解的定义和定解条件决定问题解的存在性，求解空间和定解条件决定问题解的唯一性，定解条件和模型解的度量决定问题解的连续性，若三种情况同时存在则认为该问题解具有适定性；反之，则认为该问题解具有不适定性。

如前所述，突发水污染事件应急溯源问题是指根据监测或取样得到的水质资料研究污染源项、水体初始条件和边界条件等信息。因而，从数理方程视角可将该类问题视为反问题。此外，突发水污染事件具有发生的偶然性、污染物类型的多样性、发生概率的不确定性等特点，使得突发水污染事件应急溯源问题同反问题一样，具有更为复杂的不适定性（Neuman，2006；Scheidt and Cacers，2009；Medina and Carrera，2003；Renard and DeMarsily，1997）。若从突发水污染事件属性的角度出发，扩大应急溯源结果的空间范围以及它的存在性，则可使水动力条件下污染物浓度演化模型的广义解变得唯一。然而由于客观条件的限制和计算方法缺陷的影响，观测值存在无法避免的误差，即数据的获取带有一定的噪声，如果这个应急溯源问题具有不稳定性，则无法通过计算获得它的准确结果，所以解的稳定性是真正难以克服和解决的问题，一般来说稳定性是重要的一个公设。换句话说，应急溯源结果若不能连续地依赖于监测数据，则观测或实验得到的数据的细微的误差便可能影响溯源结果的准确性，即研究结果可能与真实结果相距甚远。因此，突发水污染事件中水动力条件下污染物浓度演化模型的求解和应急溯源问题的根本区别在于应急溯源问题存在不适定性。

此外，计算量太大和尺度问题也是突发水污染事件应急溯源问题研究的难点。在突发水污染事件应急溯源研究过程中需要对水动力条件下污染物浓度演化模型进行多次模拟计算，并且随着该模型的尺度增大，模型模拟计算所需时间也延长；通过野外观测得到的污染物浓度值一般来说较少，倘若在此基础上运行污染物浓度演化模型则会出现高维、量大的计算。也有部分学者针对如何减少应急溯源研究的计算量进行研究，如 Scheidt 和 Caers（2009）研究采用"核"算法减小集合的规模；Medina 和 Carrera（2003）研究通过地质统计学来计算雅可比敏感矩阵。

针对突发水污染事件应急溯源问题研究过程中的不适定性，目前国内外学者提出了很多措施来应对，如：①获取更多的观测值或减少未知参数的数目；②利用仅有的信息，缩小应急溯源结果的取值范围；③减小应急溯源过程的波动；④提高观测值对应急溯源结果的影响；等等。然而，采用上述措施来研究应急溯源过程中出现了模型模拟值与观测值之间、观测值之间尺度失衡等现象（Renard and de Marsily，1997）。因此，如何协调上述尺度差异是目前开展突发水污染事件应急溯源研究面临的一个难点。

从数学角度来看，扩大水质追踪范围和增加附加条件是克服突发水污染事件应急溯源的不存在性和解的不唯一性的有效措施；若不满足稳定性，那么计算得到的水质追踪结果与真值之间的绝对误差值很大，通常增加关于解的附加信息才能消减绝对误差。此外，突发水污染事件应急溯源问题研究过程中还存在非线性、计算量大、结果不唯一等问题。

当前，求解具有不适定性特性问题的方法主要有确定性方法和随机方法两大类型。其中，正则化方法是求解不适定性反问题的一种有效的确定性方法，其原理是适当调整具有不适定性特征的原问题，使之转化成与原问题相临近的适定性问题，进而用该适定问题的稳定解去逼近原问题解（Sun et al.，2014）。然而，正则化方法得到的是问题解的"点估计"，只能提供少量关于问题解的信息，这是由于在使用正则化求解问题时通常忽略误差的随机性以及模型的不确定性。贝叶斯推理是一种随机方法，它能通过将先验信息量化为随机变量的方式来获取未知参数后验概率分布（Yee and Flesch，2010），能利用概率来量化不适定性问题的不确定性。与确定性正则化方法不同，贝叶斯方法是首先将问题解的先验信息转化为先验概率分布，然后结合观测数据信息获取问题解的后验概率分布，进而得到应急溯源问题解，即认为突发水污染事件应急溯源问题解为一个概率分布。

11.2　贝叶斯框架下应急溯源问题描述与模型构建

11.2.1　问题描述

根据上述有关突发水污染事件应急溯源问题类型的描述，若用 C 和 D 分别代表污染物浓度模拟计算值和观测值，则：

$$p(C\,|\,D) = \frac{p(C)p(D\,|\,C)}{p(D)}\qquad（11.1）$$

式中，$p（C|D）$ 为 C 的后验概率分布函数，表示获得观测值 D 后污染物浓度 C 的分布规律；$p（C）$ 为 C 的先验概率分布函数，表示未获得观测值 D 前 C 的分布规律；$p（D|C）$ 为似然函数，表示溯源结果与观测值的拟合程度。

若观测值 D 是由一组可观测的独立同分布变量 $d_1, d_2, \cdots, d_n$ 组成，即 $p（D）=p$ $（d_1, d_2, \cdots, d_n）$，则式（11.1）可以转化为

$$p(C\,|\,d_1, d_2, \cdots, d_n) = \frac{p(C)p(d_1, d_2, \cdots, d_n\,|\,C)}{p(d_1, d_2, \cdots, d_n)} = \frac{p(C)p(d_1, d_2, \cdots, d_n\,|\,C)}{\int p(C)p(d_1, d_2, \cdots, d_n\,|\,C)\mathrm{d}C}$$

$$（11.2）$$

式（11.2）的分母实际上只依赖于观测量 D，而与污染物浓度 C 无关。因而，式（11.2）可等价为

$$p(C\,|\,d_1, d_2, \cdots, d_n) \propto p(C)p(d_1, d_2, \cdots, d_n\,|\,C)\qquad（11.3）$$

由式（11.3）可知后验概率分布函数 $p（C|d_1, d_2, \cdots, d_n）$ 包含参数 x 的所有信息，其中 C 的先验信息一般是通过历史资料、专家经验以及主观判断等计算得到。在观测值信息有限的情况下，先验信息的确定对突发水污染事件追踪溯源的影响很大，通常将先验信息分布依据其特性近似为某种已知分布，如正态分布或均匀分布。

因此，贝叶斯框架下对突发水污染事件应急溯源问题研究的具体过程如图 11.1 所示，主要包括：①确定突发水污染事件应急溯源类型；②采用合理的概率分布函数来量化有关应急溯源解的先验信息量；③在水动力条件下污染物浓度演化模型的基础上，结合事发现场相关信息及事发水域水文资料，选择和建立合理的似然函数；④基于先验概率分布函数和似然函数得到应急溯源解的后验概率分布函数；⑤对应急溯源解后验概率分布进行抽样，从而得到突发水污染事件应急溯源

解的估计值。

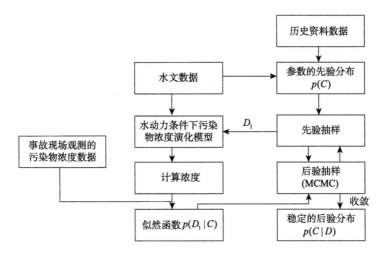

图 11.1   贝叶斯框架下突发水污染事件应急溯源问题研究流程示意图

11.2.2   模型构建

贝叶斯推理只有在先验信息和似然函数都已知的情况下才能得到应用。然而，先验概率分布是构建贝叶斯框架下突发水污染事件应急溯源模型的前提与基础。

1. 先验概率分布的确定

先验信息是贝叶斯推理的重要基础。先验信息一般通过历史资料、专家经验以及主观判断等得到，它与观测值无关。另外，该信息在观测值有限的情况下对参数识别结果的影响很大。因此，如何利用各种先验信息（经验和历史数据）合理地确定先验概率分布是突发水污染事件应急溯源的难点之一。

贝叶斯推理的应用一般需要从最原始的先验信息中获取资讯。然而，这种先验信息一般是杂乱无章的，因而需找寻不同概率密度函数的形式来表征这些先验信息。通常情况下，我们选择均匀分布、正态分布和对数正态分布作为先验分布。

2. 模型目标函数

根据突发水污染事件应急溯源问题的描述，贝叶斯框架下突发水污染事件应急溯源问题可以转化为求解关键点的模拟值与观测值之间的拟合度。由于模型模拟值与浓度观测值的拟合程度可以用似然函数来表征，所以它的选择会给突发水污染事件应急溯源结果的可靠性、稳定性以及计算效率等带来直接影响（朱嵩等，2007）。

设第 i 个观测点的污染物浓度观测值与实际污染物浓度值存在误差 ε_i，可以用式（11.4）来表示该观测点的污染物浓度观测值：

$$C_{i,g} = C_{i,s} + \varepsilon_i \tag{11.4}$$

式中，$C_{i,g}$ 表示第 i 个观测点的观测值；$C_{i,s}$ 表示第 i 个观测点的实际值；ε_i 表示第 i 个观测点的观测值与实际值之间的误差。

此外，当模型不能完全准确描述污染物质的迁移扩散运动时，设第 i 个观测点的预测值与实际值的误差为 ξ_i，则有

$$C_{i,s} = C_{i,m} + \xi_i \tag{11.5}$$

式中，$C_{i,m}$ 表示第 i 个观测点的模拟值；其他符号意义同式（11.4）。

将式（11.5）代入式（11.4），即将观测误差与模型误差合并为噪声，若噪声相互独立且被模拟成模型参数，则式（11.4）可以转化为式（11.6）：

$$C_{i,g} = C_{i,m} + \xi_i + \varepsilon_i = f(X) + E \tag{11.6}$$

式中，X 表示模型参数；E 表示观测误差与模型误差，即噪声；f 表示微分方程算子；$C_{i,g}, E \in R^m$，且 X 和 E 相互独立。假设噪声 E 的概率分布已知，即

$$\mu_E(B) = P\{E \in B\} = \int_B p_{\text{noise}}(e)\mathrm{d}e \tag{11.7}$$

式中，$p_{\text{noise}}(e)$ 表示噪声 E 的概率密度分布函数。

若将模型参数 $X=x$ 固定，则 $p_{\text{noise}}(e)$ 恒定不变，所以贝叶斯推理所需的似然函数可以用观测值的条件概率密度函数来表示，即

$$p(C \mid x) = p_{\text{noise}}(C - f(x)) \tag{11.8}$$

若模型参数 X 和噪声 E 具有一定的相关性，则似然函数可以用式（11.9）表示：

$$p(C \mid x) = p_{\text{noise}}(C - f(x) \mid x) \tag{11.9}$$

由式（11.8）或式（11.9）可以得到，在观测噪声、观测值出现异常等情况下，可选择和构造合理的似然函数。通常情况下，我们常用正态分布函数、指数型分布（拉普拉斯分布）函数和狄拉克函数等来构造似然函数。

1）正态分布函数

若忽略模型误差 ξ 并假设测量误差 ε 为白噪声，那么可以选择正态分布函数来构造似然函数，即

$$p(y \mid x) = \frac{1}{(2\pi\sigma^2)^{n/2}} \exp\left(-\frac{(y - f(x))(y - f(x))}{2\sigma^2}\right) \tag{11.10}$$

式中，σ^2 为观测误差的方差；n 为观测值的量。

2）拉普拉斯分布函数（指数型分布函数）

由于水体水文状态变化显著，所以观测得到的数据可能会出现异常的情况。因而为提高应急溯源结果的精度，在异常情况出现的情形下可以选择拉普拉斯分布函数来构造似然函数：

$$p(y \mid x) = \frac{1}{(2\sigma)^n} \exp(-\frac{|y - f(x)|}{\sigma}) \tag{11.11}$$

3）狄拉克函数（δ 函数）

若忽略测量误差 ε，即只有模型误差 ξ 影响应急溯源的结果，则可以选择狄拉克函数来构造似然函数：

$$p(y \mid x) = \delta(y - f(x)) = \begin{cases} 0, C_g \neq f(x) \\ \infty, C_g = f(x) \end{cases} \tag{11.12}$$

式中，C_g 表示观测点的观测值。

11.3　贝叶斯框架下基于 MH-MCMC 应急溯源方法

11.3.1　基于 MCMC 应急溯源方法

在突发水污染事件应急溯源问题研究过程中，经常需要对应急溯源解的后验概率密度函数进行积分运算，进而推断出应急溯源问题解。Monte Carlo 随机模拟方法是一种随机抽样的方法，它的核心思想是对该函数分部反复进行随机抽样，从而获得该分布的一组样本数据，然后在利用抽样得到的样本基础上对该分布的性质进行分析和讨论（茆诗松等，2006）。

大多数情况下，贝叶斯框架下突发水污染应急溯源问题研究的条件后验概率密度函数无法用具体的解析形式表达，尤其当应急溯源维数增大时更是如此，因此几乎无法对该类函数进行积分。而 MCMC 方法是将马尔可夫链引入 Monte Carlo 随机模拟方法中，因而 MCMC 方法是解决此类问题的有效方法（曾惠芳，2011；Gilks et al.，1996）。例如，计算后验概率分布 $p(x \mid y)$ 的数学期望 $E(x \mid y)$，可以通过以下公式进行计算：

$$E(x \mid y) = \int_x xp(x \mid y) \mathrm{d}x \tag{11.13}$$

假设参数 x 的样本 $x_1, x_2, \cdots, x_N$ 是从后验概率分布 $p(x \mid y)$ 抽样得到，则：

$$E_N(x) = \frac{1}{N} \sum_{i=1}^{N} x_i \xrightarrow[N \to \infty]{a.s.} E(x \mid y) = \int_x xp(x \mid y) \mathrm{d}x \tag{11.14}$$

也就是说，如果估计 $E_N(x)$ 是无偏的，并且通过强大数律，那么它极有可能收敛到 $E(x \mid y)$。

利用 MC 方法分析后验概率分布的性质时，应采用合适算法实现对后验概率分布进行抽样。例如，当后验概率分布是正态分布等标准形式时，可以采用常规的方法进行抽样；当后验概率分布不是标准形式时，应选择舍选抽样法、重要性抽样方法和 MCMC 抽样方法等特殊的抽样方法（He and Portnoy，2000）。

1. 舍选抽样法

若随机变量的累积分布函数无法用解析式表示或不存在追踪溯源模型函数，则我们可以抽取随机变量 x 的一个随机序列，并按照某种规则从中选出一个子序列，并且该子序列满足 $p(x) \leqslant Mq(x)$，$M < \infty$ 的建议分布 $q(x)$。

舍选抽样法步骤：①在取值区间内随机产生均匀分布数 x；②在值域区间内随机产生均匀分布数 y；③若 $y \leqslant f(x)$，接受 x 为所需的随机数，否则返回①。

相对于其他抽样方法来说，舍选抽样法的基本思想和抽样步骤比较简单，适用于突发水污染事件低维应急溯源问题研究。

2. 重要性抽样方法

重要性抽样方法不是直接对后验概率分布进行抽样，它只是提出一种直接计算期望的思想，它的主要目的是以少量的样本得到较为精确的估计值。一般情况下，不太容易对分布 $p(x)$ 直接进行抽样，但却容易计算任意给定的 x 和 $p(x)$ 情形。目前，重要性抽样中有两个主要的过程：①不从原始概率密度函数中抽样；②通过对输出的加权平均来校正这种偏置。其中，偏重要密度函数是重要性抽样成功实施的关键。因此，设 $q(x)$ 为容易进行抽样的建议分布，则重要性抽样中期望 $E(f)$ 可以写成：

$$E(f) = \int f(x)p(x)\mathrm{d}x = \int f(x)w(x)q(x)\mathrm{d}x \tag{11.15}$$

式中，$w(x)$ 表示重要性权重，定义为 $w(x) = p(x)/q(x)$。

根据 $q(x)$ 得到 N 个独立同分布的样本，$E(f)$ 的一个可能的 Monte Carlo 估计为

$$\widehat{I}_N(f) = \sum_{i=1}^{N} f(x_i)w(x_i) \tag{11.16}$$

设分布 $p(y) = \dfrac{\tilde{p}(y)}{Z_p}$，其中 Z_p 是一个未知的常数且 $\tilde{p}(y)$ 容易计算。令 $q(y) = \dfrac{\tilde{q}(y)}{Z_p}$，则：

$$\begin{cases} E(f) = \int f(y)p(y)\mathrm{d}y = \dfrac{Z_q}{Z_p}\int f(y)\dfrac{\tilde{p}(y)}{\tilde{q}(y)}q(y)\mathrm{d}y = \dfrac{Z_q}{NZ_p}\sum_{i=1}^{N}\dfrac{\tilde{p}(y_i)}{\tilde{q}(y_i)}f(y_i) \\[3mm] \dfrac{Z_q}{Z_p} = \dfrac{1}{Z_q}\int \tilde{p}(y)\mathrm{d}y = \int \dfrac{\tilde{p}(y)}{\tilde{q}(y)}q(y)\mathrm{d}y \approx \dfrac{1}{N}\sum_{i=1}^{N}\dfrac{\tilde{p}(y_i)}{\tilde{q}(y_i)} \end{cases} \tag{11.17}$$

依据式（11.17），得到：

$$E(f) = \sum_{i=1}^{N} \alpha_i f(y_i), \alpha_i = \frac{\tilde{p}(y_i)/\tilde{q}(y_i)}{\sum_m \tilde{p}(y_m)/\tilde{q}(y_m)} \tag{11.18}$$

3. MCMC 抽样

由贝叶斯定理可知，对条件后验概率密度函数开展积分运算是贝叶斯推理过程中一个重要环节。但在多数情况下，条件后验概率函数没有具体的解析表达形式，且属于高维函数，因而很难对其开展积分运算。

MCMC 抽样方法是 Monte Carlo 模拟积分运算的一类特例，它是指经过长时间的运行生成足够的样本，并将随机过程中的过程引入 Monte Carlo 模拟中，实现动态模拟，进而利用足够多样本的平均数来获取数学期望。因此，从本质上来说，MCMC 抽样方法是对马尔可夫链的 Monte Carlo 模拟积分的使用。

MCMC 抽样方法的基本思路是以构造平稳分布 $\pi(x)$ 的马尔可夫链的方式，得到足够多的样本，然后基于这个马尔可夫链作不同的统计推理。具体地，设 $\pi(x)$ 为后验概率分布，并把要计算的后验统计量写成某函数 $f(x)$ 关于 $\pi(x)$ 的期望：

$$E_\pi(f) = \int f(x)\pi(x)\mathrm{d}x \tag{11.19}$$

根据式（11.19），利用 MCMC 方法模拟得到样本 $\{x^{(j)}\}_{j=1}^{N}$，并利用这些样本来估计函数 $f(x)$ 的后验期望：

$$\hat{f} = \frac{1}{N}\sum_{j=1}^{N} f(x^{(j)}) \tag{11.20}$$

根据大数定律，在一定条件下 $\hat{f}$ 收敛与 $f(x)$ 的后验期望。

综上，在对突发水污染事件应急溯源的后验概率分布进行 MCMC 抽样过程中，首先根据突发水污染事件应急溯源问题中待求参数 X 的属性，随机生成 X 的初始样本，并将之结合水文水质等信息进行污染物正向模拟计算；其次，调整污染物浓度的观测值并选择合理的似然函数；最后，重复上述过程，生成一条服从后验概率分布的马尔可夫链。MCMC 抽样过程可以通过多种抽样方法构造马尔可夫链，如 Metropolis-Hastings、Gibbs 等抽样算法（He and Portnoy，2000）。

11.3.2　Metropolis-Hastings 抽样方法

Metropolis 算法是 MCMC 方法的基础，其主要思想是借助马尔可夫过程来实现从概率分布函数中抽取样本的目的，目前是应用最为广泛的 MCMC 抽样方法。

为了建立一个以 $\pi(x)$ 为平稳分布的马尔可夫链，任意选择一个不可约转移

概率 $q\,(\,\cdot,\cdot\,)$ 以及函数 $\alpha\,(\,\cdot,\cdot\,)$，其中 $0<\alpha\,(\,\cdot,\cdot\,)<1$。对任一组合 (x,x^*)，$x\neq x^*$，则 $p\,(x,x^*)$ 形成一个转移核：

$$p(x,x^*)=q(x,x^*)\alpha(x,x^*)，\quad x\neq x^* \tag{11.21}$$

若马尔可夫链在时刻 t 处于位置 x，即 $X^{(t)}=x$，则 $q\,(\,\cdot\,|\,x)$ 将首先生成一个潜在的转移状态 $x{\to}x^*$，然后依据接受概率 $\alpha\,(x,x^*)$ 来判断是否转移。换句话说，找到潜在转移点 x^* 后，以 $\alpha\,(x,x^*)$ 接受 x^* 作为马尔可夫链在下一时刻的状态值；以 $1-\alpha\,(x,x^*)$ 接受 x 作为马尔可夫链在下一个时刻的状态值。于是，在有了转移点 x^* 后，可以从 [0,1] 随机均匀生成一个数，则：

$$X^{(t+1)}=\begin{cases} x^*, & u\leqslant\alpha(x,x^*) \\ x, & u>\alpha(x,x^*) \end{cases} \tag{11.22}$$

通常将分布 $q\,(\,\cdot\,|\,x)$ 称建议分布，要想使后验分布 $\pi\,(x)$ 成为平稳分布，则选择一个 $\alpha\,(\,\cdot\,|\cdot\,)$ 使相应的 $p\,(x\,|\,x^*)$ 以 $\pi\,(x)$ 为平衡分布：

$$\alpha(x\,|\,x^*)=\min\left\{1,\frac{\pi(x^*)q(x^*,x)}{\pi(x)q(x,x^*)}\right\} \tag{11.23}$$

此时，

$$p(x,x^*)=\begin{cases} q(x,x^*), & \pi(x^*)q(x^*,x)\geqslant\pi(x)q(x,x^*) \\ q(x,x^*)\dfrac{\pi(x^*)}{\pi(x)}, & \pi(x^*)q(x^*,x)<\pi(x)q(x,x^*) \end{cases} \tag{11.24}$$

显然，建议分布函数的选择关系到 MCMC 模拟的效率。它可以取各种形式，常用的一般主要有以下三种。

1. Metropolis 抽样方法

Metropolis 抽样算法要求状态空间上的转移函数是对称的，所以它可以作为 Metropolis-Hastings 抽样方法的特例（He and Portnoy，2000）。因此，Metropolis 抽样算法的建议分布满足 $q\,(x,x^*)=q\,(x^*,x)$，此时 $\alpha\,(x,x^*)$ 简化为

$$\alpha(x,x^*)=\min\left\{1,\frac{\pi(x^*)}{\pi(x)}\right\} \tag{11.25}$$

当 x 给定时，对称的建议分布可以取以 x 为均值，方差与协方差矩阵均为常数的正态分布。因此，随机移动的 Metropolis 算法是对称建议分布的一个特例，即 $q\,(x,x^*)=q\,(|x^*-x|)$。

2. 独立抽样

当建议分布与状态 x 无关，即 $q\,(x,x^*)=q\,(x^*)$，得出的 M-H 算法称为独立抽样。此时，$\alpha\,(x,x^*)$ 变为

$$\alpha(x,x^*) = \min\left\{1, \frac{\pi(x^*)q(x)}{\pi(x)q(x^*)}\right\} \qquad (11.26)$$

通常无法判定独立抽样的效果，即 $w(x) = \pi(x)/q(x)$，其中 $w(x)$ 为独立抽样的效果函数。因此，使 $q(x)$ 的尾部比 $\pi(x)$ 重，即状态分布 $q(x)$ 应与平稳分布 $\pi(x)$ 接近，是独立抽样取得好效果的保证。

3. 单变量 M-H 抽样方法

若无法或很难对随机变量 X 进行抽样时，则可以通过满条件分布的方式对 X 进行逐个抽样。这种抽样方法的基本步骤是：①考虑 $X_i \mid X_{-i}, i = 1,2,\cdots,n$ 的条件分布，选择一个转移核 $q(x_i \to x_i' \mid x_{-i})$，并固定 $X_{-i}' = X_{-i} = x_{-i}$ 不变；②转移核 $q(x_i \to x_i' \mid x_{-i})$ 生成一个可能的 x'；③以概率 $q(x_i \to x_i' \mid x_{-i})$ 判断是否决定接受 x' 作为链的下一个状态。

$$q(x_i \to x_i' \mid x_{-i}) = \min\left\{1, \frac{\pi(x')q_i(x_i' \to x_i \mid x_{-i})}{\pi(x)q_i(x_i \to x_i' \mid x_{-i})}\right\} \qquad (11.27)$$

综上所述，基于贝叶斯推理的突发水污染事件应急溯源问题研究是通过对溯源解的后验概率密度分布函数进行抽样，得到溯源结果的统计量。具体抽样步骤如下。

（1）在突发水污染事件应急溯源解的变化空间内随机生成初始溯源解 $X^{(1)}$，记第 m 步得到的溯源值为 $X^{(m)}$。

（2）对当前溯源值 $X^{(m)}$ 给一个无偏扰动 $d^{(m)}$，得到新的溯源解 $X' = X^{(m)} + d^{(m)}$。

（3）判断。在 [0,1] 生成均匀分布随机数 r，若 $r \leqslant \Delta p = p(X')/p(X^{(m)})$，则接受新的溯源值，即 $X^{(m+1)} = X^{(m)} + d^{(m)}$；否则，$X^{(m+1)} = X^{(m)}$。

（4）重复以上步骤，直到满足一定的迭代次数，抽样过程结束。

只有合适的建议分布才能保证 MCMC 模拟样本快速地收敛到目标分布，因此 M-H 抽样的难点是建议分布的选择。

11.3.3　收敛性诊断

根据马尔可夫链的遍历性，当前所有基于 MCMC 抽样方法都是基于马尔可夫链收敛的情况下进行的。就突发水污染事件应急溯源问题研究而言，MCMC 抽样方法的收敛性诊断极为重要。但如果迭代次数过少，其估计结果受初始值的影响会表现出不稳健的特性；反之，导致计算量大量增加，延长追踪溯源的时间。

G-R 诊断法（Gelman-Rubin 诊断法）由 Gelman 和 Rubin 在逼近理论基础上提出来的（Neuman，2006），其具体步骤如下。

（1）假设目标分布 π_θ 的均值、方差分别为 μ 和 σ^2，选择比较分散的 m 个初始点，模拟产生 m 条马尔可夫链。

（2）每条马尔可夫链分别迭代 $2n$ 次，将前 n 次迭代去掉，将其记为 $x_{ij}(i=1,2,\cdots,m; j=1,2,\cdots,n)$；最后利用余下的 n 次迭代结果 x_{ij} 计算序列间的方差 B/n，以及序列内的方差 W，即

$$\frac{B}{n}=\frac{1}{m-1}\sum_{i=1}^m(\overline{x_{i\cdot}}-\overline{x_{ij}})^2, W=\frac{1}{m}\sum_{i=1}^m S_i^2=\frac{1}{m}\sum_{i=1}^m\left[\frac{1}{n-1}\sum_{j=1}^n(x_{ij}-\overline{x_{i\cdot}})^2\right] \quad (11.28)$$

式中，$\overline{x_{i\cdot}}=(x_{i1}+x_{i2}+\cdots+x_{in})/n, \overline{x_{ij}}=(\overline{x_{1\cdot}}+\overline{x_{2\cdot}}+\cdots+\overline{x_{m\cdot}})/m$。

显然，W 是方差 σ^2 的低估计；当 $n\to\infty$，W 是方差 σ^2 的渐近无偏估计。

（3）计算 MCMC 收敛性诊断统计量 $\sqrt{R}$。由于 $\frac{1}{n}\sum_{j=1}^n(x_{ij}-\mu)^2=\frac{1}{n}\sum_{j=1}^n\left((x_{ij}-\overline{x_{i\cdot}})^2+(\overline{x_{i\cdot}}-\mu)^2\right)$，因此对此方差两边取期望进行计算，得到：

$$\sigma^2=E\left[\frac{n-1}{n}S_i^2\right]+\mathrm{var}(\overline{x_{i\cdot}})=\frac{n-1}{n}W+\frac{B}{n} \quad (11.29)$$

式（11.29）表明方差 σ^2 是无偏估计，记 $\sqrt{R}=\sqrt{\hat{\sigma}^2/W}=\sqrt{(n-1)/n+B/nW}$，这就是常用的 MCMC 收敛性诊断统计量。一般来说，当 $\sqrt{R}\in[1.1,1.2]$，表明所构建的马尔可夫链收敛；反之，则所构建的马尔可夫链不收敛。

11.4　算例分析

为验证基于 MH-MCMC 应急溯源方法的有效性和可靠性，本节以发生在某河段单个瞬时点源岸边排放事件为例开展研究。该河段的水文水质参数和污染源项信息分别如表 11.1 和表 11.2 所示。设定初始监测时间为发现污染带后的第一时间，为某日上午 9：00，其后每隔 10 分钟监测一次（杨海东等，2014），直至 13：00。

表 11.1　某河流断面的水文水质参数

参数	$D_x/$（m²/min）	$D_y/$（m²/min）	$u_x/$（m/min）	$u_y/$（m/min）	k/d^{-1}	h/m
数值	1225	36	21.6	0.12	0.1	1

表 11.2　发生在某河段的突发水污染事件污染源项信息

参数	污染源强度 m/kg	污染源排放时刻 t_0/min	污染源位置 x_0/m
数值	10^6	120	5000

11.4.1　模型构建

利用表 11.1 和表 11.2 计算出该河段断面 A 的污染物浓度分布,具体如图 11.2 所示。

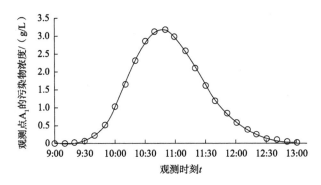

图 11.2　观测点 A_1 污染物浓度"观测序列值"

由图 11.2 可知, 25 组观测点 A_1 的污染物浓度的时间序列为近似正态分布, 最高值大约发生在 10 时 50 分,到 13 时降到最低。若以事件发生的位置为坐标中心,监测点 A_1 坐标为 $(x_0, 0)$,则可将该段河流突发水污染事件污染源项信息定义为 $R=(m, x_0, t_0)$。根据先验信息假定 R 先验分布为均匀分布,观测误差是白噪声, 并服从均值为 0,标准偏差为 0.01 的正态分布,则发生在该段河流的突发水污染事件应急溯源问题模型用式(11.30)表示:

$$\sigma_R(m, x_0, t_0) = \begin{cases} \dfrac{0.103\,75 \times 10^{-13}}{(2\pi\sigma^2)^{9/2}} \exp\left(\displaystyle\sum_{i=1}^{25}\left(-\dfrac{(C_i(m, x_0, t_0) - \overline{C_i})^2}{2\sigma^2}\right)\right) \\ 0.4 \times 10^6 < m < 1.6 \times 10^6 \\ 1\,000 < x_0 < 10\,000 \\ 50 < t_0 < 200 \\ 0, \text{其他} \end{cases} \quad (11.30)$$

11.4.2　溯源结果分析

设定种群规模 NP=10,常数 c=0.1,迭代次数为 10 000 次,按照 MH-MCMC 应急溯源方法的操作步骤,得到突发水污染事件污染源项信息 R 的后验概率直方图和迭代曲线,如图 11.3 和图 11.4 所示。

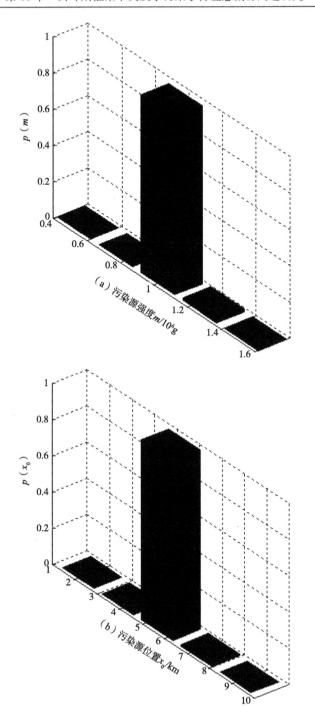

（a）污染源强度 $m/10^6\mathrm{g}$

（b）污染源位置 x_0/km

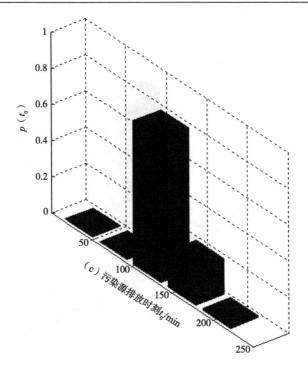

图 11.3　采用基于 MH-MCMC 应急溯源方法得到的污染源强度 m、污染源位置 x_0 和污染源排放时刻 t_0 后验概率直方图

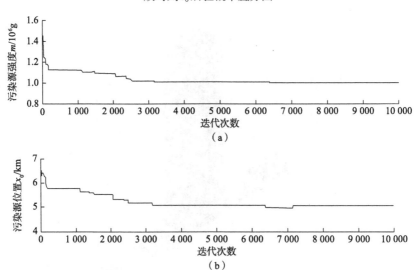

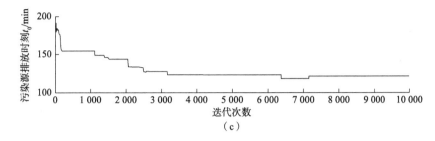

图 11.4　基于 MH-MCMC 得到待溯源参数 R 的迭代曲线

从图 11.3 可以看出，采用基于 MH-MCMC 应急溯源方法获得的污染源项信息 R 呈不太明显的正态分布。图 11.3（a）显示，污染源强度 m 在 1×10^{6}g 附近发生的概率最大，与预先设定值完全吻合；由图 11.3（b）可知，污染源位置 x_0 在 5km～6km 发生的概率最大且接近于 1，与预先设定值较为接近；图 11.3（c）显示，污染源泄漏时间 t_0 在 108～124min 区间发生的概率最大，与预先设定值吻合。

由图 11.4（a）可知，采用基于 MH-MCMC 应急溯源方法对污染源强度进行求解，大约经历 2600 次迭代后才得到接近于真值的污染源强度；图 11.4（b）显示，大约经历 2500 次迭代才得到接近于真值的污染源位置；图 11.4（c）显示，大约经历 3200 次迭代才得到接近于真值且完全稳定的污染源排放时刻。由此可见，若采用基于 MH-MCMC 应急溯源方法对突发水污染事件应急溯源问题进行求解，大约平均经历 3000 次迭代后就得到接近于真值的溯源结果，而且收敛后的马尔可夫链具有平稳和分段光滑的特征。溯源结果与真值的比较见表 11.3。

表 11.3　基于 MH-MCMC 方法的迭代次数及各种统计量比较

参数	污染源强度 m/g	污染源位置 x_0/m	污染源排放时刻 t_0/min
真值	1 000 000	5 000	120
溯源结果	1 006 800	5 061.8	122.7
绝对误差	6 800	61.8	2.7
相对误差	0.68%	1.24%	2.25%

由表 11.3 可知，基于 MH-MCMC 应急溯源方法得到的污染源项信息与真值之间的相对误差均低于 2.3%。

综上，在贝叶斯框架下设计的应急溯源方法不但考虑了突发水污染事件的不确定性，而且充分考虑了先验信息、观测噪声以及模型误差的影响，能获得一个较好的溯源结果。

11.4.3　溯源效果分析

为进一步验证基于 MH-MCMC 应急溯源方法的效果，分别进行以下两项操作：①剔除不稳定的结果，对剩余稳定次数进行后验统计分析，分析结果见表 11.4；②采取间隔性提取模型参数误差序列，见表 11.5 和图 11.5。

表 11.4　基于 MH-MCMC 方法的迭代次数及各种统计量比较

项目	均值	相对误差	中位数	中位数误差
污染源强度 m	1 006 800g	0.68%	1 005 700g	0.57%
污染源位置 x_0	5 061.8m	1.24%	5 061.4m	1.23%
污染源排放时刻 t_0	122.7min	2.25%	122.73min	2.28%

表 11.5　基于 MH-MCMC 方法的溯源结果误差比较

项目	污染源强度 m	污染源位置 x_0	污染源排放时刻 t_0
最大相对误差	22.85%	26.95%	51.23%
最小相对误差	0.06%	0.42%	0.59%
平均相对误差	2.85%	4.04%	7.56%

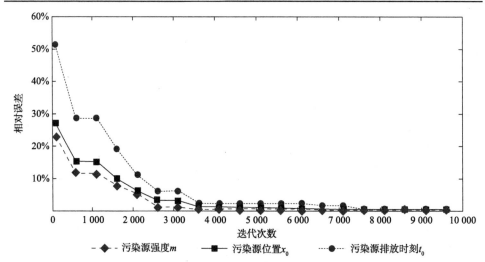

图 11.5　基于 MH-MCMC 溯源结果的相对误差分析图

由表 11.4、表 11.5 和图 11.5 可知，采用基于 MH-MCMC 应急溯源方法所得溯源结果 R 的均值误差和中位数误差均小于 2.3%，平均相对误差小于 8%。表明采用基于 MH-MCMC 应急溯源方法能较好地处理突发水污染事件应急追溯过程中监测点观测数据、污染物排放方式、污染物排放时间、污染物种类和水文气象等出现的不确定性。

11.4.4　算例结果分析

由表 11.3～表 11.5 和图 11.2～图 11.5 可知，基于 MH-MCMC 应急溯源方法具有以下特点。

1. 计算速度较快

采用基于 MH-MCMC 应急溯源方法则大约需迭代 3000 次后，溯源结果就接近于真值，且相对误差在 3%以内。

2. 计算精度较高

采用基于 MH-MCMC 应急溯源方法所得溯源结果 R 的均值误差分别为 0.68%、1.24%和 2.25%；中位数误差分别为 0.57%、1.23%和 2.28%。因此，采用基于 MH-MCMC 应急溯源方法得到结果的估计精度较好。

3. 稳定性较好

采用基于 MH-MCMC 应急溯源方法得到的污染源位置、强度和泄露时间的平均相对误差在 8%以内，分别为 2.85%、4.04%和 7.56%。可见，基于 MH-MCMC 应急溯源方法所得的污染源（汇）项各信息具有较好的可靠性和稳定性。

综上所述，基于 MH-MCMC 应急溯源方法能较好地对单点源突发水污染事件开展应急溯源研究。该应急溯源方法不仅计算速度较快，而且还有较好的溯源精度和求解的稳定性。但该方法得到的后验概率密度函数通常不存在明确的数学表达式，并极有可能存在局部极值点，进而导致概率统计视角基于贝叶斯推理的抽样方法的计算效率低。因此，如何提高概率统计视角下应急溯源方法的抽样效率已成为当前研究的热点。

第12章　贝叶斯优化视角下突发水污染事件应急溯源研究

优化视角下应急溯源结果往往是单一最优解，无法提供更多有关追踪溯源结果的相关信息。概率统计视角下应急溯源方法的计算量会随着参数的增多而呈指数增长，从而影响追踪溯源的速率，最终可能耽搁事件应急处理的最佳时机。因此，如何基于水生态环境大数据的特点，设计能解决不适定性问题同时寻求最优解的方法已成为当前研究的重点与难点。本章首先对影响应急溯源效率与精度的因素展开分析，然后从贝叶斯和优化方法耦合视角出发，构建应急溯源问题模型并设计相应的溯源方法。

12.1　应急溯源效率与精度的影响因素分析

12.1.1　观测数据的特性

就水动力条件下污染物浓度演化模型本身而言，溯源结果是由模拟值与观测值之间的似然函数（协方差）决定。尽管贝叶斯推理的抽样过程中不需要将观测值和模拟值的协方差作为目标函数在搜索结束后进行判定，但水动力条件下污染物浓度演化模型自身仍然是唯一用来判定突发水污染事件应急溯源方法精确性的方法。由此得出，污染物浓度观测值的特性直接决定突发水污染事件应急溯源方法的准确度。

12.1.2　观测数据的异常

若因暴雨、水工建筑物等原因导致水体水文状态变化显著，进而导致观测点观测的污染物浓度时间序列值存在异常情况，在贝叶斯框架下展开突发水污染事件应急溯源问题研究中，若依旧采用正态分布作为其似然函数，则得到的马尔可夫链会出现很难收敛现象，无法获得较好的溯源结果。倘若此时选择的似然函数为拉普拉斯函数，则得到的马尔可夫链有可能收敛，且获得较好的溯源结果。此外，若因仪器故障或人为误操作等原因导致观测点观测的污染物浓度时间序列值出现异常情况，此时可选择狄拉克函数来构造似然函数。由此可见，污染物浓度观测值的异常情况是影响似然函数选择的直接因素。

12.1.3　监测点的布置

污染物质进入水体后，需要大量的观测值才能有效地对事件进行溯源。因而，为了确保固定监测点和移动监测点能够尽可能多地监测受影响的水体，一般在水体不同位置设多个观测点。当污染事件发生后，通过对不同观测点的数据进行分析，便可提高应急溯源问题研究的准确度。一般情况下，突发水污染事件均是由观测人员通过现场取样和实验室化验等方式获得观测数据，可能存在较大误差。自动监测设备可以实现 24 小时连续不间断监测，在应急响应过程中发挥非常重要的预警和报警作用。然而由于在线检测设备费用较高，所以不可能在整个受污染的区域布置这类设备。因此，针对突发水污染事件，如何利用有限的监测设备来合理布置观测点是一个值得专门考虑的问题。

1. 合理设置监测点

在水体流速相对稳定情形下，无论是何种形状分布的监测点，沿水流方向上的观测点起主要作用。水流状态变化较大区域的观测点得到的污染物浓度数据可能出现异常，所以对突发水污染应急溯源问题而言，会增加计算难度和时间。如果可以根据受污染水体的水文历史数据观测数据，在水流状态变化大区域布置较为密集的观测点，在流速稳定的区域布置较为稀疏的观测点，可在一定程度上降低成本。

2. 避免"遮蔽效应"

事发区域布置有效的观测点，能够比较明显地规避"遮蔽效应"。然而，这些观测点在事件发生后无法起到观测作用，更谈不上对污染事件的溯源问题研究有所贡献。所以对水体而言，不可能在每个可能引发突发水污染事件的危险源附近密集布置观测点。对于污染事件易发、频发区域，可以在其周围较为密集地布置在线监测设备；对于污染事件非易发和频发区域，即便产生了"遮蔽效应"，也并不会对浓度计算造成显著影响。

3. 有效数据差异小

此时，就要求应急决策者在编制应急预案时对应急溯源进行充分的认识并在计算时输入已知的突发水污染事件应急溯源模型，才可以有效对突发水污染事件进行溯源。

因此，为尽量消减观测点对突发水污染事件追踪溯源精度及计算效率的影响，主要有以下专门针对观测点的应急工程措施的建议：①依据引发突发水污染事件的危险源泄漏频率、水域水文特征等相关信息，在水体水流变化频率较高的区域密集布置观测点，在水体水流相对稳定的区域稀疏布置观测点；②在污染事件易发、频发区域密集布点，在污染事件发生概率低的区域降低布点密度；③建立所有潜在危险源的相关信息库，将最可能发生的危险源相关信息输入突发水污染事件应急溯源模型，得到一定的污染事件相关数据，从而避免所有观测点无法提供有效数据的情形出现。

12.2　贝叶斯优化视角下突发水污染事件应急溯源模型构建

12.2.1　突发水污染事件演化迁移模型

基于水体中污染物的对流扩散模型，若假设模型参数为常数，污染物在水平和垂直方向上完全混合，则通过特征线等方法可以得到不同条件下的水质模型解析解（姜继平等，2017）。例如，假设在河流 x_s 处 t_s 时刻快速排入质量为 M_s 的污染物，则污染源（项）信息 S 可由狄拉克函数来表示：

$$S = M_s \delta(x - x_s)\delta(t - t_s) \tag{12.1}$$

那么，监测点 (x,t) 处的污染物浓度可由式（12.2）计算：

$$C(x,t) = \frac{M_s}{A\sqrt{4\pi D_x(t-t_s)}} \exp[-\frac{(x - x_s - Ut + Ut_s)^2}{4D_x(t-t_s)}]\exp[K(t-t_s)] \tag{12.2}$$

式中，A 表示河流断面面积，单位为 m^2；D_x 表示纵向平均扩散系数，单位为 m^2/min；U 表示河流平均流速，单位为 m/s；K 表示衰减系数，单位为 d^{-1}；t 表示监测时刻，单位为 d；x 表示监测点位置，单位为 m。

12.2.2　贝叶斯框架下突发水污染事件应急溯源模型构建

1. 问题描述

在河流某断面检出污染物严重超标，在该断面上游开展应急监测，获得 n 个时空采样点的浓度数据 C，它们和污染物传输机理模型间通过正向模型算子建立联系，该算子即为将模型映射到数据空间的函数 g。实际上，正向模型算子通常只能是真实物理过程的近似，当使用函数 g 来描述该物理过程时，可分别用 n 维向量 e^{meas} 和 e^{model} 来表示系统偏差和随机测量误差：

$$C = g(s;m) + e^{\mathrm{meas}} + e^{\mathrm{model}} \tag{12.3}$$

式中，s 表示污染源参数；m 表示应急溯源问题中的模型参数。污染源项溯源的目标是已知监测数据向量 C 估计 s，或者是 s 的函数 $L(s)$（Scales and Tenorio，2001）。需要注意的是，s 可能是模型边界条件和初始条件而不是模型表达式中的参数。

2. 模型构建

贝叶斯理论的主要思想是利用收集到的信息对原有判断进行修正，从而得到后验概率分布，即

$$p(\alpha \mid d) = \lambda \exp\left\{-\sum_{i=1}^{n} \frac{[d_i - C_i(x,y,t \mid \alpha)]}{2\sigma^2}\right\} \tag{12.4}$$

式中，$\alpha = (\alpha_1, \alpha_2, \cdots, \alpha_m)$ 表示模型中 m 各位置参数，α 是 m 维连续变量，其取值范围满足 $A_j \le \alpha_j \le B_j$，$j=1,2,\cdots,m$；$d = (d_1, d_2, \cdots, d_n)$ 表示实际观测数据；$C_i(x, y, t \mid \alpha)$ 表示设定参数 α 下第 i 个污染物浓度追踪值；$d_i - C_i(x, y, t \mid \alpha)$ 表示测量误差，并且假定测量误差服从正态分布 $N(0, \sigma^2)$，且相互独立；λ 表示与参数 α 的选取无关的常数。

在实测数据 d 固定条件下，式（12.4）是一个关于参数 α 的函数，即后验概率密度函 $p(\alpha \mid d)$ 又被称为似然函数，在 $\Omega = \{\alpha A_j \le \alpha_j \le B_j, j=1,2,\cdots,m\}$ 内求使 $p(\alpha \mid d)$ 达到最大参数 $\hat{\alpha}$，即

$$p(\hat{\alpha} \mid d) = \lambda \max_{\alpha \in \Omega} \exp\left\{-\sum_{i=1}^{n} \frac{[d_i - C_i(x,y,t \mid \alpha)]}{2\sigma^2}\right\} \tag{12.5}$$

由式（12.5）可知，要求 $\max\limits_{\alpha \in \Omega} \exp\left\{-\sum\limits_{i=1}^{n} \frac{[d_i - C_i(x,y,t \mid \alpha)]}{2\sigma^2}\right\}$，只需求 $\min \sum\limits_{i=1}^{n} \frac{[d_i - C_i(x,y,t \mid \alpha)]}{2\sigma^2}$。因此，突发水污染事件应急溯源问题模型可转化为

$$f(\hat{\alpha}) = \min_{\alpha \in \Omega} \sum_{i=1}^{n} \frac{[d_i - C_i(x, y, t \mid \alpha)]}{2\sigma^2} \tag{12.6}$$

12.3 基于贝叶斯优化的应急溯源方法设计

由水动力条件下污染物浓度模型基本方程得出，突发水污染事件演化过程是一个受地形、地貌、污染物种类等因素影响的复杂过程，蕴涵着确定性的动态规律和不确定性的统计规律。如前所述，贝叶斯框架下突发水污染事件应急溯源问题的研究思路是根据建议分布在当前溯源测试值的状态下提取新的溯源测试值，这种方法的关键是确定溯源的建议分布以及它们之间的相关性处理。然而，对于复杂突发水污染事件应急溯源模型来说，由于不能提供更多的有关应急溯源的先验信息，所以无法选取合理的建议分布，进而使得溯源结果的条件后验概率密度函数很难求出，最终影响算法的收敛速度。另外，应急溯源最终结果是基于 MCMC 多次迭代收敛到条件后验概率分布得到的。因此，基于 MH-MCMC 应急溯源方法的抽样过程不仅极为复杂，而且耗时。所以为科学快速地应对突发水污染事件，需要对基于 MH-MCMC 应急溯源方法进行改进，即对 MCMC 方法的抽样过程进行改进。

12.3.1 DEMH-MCMC 基本原理

DE 是一类基于种群的随机进化算法，能有效利用群体分布特性来提高搜索能力。从 DE 的运行机制看，DE 收敛速度与它的全局搜索能力存在一定的矛盾，如在局部区域缺乏精细搜索能力、在搜索后期会出现收敛停滞，并易出现"早熟"等现象（肖宏峰，2009）；初始样本的选择和初始协方差的选取均在很大程度上决定 Metropolis-Hastings 抽样方法的抽样速度。若在上述两种算法种群多样性不被破坏的基础上有效地耦合 DEA 和 M-H 抽样方法，便能提高基于贝叶斯推理的突发水污染事件追踪溯源研究过程中抽样速度。图 12.1 描述的是二维空间（X_1-X_2）搜索变量前进的方向。

由图 12.1 所示，为了将 DE 的演变思想融入马尔可夫链，并确保建立的平稳分布 $\pi(x)$ 具有各个状态遍历性，需要对标准 DE 的个体变异公式进行改进。修改后的变异公式为 $x^{(*)} = x^{(i)}(r_1) - E \cdot (x^{(i)}(r_1) - x^{(i)}(r_1)) + \varepsilon$，其中 E 表示某一给定的常数，ε 表示给定的扰动，确定接收概率是改进抽样方法的另一个关键，即 $A(X^{(i)}, X^{(*)}) = \min\{1, r\}$，其中 $r = p(X^{(*)})/p(X^{(i)})$。

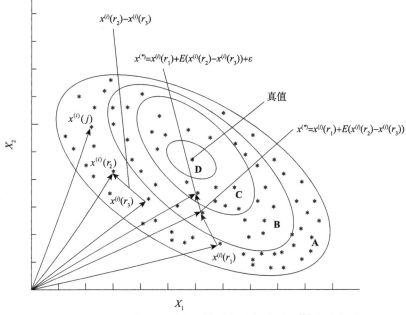

图 12.1　二维视角下不同交叉繁殖方式新种群 $X^{(*)}$ 的示意图

12.3.2　DEMH-MCMC 操作步骤与流程

DEMH-MCMC 方法是在贝叶斯框架下，结合 DE 与 MCMC 两种算法的思想，利用 DE 的繁殖思想和 MH-MCMC 抽样方法，以获得待求参数的相关统计量，即 DEMH-MCMC 方法是在 MH-MCMC 方法上对待求参数的取法进行改变（Shao et al.，2013；Shao et al.，2014）。该算法的具体求解步骤如下。

（1）根据待求参数变量个数 D，确定种群规模 NP，并设定最大迭代次数 max Gen 和待求参数的先验范围。

（2）在模型参数先验范围内随机生成第 i 个种群 $X^{(i)}$（1），$X^{(i)}$（2），$\cdots$，$X^{(i)}$（NP）。

（3）将第 i 个种群的第一个数 $X^{(i)}$（1）作为模型参数的初始点，计算出其对应的污染物浓度值，从而得到该模型参数对应的条件概率密度。

（4）判断是否终止满足条件，如满足，输出结果，否则转到（5）。

（5）产生新的测试参数。根据 DE 的繁殖方法，将第 i 次迭代得到种群数的第一个数 $X^{(i)}$（1）作为初始值，等可能地在第 i 个种群中取两个值 $X^{(i)}$（a）和 $X^{(i)}$（b），并按式（12.7）产生新的测试参数：

$$X^{(*)} = X^{(i)}(1) - B(X^{(i)}(a) - X^{(i)}(b)) + \varepsilon \tag{12.7}$$

式中，B 表示某一给定的常数；ε 表示随机误差；$a, b \in [0, NP-1]$。

（6）利用水动力条件下污染物浓度演化模型的基本方程组计算出 $X^{(*)}$ 对应的污染物浓度及条件概率密度。

（7）计算马尔可夫链从位置 $X^{(i)}$ 移动到位置 $X^{(*)}$ 的接受概率 $A = (X^{(i)}, X^{(*)})$。

$$A(X^{(i)}, X^{(*)}) = \min\left\{1, \frac{p(X^*)p(X^i \mid X^*)}{p(X^i)p(X^* \mid X^i)}\right\} = \min\left\{1, \frac{p(X^*)}{p(X^i)}\right\} \quad (12.8)$$

（8）产生一个 $0 \sim 1$ 均匀分布的随机数 R，如果 $R < A = (X^{(i)}, X^{(*)})$，则接受该测试参数，并将该测试参数设定为当前模型参数，即 $X^{(i+1)} = X^{(*)}$，反之不接受该测试参数，$X^{(i+1)} = X^{(i)}$；

（9）重复步骤（3）~（8）直至达到预定迭代次数。具体操作流程如图 12.2 所示。

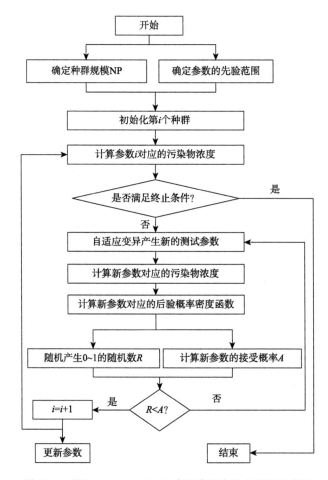

图 12.2　基于 DEMH-MCMC 应急溯源方法的流程示意图

12.4　算 例 分 析

为验证贝叶斯优化视角下所设计的应急溯源方法，本节以第 I 类突发水污染事件应急溯源问题研究为例，从单点源瞬时排放和多点源瞬时排放两种情景开展应急溯源方法的研究。

12.4.1　单点源瞬时排放情景

本节以 11.4 节为例，设定种群规模 NP=10，常数 c=0.1，迭代次数为 10 000 次，按照基于 DEMH-MCMC 应急溯源方法的思路，分别得到待溯源参数 R 的后验概率直方图、迭代曲线图以及与真值比较情况表，如图 12.3、图 12.4 和表 12.1 所示。

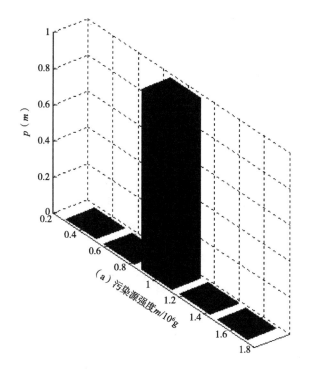

(a) 污染源强度 $m/10^6$g

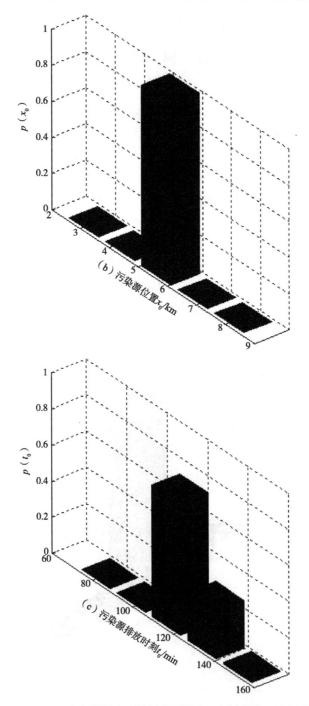

图 12.3　基于 DEMH-MCMC 应急溯源方法的污染源强度、污染源位置和污染源排放时刻后验概率直方图

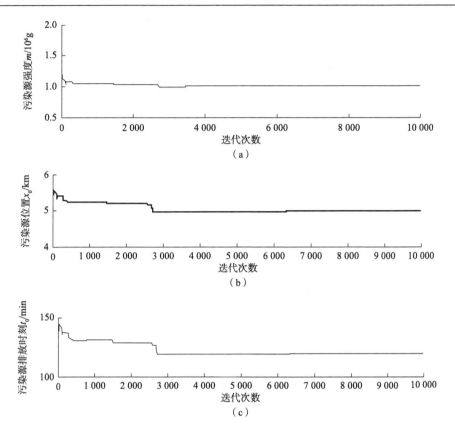

图 12.4　采用基于 DEMH-MCMC 应急溯源方法污染源强度、污染源位置和污染源排放时刻的迭代曲线

表 12.1　基于 DEMH-MCMC 溯源结果与真值比较

参数	污染源强度 m/g	污染源位置 x_0/m	污染源排放时刻 t_0/min
真值	1 000 000	5 000	120
溯源结果	1 006 600	5 036.5	121.6
绝对误差	6 600	36.5	1.6
相对误差	0.66%	0.73%	0.8%

　　从图 12.3 可以看出,同基于 MH-MCMC 应急溯源方法一样,采用基于 DEMH-MCMC 应急溯源方法得到的污染源强度、位置和排放时刻均呈不太明显的正态分布。图 12.3（a）和图 12.3（b）显示,污染源强度 m 和污染源位置 x_0 分别在 1×10^6 g 和 5 km ~ 6 km 附近的抽样概率最大,达到 1 与预先设定值吻合;图 12.3（c）显示,污染物排放时间 t_0 在 108 min ~ 124 min 的概率达到 0.7,也与预先

设定值吻合。

由图 12.4（a）可知，采用基于 DEMH-MCMC 应急溯源方法对污染源强度进行求解，大约经历 200 次迭代后就得到接近于真值的污染源强度；图 12.4（b）显示，大约经历 500 次迭代才得到接近于真值的污染源位置；图 12.4（c）显示，大约经历 2800 次迭代才得到接近于真值且完全稳定的污染源排放时刻。由此可见，从图 12.4 可以得出，若采用基于 DEMH-MCMC 应急溯源方法求解单点源突发水污染事件应急溯源问题模型，大约经历 2000 次迭代后溯源结果就逐渐接近参数的真值，且收敛后的马尔可夫链不仅具有平稳和分段光滑的特征，而且比采用基于 MH-MCMC 应急溯源方法要少 1000 次迭代。

由表 12.1 和表 11.3 可知，采用基于 DEMH-MCMC 应急溯源方法对单点源突发水污染事件应急溯源问题模型进行求解，得到待溯源参数 R 的相对误差均低于 1%，而基于 MH-MCMC 应急溯源方法则低于 2.3%。由此可见，相比基于 MH-MCMC 应急溯源方法而言，基于 DEMH-MCMC 应急溯源方法更加充分考虑了先验信息、观测噪声以及模型误差的影响，获得的溯源结果更接近真值。

1. 效果分析

为进一步验证基于 DEMH-MCMC 应急溯源方法的效果，本书采取剔除不稳定的结果和间隔性提取结果误差序列等措施，并对剩余稳定次数进行后验统计分析，分析结果见表 12.2、表 12.3 及图 12.5。

表 12.2　DEMH-MCMC 两种应急溯源方法的迭代次数及各种统计量比较

项目	均值	均值误差	中位数	中位数误差
污染源强度 m	1 002 900g	0.29%	994 400g	0.56%
污染源位置 x_0	5 020.6m	0.41%	4 966.9m	0.66%
污染源排放时刻 t_0	120.913min	0.76%	118.6min	0.31%

表 12.3　基于 DEMH-MCMC 方法的溯源结果误差比较

项目	污染源强度 m	污染源位置 x_0	污染源排放时刻 t_0
最大相对误差	10.93%	9.15%	18.01%
最小相对误差	0.41%	0.44%	0.87%
平均相对误差	1.62%	1.81%	3.41%

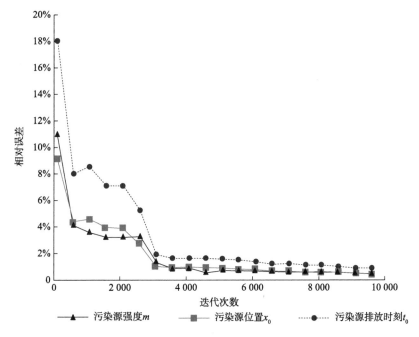

图 12.5　基于 DEMH-MCMC 溯源结果的相对误差分析图

2. 比较分析

通过比较分析表 11.3 ~ 表 11.5、图 11.3 ~ 图 11.5、表 12.2 ~ 表 12.3 和图 12.3 ~ 图 12.5 可以得到，相对基于 MH-MCMC 应急溯源方法，基于 DEMH-MCMC 应急溯源方法具有以下特点。

1）有效缩减迭代次数

采用基于 DEMH-MCMC 应急溯源方法大约平均迭代 2000 次后，溯源结果就完全平稳，而采用基于 MH-MCMC 应急溯源方法则大约需 3000 次后溯源结果才完全平稳。因此，在求解突发水污染事件应急溯源模型时，要想获得平稳的溯源结果，采用基于 DEMH-MCMC 应急溯源方法，能有效缩减 1/3 的迭代次数。

2）更高的计算精度

通过两种方法所得结果的均值误差和中位数误差均较小，污染源强度 m 的均值误差最小。相较而言，基于 DEMH-MCMC 应急溯源方法所得结果的均值误差分别降低了 0.39、0.83 和 1.49 个百分点；中位数误差分别降低了 0.01、0.57 和 1.97 个百分点。由此可见，采用基于 DEMH-MCMC 应急溯源方法求解单点源突发水污染事件应急溯源问题模型时，其计算精度要高于基于 MH-MCMC 应急溯源方法。

3）更好的稳定性

相对基于 MH-MCMC 应急溯源方法而言，采用基于 DEMH-MCMC 的应急溯源方法具有更好的可靠性和稳定性。采用基于 DEMH-MCMC 应急溯源方法获得的溯源结果的平均相对误差分别为 1.62%、1.81% 和 3.41%，分别比基于 MH-MCMC 应急溯源方法低 1.23、2.23 和 4.15 个百分点。其中，污染源排放时刻 t_0 的相对误差起伏较大，在 0.87% 到 18.01% 之间；污染源强度 m 的相对误差起伏次之，在 0.41% 到 10.93% 之间；污染源位置 x_0 的相对误差起伏最小，在 0.44% 到 9.15% 之间。

综上所述，采用基于 DEMH-MCMC 应急溯源方法能更好地对单点源突发水污染事件开展应急溯源问题研究，它不仅有效地缩减了抽样次数，而且增加了溯源结果精度和求解的稳定性。

12.4.2　多点源瞬时排放情景

1. 模型构建

引起水体水质指标变化的原因主要有两个方面：其一是由边界条件、点污染源和面污染源引起的；其二是污染物进入水体后在输移过程中通过物理、化学及生物的作用引起的。因此，在忽略横向和垂向流速，但考虑水体的初始条件、扩散、对流及自净能力等因素的情况下，可以用一维对流扩散方程来表示突发水污染事件中污染物的运移、扩散和转化规律（Toprak et al.，2004；Fisher et al.，1979；Sooky，1969）：

$$\begin{cases} \dfrac{\partial A}{\partial t} + \dfrac{\partial Q}{\partial x} = q \\[2mm] \dfrac{\partial Q}{\partial t} + \dfrac{\partial}{\partial x}\left(\dfrac{Q^2}{A}\right) = -gA\left(\dfrac{\partial z}{\partial t} + \dfrac{Q|Q|}{K^2}\right) \\[2mm] \dfrac{\partial (AC)}{\partial t} + \dfrac{\partial (QC)}{\partial x} = \dfrac{\partial}{\partial x}\left(D\dfrac{\partial C}{\partial x}\right) - k(t)C + S \\[2mm] C(x,0) = g(x), \quad x \in [0,l] \\[2mm] C(0,t) = 0, \quad t \in [0,T] \\[2mm] \dfrac{\partial C(l,t)}{\partial x} = 0, \quad t \in [0,T] \end{cases} \tag{12.9}$$

式中，A 表示水体（渠道）断面面积，单位为 m^2；Q 表示流量，单位为 m^3/s；z 表示水体的水位，单位为 m；K 表示流量模数；$C(x,t)$ 表示位置 x 在 t 时刻的污染物浓度，单位为 g/L；D 表示水体弥散系数，单位为 m^2/s；l 表示河段的长度，单位为 m；k 表示依赖于测试时间的污染物衰减系数，单位为 s^{-1}，若 $k \neq 0$ 则表示为非保守污染物质，反之则为保守污染物质；S 表示污染物源（汇）项。

实际中 S 有不同的表现形式，本节研究的是在 $\Omega=[0,l]$ 发生的多点突发污染事故，可能为交通事故导致的污染物泄漏或化学品企业储罐爆炸泄漏瞬时排入水体造成的污染，即某一时刻出现多个污染源泄漏的情况，其表达式为

$$S = \sum_{p=1}^{q} S_p \delta(x - x_P) \tag{12.10}$$

式中 q 表示点污染源的个数；δ 表示狄拉克函数；$x_P \in (o,l)$ 表示第 P 个污染源的位置，单位为 m；S_P 表示第 P 个污染源排放强度，单位为 g/m^3。

假定在下游某断面 $x=X$ 的污染物浓度分布 $C(x,t)$ 已知，那么瞬时多点突发水污染事件应急溯源问题就演化成根据观测到的污染物浓度分布信息来获取污染源项 S。若在优化框架下，突发水污染事件应急溯源问题的模型构建如式（12.11）所示，即确定 (X_P, S_P) 使得预测值与观测值之间的误差最小，然后在获得溯源结果后进行扰动分析：

$$F = \min_{X \in R^n, (x,t) \in \Gamma_{xt}} \left\| C_\eta(x,t) - C(x,t \mid S) \right\|_2^2 \tag{12.11}$$

其中，$\Gamma_{xt} = \{(x,t) \in (0,l) \times (0,T)\}$。

概率统计框架下是将测量和预测误差引入识别模型中，降低这些误差的不确定性对溯源结果的影响。假设存在 q 个污染源和 M 个观测点，用 $S=(x_1, x_2, \cdots, x_q; s_1, s_2, \cdots, s_q)$ 表示待溯源的未知向量，$d=\{d_1, d_2, \cdots, d_M\}$，$f=\{f_1, f_2, \cdots, f_M\}$ 分别表示观测点污染物浓度的测量值和预测值，$h=\{h_1, h_2, \cdots, h_M\}$ 表示真实值，f 和 h 是关于 S 的函数，则测量误差和预测误差分别表示为

$$\varepsilon_i = d_i - h_i, \quad e_i = f_i - h_i \tag{12.12}$$

依据文献的研究结果（汪亮等，2012），模型中误差的随机性可以用最为相近的正态分布来描述：

$$p(d_i \mid h_i, S) = \frac{1}{(2\pi \sigma_{d,i})^{1/2}} \exp\left[-\frac{(d_i - h_i)^2}{2\sigma_{d,i}^2} \right]$$
$$p(h_i \mid f_i, S) = \frac{1}{(2\pi \sigma_{f,i})^{1/2}} \exp\left[-\frac{(f_i - h_i)^2}{2\sigma_{f,i}^2} \right] \tag{12.13}$$

若各测量点相互独立，且测量误差和预测误差不相关，则：

$$L(d \mid S) = \prod_{i=1}^{M} p(d_i \mid S) = \prod_{i=1}^{M} \int_{h_i} p(d_i \mid h_i, S) p(h_i \mid S, f_i) dh_i$$
$$\propto \frac{1}{(2\pi)^{M/2} \prod_{i=1}^{M} (\sigma_{f,i}^2 + \sigma_{d,i}^2)^{1/2}} \exp\left[-\sum_{i=1}^{M} \frac{(C_i(x,t) - C_i(x,t \mid S))^2}{2(\sigma_{f,i}^2 + \sigma_{d,i}^2)} \right] \tag{12.14}$$

式中 d 表示长度为 M 的观测向量：

$$d^{\mathrm{T}} = C(x,t\,|\,S) = (C_{\mathrm{obs}}^1, C_{\mathrm{obs}}^2, \cdots, C_{\mathrm{obs}}^M) \tag{12.15}$$

根据贝叶斯定理，S 的后验概率函数可以表示为

$$p(S\,|\,d) = p(d\,|\,x_1, x_2, \cdots, x_q, s_1, s_2, \cdots, s_q) \cdot p(x_1, x_2, \cdots, x_q, s_1, s_2, \cdots, s_q) \tag{12.16}$$

由于随机误差的似然函数表示水动力条件下污染物浓度演化模型的预测值与观测值的吻合度，式（12.16）的值越大表示预测值与测量值吻合度越好，反之吻合度就越低。因此，瞬时多点突发水污染事件应急溯源问题即转化为求污染源项的后验概率密度函数：

$$p(S\,|\,d) = L(d\,|\,S) \cdot p(S) = F(X)$$

$$\propto \frac{p(S)}{(2\pi)^{M/2} \prod\limits_{i=1}^{M} (\sigma_{f,i}^2 + \sigma_{d,i}^2)^{1/2}} \exp\left[-\sum_{i=1}^{M} \frac{(C_i(x,t) - C_i(x,t\,|\,S))^2}{2(\sigma_{f,i}^2 + \sigma_{d,i}^2)} \right] \tag{12.17}$$

然而高阶的数学物理方程是很难找到解析解的，式（10.12）与式（10.13）的难点在于求多点突发水污染事件发生后污染物浓度的解析表达式 $C(x,t\,|\,S)$。

2. 试验验证

罗丹明是一种无毒、不被悬浮物吸收、遇光不会分解的红色荧光物质。为验证本章所设计的应急溯源方法的有效性和准确性，以某试验场的一段梯形渠道作为试验对象，将罗丹明作为示踪剂进行多点突发水污染事件应急溯源问题研究。梯形渠道长度为 180 m，边坡系数为 1，底宽在 0.6 m ~ 0.7 m，经率定得到弥散系数在 u=0.3m/s 条件下的值为 1.5m²/s，试验场地示意图如图 12.6 所示。

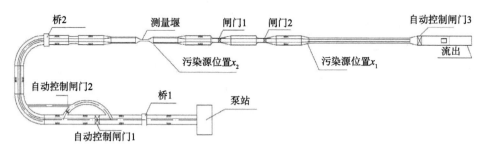

图 12.6　某试验场地示意图

本试验采用的罗丹明为固体粉末，稀释后在初始条件 $g(x)$=0 和水流速度 u=0.3 m/s 的条件下，从选取的点 x_1 和 x_2 处瞬时投入，其中桥 2 为初始点（x_0=0），真值为 x_1=79 m、x_2=35 m、s_1=8.6 g/m³、s_2=4.7 g/m³，并于投放 90 s 后每隔 10 m 处取水样，示踪剂浓度曲线如图 12.7 所示。假设其误差服从正态分布（$\sigma_{d,i=0.01}$），待求污染源项参数 $S(x_1, x_2, s_1, s_2)$ 服从均匀分布且相互独立。其中，x_1 和 x_2 服从

均匀分布 $U(0,100)$；s_1 和 s_2 服从均匀分布 $U(0,10)$。利用 12.3 节所提的 DEMH-MCMC 应急溯源方法进行迭代计算得到：①溯源结果的迭代曲线和概率统计图，如图 12.8 和图 12.9 所示；②溯源结果与真值对比表，如表 12.4 所示。

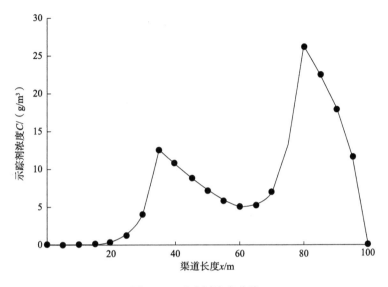

图 12.7　示踪剂浓度曲线

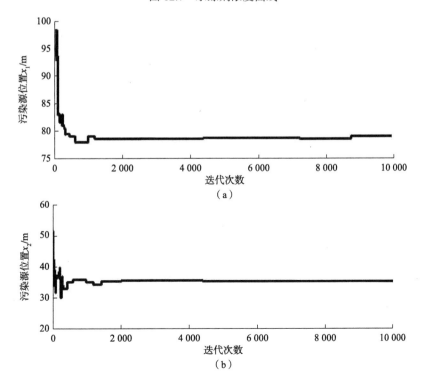

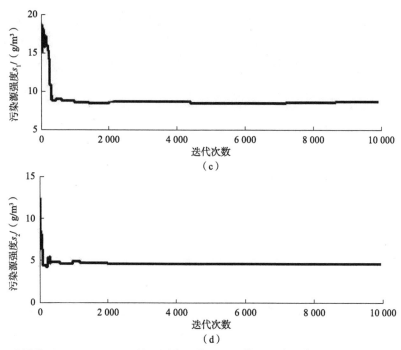

图 12.8　采用基于 DEMH-MCMC 第一污染源位置 x_1、第二污染源位置 x_2、第一污染源强度 s_1
和第二污染源强度 s_2 的迭代曲线图

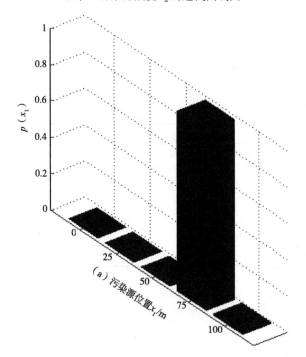

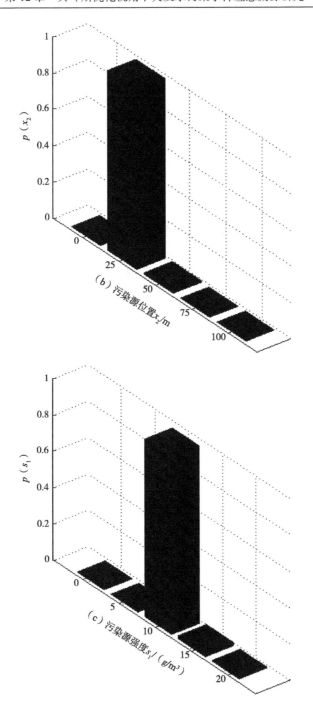

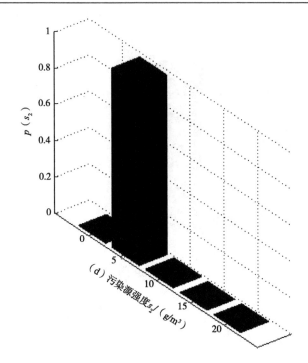

图 12.9　采用基于 DEMH-MCMC 第一污染源位置 x_1、第二污染源位置 x_2、第一污染源强度 s_1 和第二污染源强度 s_2 的后验概率柱状图

表 12.4　基于 DEMH-MCMC 的溯源结果及与真值比较表

项目	x_1	x_2	s_1	s_2
真值	79.00m	35.000m	8.60g/m^3	4.700g/m^3
溯源值	78.92m	34.893m	8.61g/m^3	4.682g/m^3
绝对误差	0.080	0.107	0.01	0.018
相对误差	0.101%	0.306%	0.116%	0.383%
标准方差	0.123	0.101	0.052	0.059

　　由图 12.8（a）~ 12.8（d）可知，采用基于 DEMH-MCMC 应急溯源方法对多点源突发水污染事件污染源强度和污染源位置进行迭代求解时，大约经历 200 次迭代后就开始平稳并得到接近于真值的溯源结果。

　　从图 12.9（a）~ 12.9（d）可以看出，污染源位置 x_1 在 70 m ~ 80 m 的概率最大，污染源位置 x_2 在 30 m ~ 40 m 的概率最大，污染源强度 s_1 在 8 g/m^3 ~ 9 g/m^3 左右的概率最大，污染源强度 s_2 在 4 g/m^3 ~ 5 g/m^3 左右的概率最大，与真实值比较吻合。

　　从表 12.4 可以看出，污染源位置的绝对误差、相对误差和标准方差分别小于

0.2、0.4%和 0.15，污染源强度的绝对误差、相对误差和标准方差分别小于 0.02、0.4%和 0.06，说明采用基于 DEMH-MCMC 应急溯源方法得到的溯源结果非常接近真实值，且在相同的随机抽样次数情况下，未知参数的先验分布准确性越高，则溯源精度也越高。

3. 误差分析

溯源结果精度很大程度上取决于似然概率的确定，而似然概率又与"测量"误差分布相关，故在此讨论"测量误差"对识别结果的影响。为说明在对样本进行抽样情况下，利用该方法得到的识别结果同样准确，定义抽样相对误差为 $W = \sigma/(R \cdot \sqrt{n}) \times 100\%$，其中 σ 表示模型参数的标准差，R 表示真值，n 表示抽样点数。下面考虑四种不同的标准差（即 $\sigma = 0.01, 0.05, 0.1, 0.15$）对识别结果的影响。采用基于 DEMH-MCMC 应急溯源方法在 Matlab 环境下得到识别后污染源位置 x_1、x_2 和强度 s_1、s_2 的统计量（均值、标准差、相对误差和抽样相对误差），如表 12.5、表 12.6 所示，相对误差和抽样相对误差随测量误差变化而变化的曲线如图 12.10 所示。

表 12.5　多点源瞬时突发水污染事件中污染源位置的统计量对比

情景	污染源位置 x_1				污染源位置 x_2			
	均值/m	标准差	相对误差	抽样相对误差	均值/m	标准差	相对误差	抽样相对误差
A	78.92	0.123	0.102%	0.002%	34.893	0.101	0.305%	0.010%
B	79.17	0.211	0.221%	0.003%	34.772	0.394	0.651%	0.010%
C	79.26	1.540	0.323%	0.02%	34.644	0.764	1.017%	0.022%
D	79.34	1.555	0.431%	0.02%	35.504	0.791	1.144%	0.022%

表 12.6　多点源瞬时突发水污染事件中各污染源强度的统计量对比

情景	污染源强度 s_1				污染源强度 s_2			
	均值/（g/L）	标准差	相对误差	抽样相对误差	均值/（g/L）	标准差	相对误差	抽样相对误差
A	8.610	0.052	0.116%	0.006%	4.682	0.059	0.394%	0.012%
B	8.530	0.161	0.814%	0.019%	4.763	0.113	1.332%	0.024%
C	8.638	0.875	0.444%	0.102%	4.783	0.357	1.764%	0.076%
D	8.734	0.875	1.557%	0.102%	4.791	0.385	1.928%	0.082%

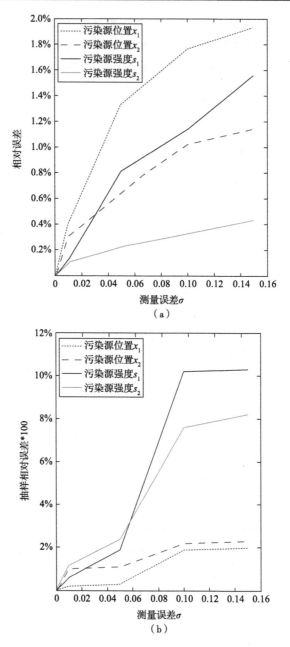

图 12.10　不同测量误差下相对误差与抽样相对误差的变化曲线

从表 12.5、表 12.6、图 12.10（b）可以看出，不同测量误差分布下未知参数的抽样相对误差均小于 0.11%，这是因为在对样本进行抽样情况下采用基于 DEMH-MCMC 应急溯源方法得到溯源结果具有较高的准确性；测量误差分布的标准差越大，污染源强度越大，其抽样相对误差的斜率越大，且污染源强度的斜率均大于污染源位置的斜率，这说明标准差对先验分布准确性低的未知参数的影响更大。通过分析表 12.5、表 12.6 和图 12.10（b）得到，污染源位置和污染强度的统计量（均值、标准差和相对误差）均随误差的增大而增大，其中污染强度的增幅大于污染源位置的增幅，这是因为在相同的随机抽样次数的情况下，污染源位置的先验分布准确性比污染源强度的准确性要高。

综上所述，在基于 DEMH-MCMC 应急溯源方法中，误差分布对溯源结果的计算精度的影响明显：测量数据的可信度及信息量直接反映在溯源结果的统计分布上；较宽的误差概率分布，会显著提高污染源特性的不确定度。

12.4.3　算例结果分析

针对突发水污染事件发生的不确定性和紧急处理性等特征，本章从概率统计和优化方法耦合视角上设计了一种新型的应急溯源方法。该方法是基于 MH-MCMC 抽样特点和 DE 的搜索能力设计而成，即基于 DEMH-MCMC 的应急溯源方法是通过将 DE 的繁殖思想嵌入 MH-MCMC 抽样过程的一种方法，并从单点瞬时排放和多点瞬时排放两种情景验证新设计的应急溯源方法。主要结论如下。

（1）新型应急溯源方法不仅能准确地对突发水污染事件展开溯源研究，而且其溯源结果具有较高的估计精度。无论单点源排放的情景，还是多点源排放的情景，采用基于 DEMH-MCMC 应急溯源方法得到的溯源结果的平均相对误差都较小，分别为 0.73% 和 0.23%，即新型的应急溯源方法具有较高的计算精度。

（2）基于 DEMH-MCMC 应急溯源方法具有较快的收敛速度。相比基于 MH-MCMC 的追踪溯源方法，基于 DEMH-MCMC 的追踪溯源方法能有效缩减 3/4 的迭代次数，即新型的追踪溯源方法构造马尔可夫链能迅速地向真实值靠近。

（3）溯源结果的估计精度取决于先验分布和观测误差。采用基于 DEMH-MCMC 应急溯源方法时，在随机抽样次数相同情况下，污染源项信息的先验分布准确度越高，溯源结果的精度就越高；较宽的测量误差概率分布会显著提高突发污染源信息的不确定度。

（4）新型应急溯源方法得到的溯源解具有很强的稳定性。采用基于 DEMH-MCMC 应急溯源方法可以方便地将各种先验信息和误差信息高效地融合到问题求解过程中，减少问题的不确定性，获得全局最可能解。

综上所述，随着信息技术的发展，突发水污染事件应急溯源问题研究除受监测点的观测数据影响外，还受危险源调查信息、污染物种类以及水文气象等数据信息的影响，即大数据及其技术的发展对突发水污染事件应急溯源问题研究有极大的影响。研究结果表明,将 DE 思想引入基于贝叶斯推理的 MH-MCMC 抽样方法中可以较好地对突发水污染事件进行应急溯源,一方面可实现对高维空间无明确数学表达式概率分布密度函数的数值计算,另一方面也缩减了算法的迭代次数。因此,相比贝叶斯框架和优化框架下突发水污染应急溯源方法而言,采用基于DEMH-MCMC 应急溯源方法所获得的溯源结果更精确、更稳定。

第五篇　突发水污染事件应急追踪篇

第13章 突发水污染事件应急追踪
基本原理

突发水污染事件一旦发生，应急决策者不仅要根据监测数据等信息对突发水污染事件展开应急溯源研究，而且也要依据监测数据、溯源结果和应急主体的行为信息等追踪水体中污染物输移过程、影响范围和危害程度。其中，突发水污染事件应急追踪结果准确与否不仅直接关系到预警级别的确定，而且关系到应急响应措施的制定。

13.1 突发水污染事件应急追踪问题的提出

突发水污染事件发生后，能否依据各观测点的观测值快速有效地追踪事件演化态势以及追踪各关键点下一时刻的危害程度及其影响范围已成为衡量应急决策者应急响应能力的关键指标。因而，突发水污染事件应急追踪是指沿着水体流动的方向，根据各观测点的观测值或应急溯源结果追踪每一个关键点污染峰值到达的时间及大小，以及追踪事件的影响范围或危害程度。以发生在某段河渠的突发水污染事件为例，若水体断面几何形状变化不大，u 表示水体的平均水流流速，E_x 表示水体纵向离散系数，k_f 表示污染物在水体中衰减系数，s 表示该段水体污染物源（汇）项。另外，在计算区域$[0,L]$布置了若干观测点 q_i（$i=1,2,\cdots,n$），用 $q(t)$ 表示在 t 时段内观测得到的污染物浓度分布函数，如图 13.1 所示。因此，突发水污染事件应急追踪问题研究是指如何根据污染源项信息 $s(t)$、观测点的观测值 $q_i(t)$（$i=1,2,\cdots,n$）追踪关键点污染峰值到达的时间及大小 $C_j(t)$（$j=1,2,\cdots,m$）。

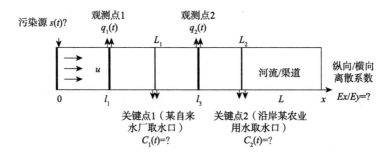

图 13.1　突发水污染事件应急追踪问题示意图

若该段河流/渠道的形状近似相同，则由上述构建的水动力条件下突发水污染事件演化态势模型可知，污染物在该段河流/渠道的迁移转化过程可用式（13.1）来描述：

$$\frac{\partial C(x,t)}{\partial t} + u\frac{\partial C(x,t)}{\partial x} = \frac{\partial}{\partial x}(E_x\frac{\partial C(x,t)}{\partial x}) + S + k_f C(x,t) \qquad （13.1）$$

式中，$0 < x < L$，$0 < t < T$；$C(x,t)$ 表示水体中关键点 x 在 t 时刻污染物浓度，单位为 g/m^3。

以突发水污染事件爆发的位置为原点（$x=0$），以从原点沿水流方向长度为 L 的河流/渠道为研究对象，同时假定研究对象的上游无污染物流入和下游无污染物流出，则：

$$\begin{cases} C(x,0) = 0, & 0 \leqslant x \leqslant L \\ C(0,t) = s(t), & 0 \leqslant t \leqslant T \\ C(l_i,t) = q_i(t), & 0 \leqslant t \leqslant T; 0 < l_i \leqslant L; i = 1,2,\cdots,n \end{cases} \qquad （13.2）$$

式中，$s(t)$ 表示进入水体的污染物强度。结合式（11.1）和式（11.2），得突发水污染事件应急追踪模型为

$$C(x,t) = \int_0^t s(\tau)\frac{x}{2\sqrt{\pi E_x \cdot (t-\tau)^3}}\exp\left(-\frac{(x-u(t-\tau))^2}{4E_x \cdot (t-\tau)} - k_f \cdot (t-\tau)\right)dt \qquad （13.3）$$

13.2　突发水污染事件应急追踪问题分类

突发水污染事件应急追踪管理就是根据突发水污染事件应急溯源结果以及各观测点的观测信息追踪污染物在水体中迁移扩散过程，以便能进一步掌握事件演化态势的活动。同突发水污染事件应急溯源管理过程一样，突发水污染事件应急追踪过程中污染物物化过程、系统状态等现象也可以用偏微分方程组来描述（王

凯全和邵辉，2004）：

$$\begin{cases} Lu(x,t) = f(x,t), & x \in \Omega; t \in (0,T) \\ Bu(x,t) = \varphi(x,t), & x \in \Omega; t \in (0,T) \\ Au(x,t) = k(x,t), & x \in \Omega; t \in (0,T) \\ Du(x,t) = \phi(x,t), & x \in \Omega; t \in (0,T) \end{cases} \qquad (13.4)$$

式中，L、B、A、D、$u(x,t)$、$f(x,t)$、$\varphi(x,t)$、$k(x,t)$ 和 $\phi(x,t)$ 含义同式（9.7）。

根据未知量的不同，可分为以下两个问题：①模型参数的率定问题。若 L 有部分系数项未知，利用 $f(x,t)$、$\varphi(x,t)$、$k(x,t)$、$\phi(x,t)$ 和 $u(x,t)$ 求解这些系数项；②偏微分方程求解问题。若 $u(x,t)$ 未知，利用 $f(x,t)$、$\varphi(x,t)$、$k(x,t)$、$\phi(x,t)$ 和 L、B、A、D 求解偏微分方程。

综上，根据式（13.4）求解问题的分类和突发水污染事件应急追踪内涵可将突发水污染事件应急追踪问题分为以下三种类型。

1. 第 I 类应急追踪问题

该类应急追踪问题是指由已知污染物时空分布的部分信息（观测值）、污染源项信息重构包括纵向弥散系数、横向弥散系数和降解系数等污染物浓度演化模型的未知系数，又被称为追踪模型的参数率定问题（parameter calibration problem，PCP）。

2. 第 II 类应急追踪问题

该类应急追踪问题是根据污染源（汇）项信息 $f(x,t)$ 和污染物浓度演化模型参数，推求水动力条件下污染物浓度演化态势，即追踪各关键点污染峰值达到时间及大小。

3. 第 III 类应急追踪问题

该类应急追踪问题是第 I 类应急追踪问题和第 II 类应急追踪问题的混合。

13.3　突发水污染事件应急追踪技术与方法

突发水污染事件应急追踪方法是利用实际历史数据资料和观测值，率定包括纵向弥散系数、横向扩散系数或降解系数等突发水污染事件演化模拟模型参数，推断出水体中不同污染物浓度演化趋势、影响范围和危害程度。因此，针对突发水污染事件应急追踪问题的类型，突发水污染事件应急追踪方法主要包括突发水污染事件演化模拟模型参数率定方法和突发水污染事件演化态势追踪方法。

13.3.1 突发水污染事件演化模拟模型参数率定方法

目前，突发水污染事件演化模拟模型参数的率定方法主要有试错法、理论公式法、经验公式法和示踪试验法等方法（Albers and Steffler，2007；Baek and Seo，2011；刘晓东等，2009）。其中，试错法具有经验性强、效率低和精度差等特点，已远远不能满足工程实践的需要；理论公式法是基于 Fischer 张量形式理论模型的一类方法，但在介质速度规律与公式等方面的研究没有形成一个统一的结论；经验公式法虽然具有方便快捷、工作量小等特点，但其适用性和准确性仍有待商榷；示踪试验法是指在人财物许可条件下开展示踪试验，并根据试验数据和污染迁移扩散模型解来率定相关参数的一类方法，该方法能较为准确地表征污染物的输移规律，但是在处理示踪试验数据时，需选取合适的分析方法，尽量还原数据的真实性（刘晓东等，2009；顾莉等，2014）。

利用示踪试验法率定突发水污染事件演化模拟模型参数研究属于反问题研究范畴，目前已先后发展了矩量法、拟合法、演算法、优化法等方法（顾莉等，2014；刘毅等，2002）。矩量法是指基于污染物时间浓度分布的方差来率定参数的一类方法，但基于该方法得到的参数具有较大的误差（刘晓东等，2009）。为此，众多学者通过分析污染物迁移扩散模型的解析解，提出了拟合逼近方法，如相关系数法（郭建青等，2000）、抛物线方程（郭建青等，2005）和非线性最小二乘法（Singh and Beck，2003）等，但该类方法的理论假设不够严谨，易受初始值的影响。由于反问题可转化为系统优化问题，因而基于优化思想的率定方法随着计算机技术的发展得到了广泛的应用，如单纯形法（薛红琴等，2012）、蚁群算法（侯景伟等，2012）、神经网络（Khanmirza et al.，2015；Benvenuti et al.，2016）、GA（Pencheva et al.，2015；Liu et al.，2014）和改进微分进化算法（付翠等，2015）等。但基于优化思想的率定方法存在着一些非常严格的限制条件，如限于研究矩形顺直且水流近似为均匀流的渠道或地貌平坦且空气流均匀的区域，并且未知参数越多，其响应曲面的非线性度越高，参数无法率定的程度就越高（Amirov et al.，2011）。然而，若采用确定性方法求解，观测误差或模型计算误差可能会使预测结果出现严重偏差，由此概率方法被引入模型参数率定研究中。概率方法中运用较为广泛、理论较为成熟的是贝叶斯方法。与优化算法不同，贝叶斯方法将具有不适定性特性的突发水污染事件第 I 类应急追踪问题视为一个扩展随机空间上的适定问题，并认为后验概率密度能表示问题的"完全"解，即能给出相应解的出现概率（Agapiou et al.，2013）。因而，贝叶斯方法不是仅仅计算待率定参数的"点估计"，而是计算它的后验概率分布,最后通过后验概率密度某些统计特性的计算来获取待率定参数的点估计,如均值和最大似然值,能很好解决由观测数据噪声带来的非唯一解问题(Drovandi et al., 2015; Aslett et al., 2015; Liao, 2016)。例如,朱嵩等(2009)从贝叶斯推理视角研究构建了二维对流扩散方程参数率定的数学模型;Zhang 等(2015)为处理观测噪声和模型的确定性,设计了一种耦合贝叶斯和区间分析的反演方法;等等。然而,当前大多数研究均在水质模型解析解、似然函数为正态分布或采用求解速度相对较慢的有限元方法开展突发水污染事件应急追踪问题研究。为有效推断出水体中不同污染物浓度演化趋势、影响范围和危害程度,设计一个能快速准确率定突发水污染事件态势演变模型参数已成为突发水污染事件应急管理领域的重要研究课题。

13.3.2 突发水污染事件演化态势追踪方法

突发水污染事件演化模型主要分为机理性模型和非机理性模型(刘国东和丁晶,1996;李本纲等,2002)。其中,机理性模型较为复杂,常用的追踪方法均为非机理性模型的求解方法。目前,根据突发水污染事件应急追踪原理及机理,可将第Ⅱ类突发水污染事件应急追踪技术与方法分为统计追踪、智能追踪以及模型预测追踪方法。其中,统计追踪方法就是对已有的历史资料数据进行整理分析,根据统计学原理,追踪未来事物的发展趋势和状态,主要包括时间序列追踪(桑燕芳等,2013)、回归分析追踪(刘东君和邹志红,2012)和灰色系统追踪(劳期团,1988)等方法。随着数据规模不断扩大,近年来,各个领域都越来越关注于将人工智能方法用于大规模数据追踪(毛健等,2011)。

1. 时间序列追踪法

时间序列追踪法主要依据历史观测数据追踪相关水质指标的演化趋势,该方法的基本原理是将历史观测数据作为随机变量序列,在充分考虑水质变化过程中的随机因素的基础上,运用加权平均、算术平均和指数平滑等方法推测和预估水体未来的水质变化趋势(许晓艳,2011)。虽然,时间序列方法在供水预报方面的应用较多,但也有学者尝试将它应用到水体中污染物中短期的追踪和相关水质参数预报等方面。例如,Ahmad 等(2001)在收集了恒河 10 年(1981~1990 年)历史数据的基础上,采用不同的时间序列模型来追踪恒河的水温、pH 值、电导率、DO、生化需氧量和氯化物等水质变化情况,除了托马斯模型外,其他时间序列方法均取得比较满意的结果;吴涛等(2006)采用霍尔特-温特(Holt-Winters)时间序列模型追踪了三峡库区水质各指标的变化情况,结果显示库区水质监测指标受季节性因素影响；唐宗鑫和简文彬（2002）利用闽江下游水质 pH 值以及浑浊度观测序列资料，构建描述水质变化的线性时间序列模型自回归模型，取得比较满意的结果；等等。然而，时间序列追踪方法属于无原因变量的统计预测模型，需要的信息资料数据量大，且存在一定的误差。

其中，指数平滑追踪法是当前运用最多的一种时间序列追踪方法，它是在利用过去的数据进行预测的基础上，再引入一个简化的加权因子，以求得其平均数的一种方法，具有使用方便、操作简单等特点，是时间序列追踪方法中应用较广泛的方法之一。例如，荣洁和王腊春（2013）将指数平滑法和马尔可夫模型分别应用于追踪合肥湖滨与巢湖裕溪口两大断面2001年到2010年相关水质指标情况，结果显示将两种方法相结合有更好的追踪效果；孙志霞和孙英兰（2009）基于原始观测数列采用灰色系统 GM（1,1）模型追踪胶州湾前湾海域水质情况，结果表明模型对于单调数列有较高的追踪精度。其中，平滑系数 α 的选择直接影响过去数据对预测值的作用，如果时间序列较平稳，数据波动较小，α 取值则较小，取值范围为[0.1,0.3）；数据如果波动较大则取值范围为[0.3,0.5]，数据如果波动很大并且趋势比较明显，则在 0.6 ~ 0.8。式（13.5）为一次指数平滑法的计算公式：

$$\hat{y}_{t+1} = \alpha y + \alpha(1-\alpha)y_{t-1} + \alpha(1-\alpha)^2 y_{t-2} + \cdots + \alpha^{n-1} y_{t-n+1}$$
$$= \alpha y_t + (1-\alpha)\hat{y}_t \tag{13.5}$$

式中，$\hat{y}_{t+1}$、$\hat{y}_t$ 分别表示 $t+1$ 时刻和 t 时刻的追踪值；y 表示实际值。

2. 回归分析追踪法

回归分析追踪法是基于统计回归的概念，在大量历史观测数据的基础上确立因变量之间的关系，进而追踪未来的演化趋势（唐宗鑫和简文彬，2002），它可以快速、直观地分析出数据之间的关系，得到各个数据之间的相关程度，该方法根据水质指标种类可分为一元线性回归分析和多元回归分析。

一元线性回归是指一个变量与另一个变量之间的线性关系。设 X 和 Y 来表示两个随机变量，自变量 X 的统计值为 $x_1, x_2, \cdots, x_n$，因变量 Y 为 $y_1, y_2, \cdots, y_n$，则它们之间的线性关系为

$$y_i = a + bx_i + \varepsilon_i, \quad i = 1, 2, \cdots, n \tag{13.6}$$

式中，x_i 表示自变量；y_i 表示因变量；n 表示样本容量，即观测数据点个数；a 和 b 表示待求回归方程的参数；ε_i 表示随机干扰项。由于总体回归模型的参数都是未知的，因此可以利用试验观测值对它们进行估计，得到相应的估计的回归方程：

$$\hat{y}_i = \hat{a} + \hat{b}x_i, \quad i = 1, 2, \cdots, n \tag{13.7}$$

基于突发水污染事件演化态势，也有部分学者采用一元线性回归分析法研究水体中污染物/微生物间的关系。例如，宫艳萍和王劼（2013）将一元线性回归分

析法用于研究沈阳某污水处理厂进水水质的 COD 和 BOD 之间关系，并对 BOD 进行测算；颜剑波等（2010）运用多元回归分析法追踪了黄河干流潼关至三门峡段河道的水质变化情况，并构建能反映研究区域下游污染物各水质响应指标与上游各参量之间关系的水质模型；Zhai 等（2014）运用回归分析方法预测了淮河流域中 COD 和氨氮的浓度，并分析了人类活动与水环境的关系；向速林（2007）在分析地下水不同水质指标关系和回归分析方法的基础上，构建了一个基于回归分析法的水质动态追踪模型，结果表明该模型具有较高的预测精度；王丽平和郑丙辉（2011）在多个水体理化指标的基础上，利用多元回归分析方法构建了水体叶绿素 a 的浓度演化模型；等等。然而，回归分析法需要大量的观测数据，并对观测数据有较高的要求。

近年来，随着 SVM 的深入发展，基于回归问题和 SVM 的支持向量回归（support vector regression，SVR）方法已成功地应用于追踪时间序列研究、非线性建模与优化控制等方面。例如，武国正等（2012）以乌梁素海的 pH 值的历史观测数据为例，分别采取 SVR、线性回归、BP 神经网络和 RBF（radial basis function，径向基函数）网络等方法追踪乌梁素海的 pH 值变化情况，结果表明 SVR 在拟合精度与追踪精度等方面均高于其他三种方法；徐龙琴和刘双印（2012）研究提出了自适应粒子群优化加权最小二乘支持向量回归机，并将该方法应用于江苏宜兴集约化河蟹养殖水质追踪问题研究中，结果表明所设计的方法不仅能准确追踪相关水质指标变化情况，而且还具有较好的鲁棒性和较快的收敛性；等等。然而，SVM 追踪方法虽然具有比较高的追踪性能，但所构建的核函数必须要满足马瑟条件，且仅能给出确定性的水质追踪结果，没有概率输入，无法估计追踪结果的确定性（周建宝等，2013）。为此，有学者设计了基于关联向量机的水质追踪模型方法（Tipping，2001；Widodo and Yang，2011），且该方法在水质追踪研究过程中得到了很好的应用。例如，笪英云等（2015）针对 pH 值、DO、高锰酸盐指数（COD_{Mn}）和氨氮（$NH_3\text{-}N$）等四种重要水质指标，提出一种基于关联向量机回归的水质事件序列追踪模型，并将该模型应用于四川攀枝花龙洞水质追踪研究中，取得较好的追踪效果。

3. 灰色系统追踪法

灰色系统追踪法是在鉴别系统内各要素间的关系、微分方程和对原始数据处理的基础上，构建能追踪未来趋势的模型，它以不确定性水质系统为研究对象，通过对已知水质信息的生成、开发，提取有价值的信息，实现对水污染演化规律的正确描述和有效监控（刘思峰等，2013）。灰色系统追踪法的基本原理是通过累加的方式将没有规律的原始数据转变为有规律的时间序列，进而构建出能追踪水体水质中长期变化趋势模型。该方法对数据要求低，不需要太多数据，也不需要数据分布规律就可以进行预测，计算简便，且较为准确。因此，近年来灰色系统追踪法在我国水环境追踪研究方面得到了较为广泛的应用。例如，王开章等（2002）基于灰色理论和方法构建了淄博大武水源水质灰色追踪模型，结果表明基于灰色系统理论构建的水质追踪方法符合地下水系统的特色；赵雪辉等（1997）利用青格达湖近10年的COD监测值，构建了基于灰色系统GM（1,1）的COD追踪模型，研究结果表明基于灰色系统所构建的追踪模型仅适用于追踪数据较少、趋势性强、波动不大的短期水质指标；张思思（2011）在对洱海流域水污染现状调查评价的基础上，运用灰色系统GM（1,1）模型追踪洱海流域水质指标变化趋势，并提出了洱海流域水污染控制与治理的综合方案；鲁珍等（2012）对大冶湖三部分水体2000~2009年的地表水水质监测数据进行分析，利用灰色系统理论追踪未来五年大冶湖水质变化趋势。

4. 智能追踪方法

随着预测方法的不断深入研究，近年来，各个领域都越来越关注将人工智能方法用于大规模数据追踪。在水环境防治方面越来越多的专家学者致力于将人工智能融入其中，并且得到良好的效果，其中人工神经网络和SVM是目前应用最为广泛的智能追踪方法。

1）人工神经网络

人工神经网络是模拟动物神经网络的复杂特征而进行信息处理的算法，该方法对求解不确定性、非线性问题具有较强的自适应能力和学习能力，已被广泛用于估算、自动控制、系统故障和水质追踪等领域（Dixit et al.，2013；Zhao et al.，2007）。BP神经网络是目前应用最为广泛的人工神经网络模型之一。例如，Maier和Dandy等（1996）为了澳大利亚阿德莱德市制定科学合理的取水量提供参考，构建了基于BP神经网络模型的墨累河河水碱度追踪模型，结果表明采用人工神经网络的水质追踪方法能准确追踪墨累河的碱度；Recknagel等（1997）构建了能描述不同水质条件下河流湖泊爆发藻类事件的人工神经网络模型，并将追踪结果与实际值进行对比，结果表明基于人工神经网络的水质追踪方法适用于不同环境条件下复杂和非线性的水质追踪问题研究；李莹等（2001）根据东江水质的实际监测值，构建了基于自适应人工神经网络的惠州东岸段水质追踪模型，结果表明基于人工神经网络的水质追踪方法具有精度高、适用广和动态性等特点，能提高水质追踪精度；郭庆春等（2013）为了解滇池水污染物浓度变化情况，构建了BP神经网络追踪模型，结果显示该模型能够较为准确地追踪预测湖泊的污染物质；宋韬略（2014）利用Elman神经网络建立模型追踪活性污泥法的污水生物处理过程，并在原有的Elman神经网络的基础上输出层节点的反馈，进一步提高了追踪精度；Šiljic等（2016）采用一般回归神经网络和广义回归神经网络追踪多瑙河

BOD 变化规律，追踪结果满足所需要的精度要求；等等。由此可见，将人工神经网络应用于追踪水污染事件演化态势研究具有良好的适应性、强的泛化能力和自组织的能力，与传统的统计预测方法相比，其追踪结果具有较高的精度，能够较准确地描述水质指标内在变化规律，所以在国内外受到广泛的关注。尽管基于人工神经网络的方法具有较高的追踪精度，但还存在结果复杂、隐含层节点选取困难以及收敛速度慢等不足，且无法直接分析引起水质指标变化的内在原因。

2）SVM

SVM 是基于统计学理论的 VC 理论和结构风险最小化为原理的一种机器学习方法，目前已被应用到水污染演化态势追踪研究领域。例如，Šiljic 等（2016）运用 SVM 追踪伊朗的阿拉克平原地下水水质变化情况；房平等（2011）基于近 10 年西安灞河的水质监测数据，构建了基于 SVM 水质追踪模型，结果表明 SVM 的追踪精度比传统的神经网络方法高 4%，且具有收敛速度快、泛化能力强等特点；梁坚和何通能（2011）提出了基于小波变换和 SVM 的水质追踪模型，并应用于王江泾自动监测面 DO 追踪问题研究，结果发现追踪结果比基于 BP 神经网络的追踪结果具有更高的精度；冯莉莉（2011）详细研究了 SVM 的理论与方法，并将 SVM 应用于地表水质指标值追踪及其综合评价的实际问题研究中；等等。综上，SVM 能够较好地处理具有复杂性、非线性、高维数、局部极小点、小样本等特点，可用于追踪水环境水质变化规律。

5. 模型追踪方法

模型追踪方法是根据对现实对象特性的认识，分析其内在规律，并建立模型做出假设，从而达到事物追踪的目的，当前主要包括 WASP、S-P、QUAL-Ⅱ等模型。例如，王思文等（2015）使用了 WASP 模型分别追踪了 2014 年松花江支流的阿什河和呼兰河的污水消减量以及水环境容量；Torres 等（2016）提出了 CE-QUAL-W2 模型追踪西班牙桑丘水库的水质变化情况，并分析影响水质变化的主要因素；朱磊等（2012）联合应用流域水文非点源 AnnAGNPS 模型和 CE-QUAL-W2 模型追踪黑河金盆水质变化情况，发现非点源污染对水库纵向和垂向水质影响存在差异性，林地对流域非点源污染削减起到很大作用；陈月等（2008）采用 QUAL2K 模型追踪对西苕溪干流梅溪段 COD、总氮（TN）、总磷（TP）等水质指标的变化情况，结果表明追踪值和实测值的相关性较好；等等。

综上，突发水污染事件应急追踪技术与方法的适用范围主要受限于历史观测数据。若历史观测数据少，可采用灰色系统追踪法；若历史观测数据大，可采用回归分析、时间序列等水质追踪方法；若追踪目的扩展到需要了解水质变化机理时，则需要研究水质追踪新方法或构建水质追踪的人工神经网络模型；等等。由于受水体边界条件、污染物种类、应急响应措施和大数据应用等的影响，现有的突发水污染事件应急追踪问题研究面临着数据来源与构成、数据分类与采集、数据汇聚与扩散、数据开发与利用和数据维护与管理等困难。此外，大数据技术的应用虽然为验证突发水污染事件应急追踪模型与方法提供了足够的数据支持，但存在数据资源的不确定性、模型参数不确定性等。同时，现有水质追踪方法对水文状况、气象数据等输入参数要求较高，且存在需要被概化的参数多、追踪误差大等问题。因此，为有效应对突发水污染事件，探寻一种既要考虑水环境变量和被追踪水质指标历史数据的特点，又要考量事件发生的不确定性、计算精度与效率的突发水污染事件应急追踪方法就显得十分必要。

第14章 突发水污染事件第Ⅰ类应急追踪问题研究

事件演化态势模型是发布准确预警级别和合理应对措施的前提及基础。然而，突发水污染事件爆发的随机性和偶然性，导致事件态势演化模型中参数也存在很强的不确定性。因此，本章拟从概率统计视角来研究突发水污染事件第Ⅰ类应急追踪问题。

14.1 贝叶斯框架下第Ⅰ类应急追踪模型构建

14.1.1 突发水污染事件污染物浓度演变模型

1. 污染物迁移扩散方程

突发水污染事件中污染物通常遵循流体运动的基本物理规律并满足根据质量守恒推导出来的迁移转换基本方程（杨海东等，2018）。例如，对主要考虑纵向污染物浓度变化的河流/渠道而言，可以用一维对流扩散方程描述突发水污染事件在该水体的演化进程：

$$\frac{\partial(AC)}{\partial t} + \frac{\partial(AuC)}{\partial x} = \frac{\partial}{\partial x}\left(AE_x \frac{\partial C}{\partial x}\right) + W_c + S_1 - AKC \tag{14.1}$$

式中，A 表示断面面积；C 表示污染物质量浓度；u 表示断面 A 纵向流速；t 表示时间；x 表示纵向空间坐标；E_x 表示纵向离散系数；S_1 表示与物质浓度 C 无关的内部污染源（汇）项；K 表示污染物自身的衰减速度常数；W_c 表示外源输入项；$S_c=S_1-AKC$ 表示污染源（汇）项。

根据系统的输入输出信息准则，可用非线性模型的一般形式描述突发事件演化态势追踪模型：

$$y = f(x,\theta) + e \tag{14.2}$$

式中，x 表示系统输入；y 表示系统输出；θ 表示待求的模型参数；e 表示噪声；f 表示一个抽象函数，代表从模型空间到参数空间的映射，可以用解析解或数值解表示。在已知污染源特性，如污染源的位置、排放强度与时间，以及初始条件、边界条件时，依据式（14.1）得到式（14.2）的解可表示为

$$C(x,t) = C(x,t \,|\, \theta) + e \tag{14.3}$$

式中，θ 是控制浓度分布的重要参数组合，如污染物扩散系数 E_x、衰减系数 K 等参数，均具有难以观测的特点。因此，发生在一维水体的突发污染事件态势演化模型参数的率定问题，就转化为通过有限的污染物浓度观测数据率定模型中重要参数组合 θ 的值。

由于水体的流速、水位和水质参数均是沿程变化，因而突发水污染事件预测模型不存在解析解。以某渠道为例，本节拟将该渠道在研究范围内进行空间离散，将求解变量（物质浓度）定义在各断面上，如图 14.1 所示。

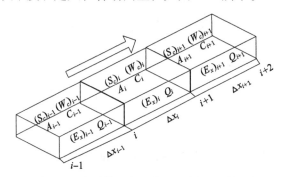

图 14.1　水质模型方程的迎风有限差分格式

$(S_c)_i$、$(W_c)_i$ 表示水体中第 i 段内部污染源（汇）项和外源输入项，Q_i、A_i、$(E_x)_i$ 分别为水体中第 i 段下游闸断面的流量、过水面积和纵向离散系数

采用隐式迎风差分格式对式（14.3）进行离散求解：

$$\begin{cases} \dfrac{\partial (AC)}{\partial t} = \dfrac{(AC)_i^{k+1} - (AC)_i^k}{\Delta t} \\[2mm] \dfrac{\partial (QC)}{\partial x} = \dfrac{(QC)_i^{k+1} - (QC)_{i-1}^{k+1}}{\Delta x_{i-1}} \\[2mm] \dfrac{\partial}{\partial x}\left(AE_x \dfrac{\partial C}{\partial x} \right) = \left[(AE_x)_i^{k+1} \dfrac{C_{i+1}^{k+1} - C_i^{k+1}}{(\Delta x_i + \Delta x_{i-1})/2} - (AE_x)_{i-1}^{k+1} \dfrac{C_i^{k+1} - C_{i-1}^{k+1}}{(\Delta x_{i-1} - \Delta x_{i-2})/2} \right] \dfrac{1}{\Delta x_{i-1}} \\[2mm] S_c + W_c = (\overline{S_1} + \overline{W_c})_{i-1}^{k+1} - (A\overline{K}C)_i^{k+1} \end{cases} \tag{14.4}$$

式中，$(AE_x)_i$ 表示时间项采用前差分；C_i^{k+1} 表示第 i 段下游闸断面第 k 个时段的

污染物浓度值；$(\overline{S_1})_i$、$(\overline{W_c})_i$、$(\overline{K})_i$ 分别表示第 i 段的内部污染源（汇）、外部污染源输入项和反应速率。

将式（14.4）代入式（14.1）得

$$\frac{(AC)_i^{k+1} - (AC)_i^k}{\Delta t} + \frac{(QC)_i^{k+1} - (QC)_{i-1}^{k+1}}{\Delta x_{i-1}}$$
$$= \left[(AE_x)_i^{k+1} \frac{C_{i+1}^{k+1} - C_i^{k+1}}{(\Delta x_i + \Delta x_{i-1})/2} - (AE_x)_{i-1}^{k+1} \frac{C_i^{k+1} - C_{i-1}^{k+1}}{(\Delta x_{i-1} - \Delta x_{i-2})/2} \right] \frac{1}{\Delta x_{i-1}}$$
$$+ (\overline{S_1} + \overline{W_c})_{i-1}^{k+1} - (A\overline{K}C)_i^{k+1} \tag{14.5}$$

令 $a_i = 2\left[\frac{(AE_x)_{i-1}^{k+1}}{\Delta x_{i-1} + \Delta x_{i-2}} + Q_{i-1}^{k+1} \right]$，$C_{i-1} = C_{i-1}^{k+1}$，$C_i = \begin{pmatrix} C_i^{k+1} \\ C_i^k \end{pmatrix}$，$c_i = -2 \frac{(AE_x)_i^{k+1}}{\Delta x_i + \Delta x_{i-1}}$，$b_i =$

$\frac{A_i^{k+1} \Delta x_{i-1}}{\Delta t} + Q_i^{k+1} + 2\left[\frac{(AE_x)_i^{k+1}}{\Delta x_i + \Delta x_{i-1}} + \frac{(AE_x)_{i-1}^{k+1}}{\Delta x_{i-1} + \Delta x_{i-2}} \right] + \Delta x_{i-1}(A\overline{K})_i^{k+1} - \frac{A_i^k \Delta x_{i-1}}{\Delta t}$，$C_{i+1} = C_{i+1}^{k+1}$，

$d_i = \Delta x_i (\overline{S_1} + \overline{W_c})_i^{k+1}$，经整理得

$$a_i C_{i-1} + b_i C_i + c_i C_{i+1} = d_i, \quad i = 1, 2, \cdots, N \tag{14.6}$$

式中，a_i、b_i、c_i 表示系数项；d_i 表示常数项；C_i 表示第 i 个渠池段末的物质浓度。式（14.6）是由 N 个方程组成的线性隐式差分方程组，结合上下游边界条件便可进行数值求解。

2. 水体中污染物质衰减模型

若水体的流速较小，且在污染物浓度较低时，水体中污染物的衰减符合一级反应动力学，则：

$$\begin{cases} \dfrac{dC}{dt} = -kC \\ C(0) = C_0 \end{cases} \tag{14.7}$$

式中，C_0 表示污染物的初始浓度，单位为 mg/L；t 表示时间，单位为 d；C 表示第 t 天的浓度，单位为 mg/L；k 表示污染物的降解系数，单位为 d^{-1}。

假设水体中水的流速为 u（km/d），对式（14.7）进行积分求解，可得

$$C = C_0 e^{-kx/u} \tag{14.8}$$

式中，x 表示水体长度，单位为 km；流速 $u = Q/(10^3 \times S)$，Q、S 分别表示水体的每天流量与横截面积，单位分别为 m^3 和 m^2。

3. 水体中溶解氧模型

通常情况下，溶解氧采用 S-P 模型：

$$\begin{cases} \dfrac{\mathrm{d}O}{\mathrm{d}t} = -k_1 L + k_2 (O_s - O_0) \\ O(0) = O_0 \end{cases} \tag{14.9}$$

式中，L 表示水体中高锰酸盐指数（COD_{Mn}）的浓度，单位为 mg/L，$L = L_0 \mathrm{e}^{-k_1 t}$；$L_0$ 表示水体中 COD_{Mn} 的初始浓度，单位为 mg/L；k_1 表示 COD_{Mn} 耗氧速度，单位为 d^{-1}，即 COD_{Mn} 的降解系数；O 表示水体中 DO 浓度，单位为 mg/L；O_s 表示水体中饱和溶解氧浓度，单位为 mg/L；$O_s = 468/(T+31.6)$；T 表示水体温度，单位为 ℃；O_0 表示水体中 DO 的初始浓度，单位为 mg/L；k_1 表示水体的复氧速度，单位为 d^{-1}。

对式（14.9）进行积分求解，得

$$O = O_0 \mathrm{e}^{-k_2 T} - \frac{k_1 L_0}{k_1 - k_2} (\mathrm{e}^{-k_1 T} - \mathrm{e}^{-k_2 T}) + O_s (1 - \mathrm{e}^{-k_2 T}) \tag{14.10}$$

将 $u = Q/(10^3 \times S)$ 代入式（14.10）得

$$O = O_0 \mathrm{e}^{-k_2 x/u} - \frac{k_1 L_0}{k_1 - k_2} (\mathrm{e}^{-k_1 x/u} - \mathrm{e}^{-k_2 x/u}) + \frac{468}{(x/u + 31.6)} (1 - \mathrm{e}^{-k_2 x/u}) \tag{14.11}$$

式中，x 表示水体长度，单位为 km。

4. 生态系统富营养化模型

通常情况下，生态系统富营养化采用沃伦维德模型：

$$C = \frac{C'}{1 + \sqrt{HA/Q_r}} \tag{14.12}$$

式中，C 表示水体中 TP（或 $NH_3\text{-}N$）的年平均浓度，单位为 mg/L；C' 表示流入水体的 TP（或 $NH_3\text{-}N$）浓度，单位为 mg/L；H 表示水体平均水深，单位为 m；A 表示水体水面积，单位为 m^2；Q_r 表示年水体入水量，单位为 m^3。

14.1.2　贝叶斯推理框架下第 I 类应急追踪模型构建

基于贝叶斯推理的参数率定方法是利用未知参数的不确定性分布信息，在一定程度上避免因"最优"参数的失真而带来的决策风险的一种方法。根据贝叶斯理论，贝叶斯推理可以表述如下：

$$p(\theta \mid y) = \frac{p(\theta) p(y \mid \theta)}{p(y)} \propto p(\theta) p(y \mid \theta) \tag{14.13}$$

式中，θ 表示待求的模型参数；y 表示观测数据；$p(y \mid \theta)$ 表示似然函数；$p(\theta \mid y)$ 表示参数的后验概率密度函数；$p(\theta)$ 表示未知参数的联合先验概率密度函数。

实际中，$p(y)$ 不便于用分析的方法计算，且不依赖于 θ，仅起到一个正则化因子的作用，若对于 $\theta = (\theta_1, \theta_2, \cdots, \theta_m)$，已知其分布区间且相互独立，那么未知参数的联合先验概率密度函数可以写为

$$p(\theta) = \prod_{i=1}^{m} p(\theta_i) = \begin{cases} \prod\limits_{i=1}^{m} \dfrac{1}{b_i - a_i}, & \theta_i \in [a_i, b_i] \\ 0, & \text{其他} \end{cases} \qquad (14.14)$$

式中，m 表示模型参数的个数。

将观测误差和预测误差分别表示为 $\varepsilon_i = f_i - y_i$、$e_i = h_i(\theta) - f_i(\theta)$，其中 $y = (y_1, y_2, \cdots, y_M)$ 为观测点的观测值，$f = (f_1, f_2, \cdots, f_M)$ 为观测点的预测值，$h = (h_1, h_2, \cdots, h_M)$ 为理论值。假定观测误差和预测误差均服从正态分布，则似然函数分别为

$$\begin{cases} p(y_i \mid h_i, \theta) = \dfrac{1}{(2\sigma_{d,i})^{1/2}} \exp\left[-\dfrac{(y_i - h_i)^2}{2\sigma_{d,i}^2} \right] \\ p(h_i \mid f_i, \theta) = \dfrac{1}{(2\sigma_{f,i})^{1/2}} \exp\left[-\dfrac{(f_i - h_i)^2}{2\sigma_{f,i}^2} \right] \end{cases} \qquad (14.15)$$

若观测误差和预测误差不相关且每个观测点相互独立，则：

$$L(y \mid \theta) = \prod_{i=1}^{M} p(y_i \mid \theta) \propto \dfrac{1}{2^M \prod\limits_{i=1}^{M} (\sqrt{\sigma_{f,i} \sigma_{d,i}})} \exp\left[-\sum_{i=1}^{M} \dfrac{(C_i(x,t) - C_i(x,t \mid \theta))^2}{2(\sigma_{f,i}^2 + \sigma_{d,i}^2)} \right]$$

$$(14.16)$$

根据式（14.13），得未知参数的后验概率密度函数可以表示为

$$p(\theta \mid y) = p(d \mid \theta_1, \theta_2, \cdots, \theta_m) \cdot p(\theta_1, \theta_2, \cdots, \theta_m) \qquad (14.17)$$

式中，$\theta = (\theta_1, \theta_2, \cdots, \theta_m)$。

在实测数据 y 固定条件下，式（14.17）是一个关于参数 θ 的函数，即后验概率密度函数 $p(\theta \mid y)$，又被称为似然函数：

$$p(\theta \mid y) = L(y \mid \theta) \cdot p(\theta) \propto \dfrac{p(\theta)}{2^M \prod\limits_{i=1}^{M} (\sqrt{\sigma_{f,i} \sigma_{d,i}})} \exp\left[-\sum_{i=1}^{M} \dfrac{(C_i(x,t) - C_i(x,t \mid \theta))^2}{2(\sigma_{f,i}^2 + \sigma_{d,i}^2)} \right]$$

$$(14.18)$$

由于随机误差的似然函数表示模型预测值与实测数据的拟合程度。因此，第 I 类应急追踪问题研究可以转化为求使 $p(\theta \mid y)$ 达到最大的参数 $\hat{\theta}$，即

$$p(\hat{\theta} \mid y) \propto \lambda \max_{\alpha \in \Omega} \exp\left[-\sum_{i=1}^{M} \dfrac{(C_i(x,t) - C_i(x,t \mid \theta))^2}{2(\sigma_{f,i}^2 + \sigma_{d,i}^2)} \right] \qquad (14.19)$$

由式（14.19）可知，求解 $\max\limits_{\alpha \in \Omega} \exp\left[-\sum\limits_{i=1}^{M} \dfrac{(C_i(x,t) - C_i(x,t \mid \theta))^2}{2(\sigma_{f,i}^2 + \sigma_{d,i}^2)} \right]$ 等价于求解

$$\min \sum_{i=1}^{M} \frac{(C_i(x,t) - C_i(x,t \mid \theta))^2}{2(\sigma_{f,i}^2 + \sigma_{d,i}^2)} \text{。因此，式（14.19）转化为}$$

$$f(\hat{\theta}) = \min_{\alpha \in \Omega} \sum_{i=1}^{M} \frac{(C_i(x,t) - C_i(x,t \mid \theta))^2}{2(\sigma_{f,i}^2 + \sigma_{d,i}^2)} \tag{14.20}$$

14.2 基于改进 MH-MCMC 的应急追踪方法设计

14.2.1 MH-MCMC 方法操作原理

1. MC 方法

MC 方法是指在任何一个研究阶段使用随机（或伪随机）生成元的方法，主要通过先验信息来解决应急追踪问题研究的非唯一性。因此，基于贝叶斯框架的 MC 方法的核心思想是把关于应急追踪解的先验信息和观测数据结合起来，得到追踪结果的后验概率密度函数，而后验概率密度函数被认为是追踪的"完全解"。然而，在该方法中应急追踪结果的后验概率密度函数被定义在整个追踪结果范围内：若这个后验概率密度函数为高斯分布时，采用线性化追踪技术（优化方法）就能有效地解决；而对于高度非线性追踪问题而言，后验概率密度函数呈现复杂的形式，在这种情况下，全局优化技术需要确定追踪的后验概率密度函数最大的结果，即"最可能"的解，但是随着后验概率密度函数复杂性的增加，单一的"最可能"的结果（如果存在）几乎没有意义，这时利用后验概率密度函数的全部信息来获得整体推断更为合理。因此，为了能对满足追踪结果的后验概率密度函数所有可能值进行随机抽样，亟须构建和设计能直接模拟追踪结果后验概率密度函数的方法。

2. 马尔可夫链

马尔可夫链可以根据各状态之间的转移概率来描述或推测一个动态系统未来的随机变化情况。其中，各状态之间的影响程度可通过转移概率来量化，即可以用转移概率来表征马尔可夫链上各状态之间转移的内在规律。

假设随机变量 X 在时间点 t 的取值定义为 X_t，且它的状态空间为 $\{s_1, s_2, \cdots, s_N\}$，若存在一组数 P_{ij}（$i=1,2,\cdots,N$；$j=1,2,\cdots,N$），使得过程无论什么时候处于状态 s_i，不管前面的状态如何，其下一个状态是 s_j 的概率为 P_{ij}，即

$$P_{ij} = P(X_{t+1} = s_j \mid X_0 = s_k, \cdots, X_t = s_i) = P(X_{t+1} = s_j \mid X_t = s_i) \tag{14.21}$$

则称$\{X_t, t \geqslant 0\}$构成一个转移概率为P_{ij}（$i=1,2,\cdots,N$; $j=1,2,\cdots,N$）的马尔可夫链。

马尔可夫链的不可约性是指对状态s_i和s_j而言，从状态s_i出发转移到状态s_j的所有过程概率均大于 0，即所有状态都是相通的。用$\pi_j(t) = P(X_t = s_j)$表示马尔可夫链在时间点t处于状态s_j的概率，用$\pi(t)$表示在t步状态空间的行向量，易知该向量各分量和为 1。切普曼-柯莫哥洛夫方程可以描述马尔可夫链的演化过程，在时间点$t+1$的马尔可夫链处于状态s_j的概率计算式为

$$\pi_j(t+1) = P(X_{t+1} = s_j) = \sum_i P(X_{t+1} = s_j \mid X_t = s_i) \cdot P(X_t = s_i)$$
$$= \sum_i P(X_{t+1} = s_j \mid X_t = s_i) \cdot \pi_i(t) \tag{14.22}$$

式（14.22）可以改写成：

$$\pi(t+1) = \pi(t) \cdot P \tag{14.23}$$

式中，P表示状态转移矩阵。

若用P_{ij}表示P的第i行第j列的元素，则$\sum_j P_{ij} = 1$。依据式（14.23），可以得到：

$$\pi(t) = \pi(0) \cdot P_t \tag{14.24}$$

式中，$\pi(0)$表示初始向量。通常$\pi(0)$中只有一个分量为 1，其余全部为 0。

马尔可夫链具有遍历性是指对于一切i,j存在：

$$\lim_{t \to \infty} P_{ij}(t) = \pi_j > 0 \tag{14.25}$$

式中，$P_{ij}(t)$表示初始状态为s_i经过t步转移到状态为s_j的概率。

式（14.25）表示经过多步转移后，马尔可夫链的状态与初始状态毫无关联，即马尔可夫链达到了一个平稳状态。因此，马尔可夫链的平稳分布为$\pi^* = \{\pi_{ij}\}$，且π_j满足：

$$\begin{cases} \pi_j = \sum_{i=1}^{N} \pi_i P_{ij}, & j = 1,2\cdots,N \\ \sum_j \pi_j = 1 \end{cases} \tag{14.26}$$

式中，第一个式子的矩阵形式可以表示为$\pi^* = \pi^* P$。

若随机变量x连续，设$p(x,x')$为马尔科夫链的状态转移核，$\pi(x)$为转移核$p(x,x')$的平稳分布，且满足：

$$\begin{cases} \int p(x,x')\mathrm{d}x' = 1 \\ \int p(x,x')\pi(x)\mathrm{d}x' = \pi(x') \end{cases} \tag{14.27}$$

3. MCMC 抽样方法

MCMC 抽样方法是对马尔可夫链的 Monte Carlo 模拟积分的使用，其基本思路是以构造平稳分布 $\pi(x)$ 的马尔可夫链方式来得到平衡分布 $\pi(x)$ 足够多的样本，然后基于这个马尔可夫链作各种统计推理。具体地，设 $\pi(x)$ 为后验分布，把要计算的统计量写成某函数 $f(x)$ 关于 $\pi(x)$ 的期望：

$$E_\pi(f) = \int f(x)\pi(x)\mathrm{d}x \qquad (14.28)$$

由式（14.28）可知，可以利用 MCMC 抽样方法得到的样本 $\{x^{(j)}\}_{j=1}^N$ 来估计 $f(x)$ 的后验期望。根据大数定律，在一定条件下 $\hat{f}$ 收敛与 $f(x)$ 的后验期望。

$$\hat{f} = \frac{1}{N}\sum_{j=1}^N f(x^{(j)}) \qquad (14.29)$$

综上，针对突发水污染事件第 I 类应急追踪问题模型，采用基于 MCMC 抽样方法进行求解的步骤为：①随机生成待求参数组合 X 的初始样本，②结合水文水质等相关信息进行事件的正向模拟计算；③选择合理的似然函数；④重复①→③，生成一条服从后验概率分布的马尔可夫链。

然而，采用基于 MH-MCMC 应急追踪方法求解突发水污染事件第 I 类应急追踪模型时，由于不能提供更多的有关应急溯源的先验信息，所以无法选取合理的建议分布，进而难以求出准确的追踪结果，最终影响应急追踪效率。为此，本节对基于 MH-MCMC 的应急追踪方法进行改进，以提高应急追踪精度和效率。

14.2.2　基于改进 MH-MCMC 第 I 类应急追踪方法操作步骤

M-H 方法是一种生成-拒绝样本形式的抽样方法，它从任意分布中随机抽取样本值，并以某一标准决定接受还是拒绝该样本值，避免了直接求解后验概率分布函数的问题。为提高 M-H 方法的抽样效率，在 M-H 抽样过程中加入一次人为筛选，其具体求解步骤如下。

（1）将研究区域空间离散为 N 段，每段水流断面形状变化不大。

（2）根据变量个数 N 及其部分先验信息，确定未知参数的样本空间和先验概率密度函数 $p(\theta)$。

（3）在其先验范围内随机生成 N 个初始值 $X' = \{x_i(1), x_i(2), \cdots, x_i(N)\}$，并设定 $i=1$。

（4）设定建议分布 $U(x_i(s) - step, x_i(s) - step)$，并生成 $x'(s)$，其中，U 表示均匀分布，step 表示随机游走的步长。

（5）分别计算出 $x_i(s)$ 和 $x'(s)$ 对应的污染物浓度值 Y 和 Y_0，并按下式计

算 B：

$$B = \sum |Y - Y_0| \tag{14.30}$$

（6）如果 $B > 0.6$，则接受该测试参数并设定为当前模型参数，即 $x_i(s) = x'(s)$，否则不接受该测试参数，$x_i(s) = x_i(s)$。

（7）利用分布 $U(x_i(s) - \text{step}, x_i(s) - \text{step})$ 生成 $X^* = \{x^*(1), x^*(2), \cdots, x^*(N)\}$。

（8）找到能够反映模型参数和观测数据之间关系的似然函数 $p(y|\theta)$。

（9）计算未知参数的后验概率密度函数 $p(\theta|y)$。

（10）计算从 $X^{(i)}$ 位置移动到 $X^{(*)}$ 的接受概率为

$$A(X^{(i)}, X^{(*)}) = \min\left\{1, \frac{p(X^*)}{p(X^i)}\right\} \tag{14.31}$$

（11）产生一个 0～1 均匀分布的随机数 R，如果 $R < A(X^{(i)}, X^{(*)})$，则接受该测试参数并设定为当前模型参数，即 $X^{(i+1)} = X^{(*)}$，否则不接受该测试参数，$X^{(i+1)} = X^{(i)}$。

（12）重复步骤（1）～（11）直至达到预定迭代次数。

14.2.3 收敛性判断

目前，对马尔可夫链的收敛性的诊断方法已经很多，其中最为常用是 Gelman 和 Rubin 于 1992 年开发以及 Raftery 和 Lewis 于同年开发的统计方法。本书采用 Gelman-Rubin 潜在规模减缩因子（potential scale reduction factor，PSRF）R 来诊断模型的收敛。R 的计算如下所示：

$$\sqrt{\hat{R}} = \sqrt{\left(\frac{n-1}{n} + \frac{m+1}{m}\frac{B}{W}\right)\frac{\text{df}}{\text{df}-2}} \tag{14.32}$$

式中，B 表示 m 次平行采样链条的平均值的方差；W 表示 m 个马尔可夫链内的方差平均值；df 表示渐进学生分布的自由度。

14.3 算 例 分 析

14.3.1 研究区域的描述

长距离明渠输水工程受节水闸、倒虹吸等交叉建筑物的影响，使得该水体类型的水力条件或流体属性或渠道形态等存在着突变现象。基于此，由理论公式法和经验公式法得到的渠道纵向离散系数无法准确反映出其自身的离散特性，若将实测断面形状和断面流速分布近似相同的渠段划归为一个渠池，则该渠段的纵向离散系数为一常数集合，如图 14.2 所示（Wang, 2009；Kashefipour and Falconer, 2002）。选择一条长为 3 km 的某明渠段，在不考虑污染物的任何生物化学条件下识别不同情景下的纵向离散系数。若该明渠段上游起始端（$x=0$）径流来水污染物浓度为 1.0 mg/L，下游为自由出流，即浓度梯度为 0，渠段流场沿程分布为 $u=5+0.001 \times x$，根据该明渠段的几何特征可将其离散成 $N=6$ 个渠池段，对应的纵向离散系数真值分别为 50 m^2/s、70 m^2/s、90 m^2/s、110 m^2/s、130 m^2/s 和 140 m^2/s。为准确验证基于改进 MH-MCMC 应急追踪方法的有效性，设置了等容量控制均匀流和非等容量控制非均匀流两种情景。

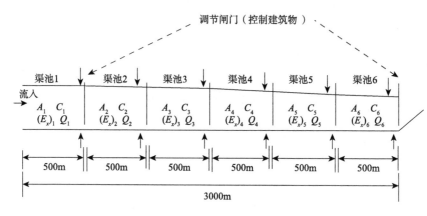

图 14.2　某渠段示意图

14.3.2　等容量控制非均匀流

若该明渠流量恒为 10m^3/s，运用有限差分法得到各渠池断面的污染物浓度数据，见表 14.1。

表 14.1　各渠池断面的污染物浓度数据

时间 t/min	渠池断面编号					
	1/（mg/L）	2/（mg/L）	3/（mg/L）	4/（mg/L）	5/（mg/L）	6/（mg/L）
5	0.237	0.067	0.020	0.007	0.002	0.001
10	0.408	0.159	0.061	0.024	0.009	0.004
15	0.531	0.255	0.116	0.051	0.023	0.010
20	0.620	0.344	0.177	0.088	0.043	0.021
25	0.683	0.420	0.239	0.129	0.068	0.036
30	0.729	0.484	0.297	0.173	0.097	0.054

续表

时间 t/min	渠池断面编号					
	1/（mg/L）	2/（mg/L）	3/（mg/L）	4/（mg/L）	5/（mg/L）	6/（mg/L）
35	0.762	0.535	0.349	0.216	0.129	0.076
40	0.785	0.576	0.394	0.256	0.16	0.099
45	0.803	0.608	0.4318	0.292	0.191	0.122
50	0.815	0.632	0.4631	0.324	0.219	0.145

设定迭代次数为 20 000 次，分别依照改进 MH-MCMC 和 MH-MCMC 的操作思路，对突发水污染事件演化态势模型参数中纵向离散系数进行迭代率定，得到各渠段纵向离散系数 $(E_x)_i$（$i=1,2,\cdots,6$）的直方图和迭代曲线，如图 14.3～图 14.6 所示。表 14.2～表 14.4 为不同观测误差下分别采用改进 MH-MCMC、标准 MH-MCMC 和 FDM-NMS 等应急追踪方法得到的各渠段纵向离散系数 $(E_x)_i$（$i=1,2,\cdots,6$）的结果。

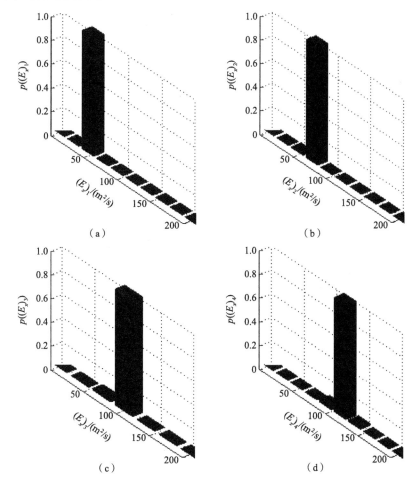

（a）

（b）

（c）

（d）

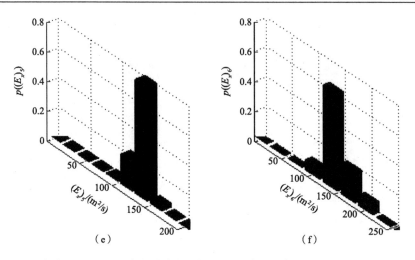

图 14.3　基于改进 MH-MCMC 应急追踪方法得到渠段纵向离散系数（E_x）$_i$（$i=1,2,\cdots,6$）的后验概率直方图

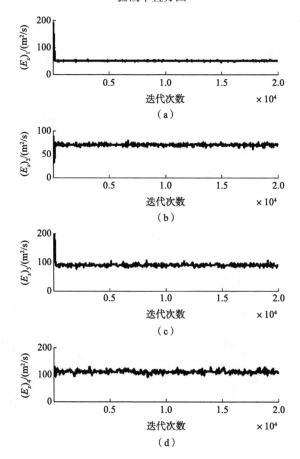

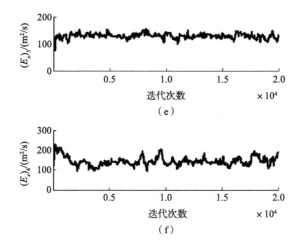

图 14.4　基于改进 MH-MCMC 应急追踪方法得到渠段纵向离散系数（E_x）$_i$（$i=1,2,\cdots,6$）的迭代曲线

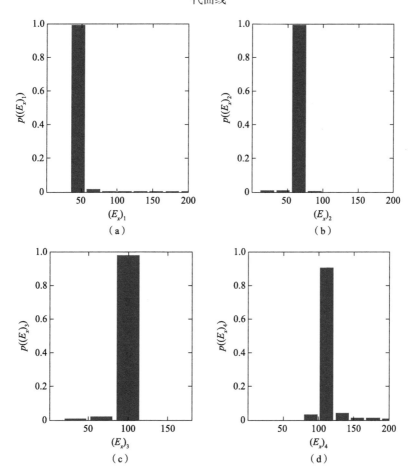

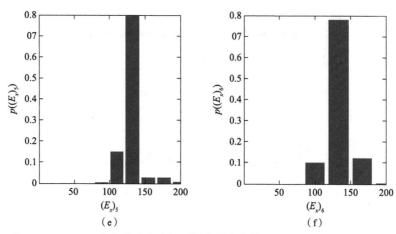

图 14.5　基于 MH-MCMC 应急追踪方法得到渠段纵向离散系数（E_x）$_i$（i=1,2,···,6）的后验概率直方图

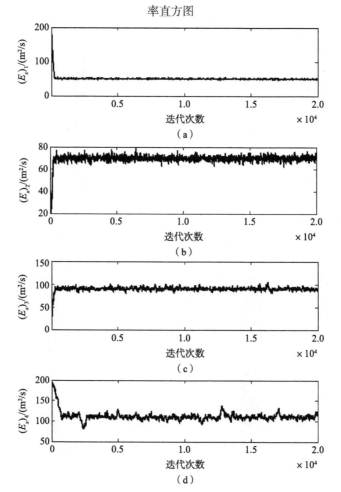

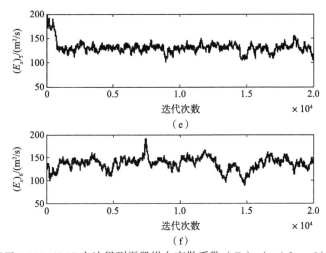

图 14.6　基于 MH-MCMC 方法得到渠段纵向离散系数（E_x）$_i$（$i=1,2,\cdots,6$）的迭代曲线

表 14.2　不同观测误差水平下基于改进 MH-MCMC 应急追踪方法得到的渠段纵向离散系数（E_x）$_i$（$i=1,2,\cdots,6$）

断面编号	$\sigma=0.01$		$\sigma=0.05$		$\sigma=0.10$	
	率定值/（m²/s）	相对误差	率定值/（m²/s）	相对误差	率定值/（m²/s）	相对误差
1	50.053	0.11%	50.181	0.36%	50.209	0.42%
2	70.161	0.23%	70.446	0.64%	71.702	2.43%
3	89.772	0.25%	91.428	1.59%	91.449	1.61%
4	109.979	0.02%	111.220	1.11%	114.273	3.88%
5	128.99	0.78%	135.463	4.20%	135.03	3.87%
6	137.974	1.45%	148.622	6.16%	153.962	9.97%

表 14.3　不同观测误差水平下基于 MH-MCMC 应急追踪方法得到的渠段纵向离散系数（E_x）$_i$（$i=1,2,\cdots,6$）

断面编号	$\sigma=0.01$		$\sigma=0.05$		$\sigma=0.10$	
	率定值/（m²/s）	相对误差	率定值/（m²/s）	相对误差	率定值/（m²/s）	相对误差
1	49.784	0.43%	50.095	0.19%	50.196	0.39%
2	70.271	0.39%	69.397	0.86%	69.171	1.18%
3	90.121	0.13%	92.692	2.99%	95.121	5.69%
4	111.389	1.26%	112.498	2.27%	105.295	4.28%
5	130.358	0.28%	138.993	6.92%	122.038	6.12%
6	142.732	1.95%	149.815	7.01%	155.628	11.16%

表 14.4　观测误差为 0.1 时采用基于 FDM-NMS 应急追踪方法得到的渠段纵向离散系数（E_x）$_i$（$i=1,2,\cdots,6$）

项目	渠池 1	渠池 2	渠池 3	渠池 4	渠池 5	渠池 6
真值/（m²/s）	50	70	90	110	130	140
率定值/（m²/s）	50.785	48.738	89.635	128.299	119.32	149.217
相对误差	1.57%	16.09%	0.41%	16.64%	8.22%	6.58%

从图 14.3～图 14.6 得出，6 个渠池断面纵向离散参数（E_x）$_i$（i=1,2,…,6）在真值附近的取值概率最大。其中，采用本章所设计的追踪方法进行迭代抽样计算时，大约迭代 300 次后生成的 1 号渠池段、2 号渠池段和 3 号渠池段的样本值开始接近于真值，迭代 600 次后生成的 4 号渠池段和 5 号渠池段的样本值开始接近于真值；由表 14.2 和表 14.3 可知，当观测误差 σ 分别取 0.01 和 0.05，采用本章设计的应急追踪方法得到的结果的平均相对误差分别为 0.47% 和 2.34%，分别比采用基于 MH-MCMC 应急追踪方法低 0.27 个百分点和 1.03 个百分点；由表 14.2 和表 14.4 可知，当观测误差 σ 为 0.10 时，采用本章设计的应急追踪方法应急追踪方法得到的结果平均相对误差小于 4%，比基于 MH-MCMC 应急追踪方法、基于 FDM-NMS 应急追踪方法低。由此可见，在等容量控制非均匀流情景下，相对标准 MH-MCMC 和 FDM-NMS 两种应急追踪方法而言，本章所设计的应急追踪方法具有较好的计算精度和计算效率，且能较好地处理追踪过程中不确定性。

14.3.3 非等容量控制非均匀流

若该段明渠的流量通过闸控建筑物来控制，是时间的函数 $Q(t)=10+0.001 \times t$，得到作为率定参数用的污染物浓度时间曲线，如图 14.7 所示。

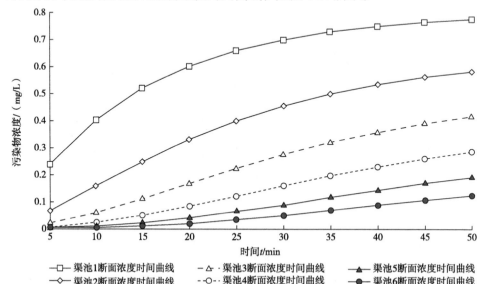

图 14.7 非等容量控制非均匀流情景下渠池 i（i=1,2,3,4,5,6）下游闸断面的浓度时间过程曲线

同 14.2.2 小节的思路，得到非等容量控制非均匀流情景下，当观测误差水平 σ 为 0.01 时各渠段纵向离散系数（E_x）$_i$（i=1, 2, …, 6）的后验概率直方图和迭代曲线，如图 14.8～图 14.11 所示。表 14.5～表 14.7 为非等容量控制非均匀流情景

下，不同观测误差下分别采用改进 MH-MCMC、MH-MCMC 和 FDM-NMS 等应急追踪方法率定的各渠池段纵向离散系数。

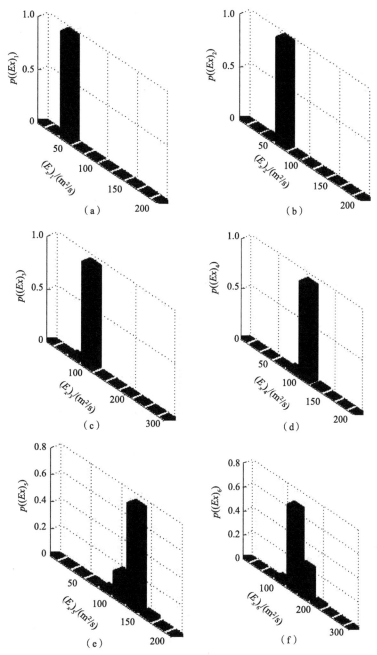

图 14.8　基于改进 MH-MCMC 应急追踪方法得到渠段纵向离散系数（E_x）$_i$（i=1, 2, …, 6）的后验概率直方图

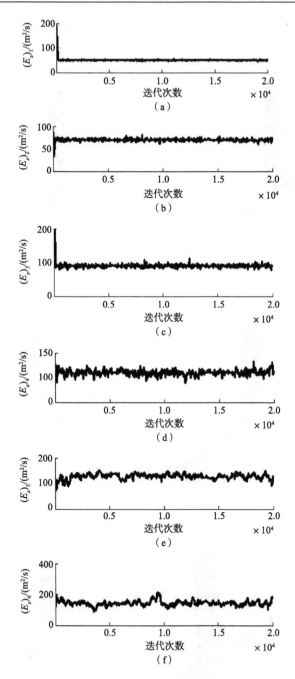

图14.9 基于改进MH-MCMC应急追踪方法得到渠段纵向离散系数$(E_x)_i$(i=1, 2, …, 6)的迭代曲线

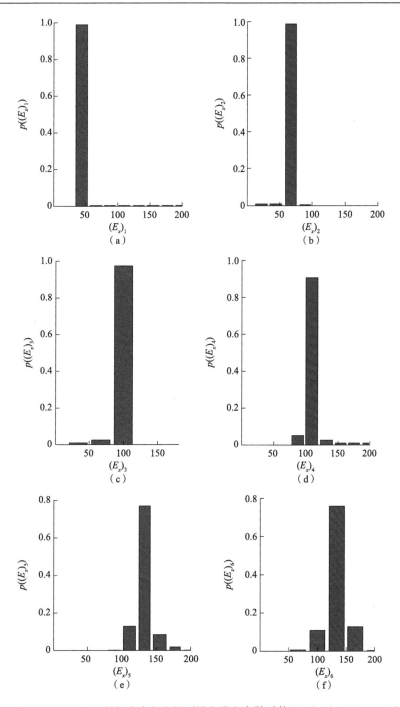

图 14.10　基于 MH-MCMC 应急追踪方法得到渠段纵向离散系数（E_x）$_i$（i=1, 2, …, 6）的后验概率直方图

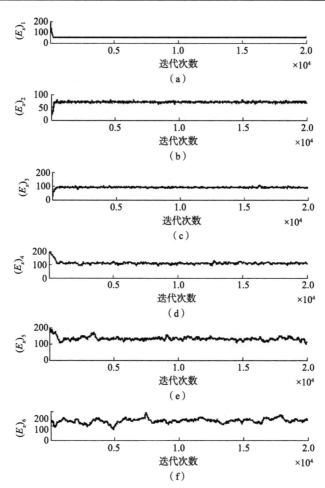

图 14.11 基于 MH-MCMC 应急追踪方法得到渠段纵向离散系数 $(E_x)_i$（$i=1, 2, \cdots, 6$）的迭代曲线

表 14.5 不同观测误差下基于改进 MH-MCMC 应急追踪方法得到渠段纵向离散系数 $(E_x)_i$（$i=1, 2, \cdots, 6$）

断面编号	$\sigma=0.01$		$\sigma=0.05$		$\sigma=0.10$	
	率定值/ （m²/s）	相对误差	率定值/ （m²/s）	相对误差	率定值/ （m²/s）	相对误差
1	50.032	0.06%	50.163	0.33%	50.283	0.57%
2	70.003	0.01%	70.535	0.76%	72.202	3.15%
3	89.966	0.04%	90.097	0.11%	92.247	2.5%
4	110.456	0.41%	113.511	3.19%	117.632	6.94%
5	129.129	0.67%	134.381	3.37%	128.327	1.29%
6	141.841	1.31%	142.058	1.47%	153.787	9.85%

表 14.6　不同观测误差下基于 MH-MCMC 应急追踪方法得到渠段纵向离散系数

$(E_x)_i (i=1, 2, \cdots, 6)$

断面编号	σ =0.01		σ =0.05		σ =0.10	
	率定值/ (m²/s)	相对误差	率定值/ (m²/s)	相对误差	率定值/ (m²/s)	相对误差
1	50.014	0.03%	50.148	0.30%	49.967	0.1%
2	70.046	0.06%	69.269	0.99%	69.390	0.67%
3	90.142	0.12%	93.348	3.77%	99.589	10.85%
4	109.934	0.09%	110.775	0.73%	107.939	2.27%
5	131.426	1.09%	135.627	4.45%	125.762	3.21%
6	134.696	3.79%	150.404	7.43%	161.836	15.6%

表 14.7　不同测量误差下基于 FDM-NMS 应急追踪方法得到渠段纵向离散系数

$(E_x)_i (i=1, 2, \cdots, 6)$

断面编号	σ =0.05			σ =0.10		
	率定值/(m²/s)	相对标准偏差	相对误差	率定值/(m²/s)	相对标准偏差	相对误差
1	49.710	3.14%	0.58%	49.710	8.61%	0.58%
2	69.934	7.29%	0.09%	72.479	18.62%	3.54%
3	93.245	8.05%	3.58%	95.515	14.16%	6.13%
4	112.977	8.66%	2.70%	110.229	20.55%	0.21%
5	132.976	6.98%	2.29%	137.794	9.99%	5.99%
6	124.288	23.98%	11.2%	186.376	62.19%	33.13%

　　从图 14.8 和图 14.10 得出，采用本章所设计的应急追踪方法率定渠段纵向离散系数 $(E_x)_i (i=1,2,\cdots,6)$ 时，得到的结果均在真值附近，其中 $P ((E_x)_1)$、$P ((E_x)_2)$ 和 $P ((E_x)_3)$ 的值几乎等于 1；由图 14.9 和图 14.11 可知，采用本章所设计的应急追踪方法率定渠段纵向离散系数 $(E_x)_i (i=1,2,\cdots,6)$ 时，大约迭代 300 次后生成的 1 号、2 号和 3 号渠池段的样本值就开始接近于真值，大约迭代 600 次后生成的 4 号渠池段和 5 号渠池段的样本值开始接近于真值；由表 14.5 和表 14.6 得出，在非等容量控制非均匀流情景下，当观测误差 σ 为 0.01 时，采用本章设计的应急追踪方法得到的结果的平均相对误差为 0.42%，比标准 MH-MCMC 低 0.44 个百分点；由表 14.5 ~ 表 14.7 可知，观测误差增加到 0.05 和 0.10 时，采用本章设计的应急追踪方法得到结果的平均相对误差分别为 1.54% 和 4.05%，比基于 MH-MCMC 应急追踪方法低 1.41 个百分点和 1.40 个百分点，比采用基于 FDM-NMS 应急追踪分别少 1.87 个百分点和 4.21 个百分点。由此可见，在非等容量控制非均匀流情景下，采用本章设计的应急追踪方法求解突发水污染事件应急追踪问题模型时，依旧具有较强的计算效率与计算精度。

14.3.4 算例结果分析

综合图 14.3 ~ 图 14.11 和表 14.2 ~ 表 14.7 得，无论是等容量控制非均匀流还是非等容量控制非均匀流情景，相对基于 MH-MCMC 应急追踪方法和基于 FDM-NMS 应急追踪方法而言，本章设计的应急追踪方法具有以下特点。

1. 高计算精度

采用基于改进 MH-MCMC 的应急追踪方法，得到的参数 E_x 平均相对误差均小于 10%，尤其当观测误差提高至 0.10 时，平均相对误差依旧比 MH-MCMC 和 FDM-NMS 低。因而，无论何种情景下采用本章所设计的应急追踪方法，得到参数的精度均比基于 MH-MCMC 应急追踪方法和基于 FDM-NMS 应急追踪方法高。

2. 强适用性

当观测误差从 0.01 增加到 0.10 时，无论是等容量还是非等容量控制非均匀流情景，采用基于改进 MH-MCMC 应急追踪方法得到参数 E_x 的平均相对误差均小于 10%，即本章所设计的应急追踪方法能在观测误差较大及不同情景下开展突发水污染事件应急追踪问题求解。

3. 强抗噪声能力

即使水体形态极其复杂，采用本章所设计的应急追踪方法也能很好地率定发生在该水体的突发水污染事件演化态势模拟模型的有关参数，即基于改进 MH-MCMC 的应急追踪方法具有更强的抗噪能力。例如，在非等容量控制非均匀流情景下，当观测误差为 0.05 和 0.10 时，采用本章设计的应急追踪方法得到参数 E_x 的平均相对误差比采用基于 MH-MCMC 应急追踪方法分别低 1.41 个百分点和 1.40 个百分点。由此可见，突发水污染事件发生的偶然性、水文条件的复杂多样性等特点，使得突发水污染事件应急追踪问题同应急溯源问题一样，也具有复杂的不适定性。本章将突发水污染事件应急追踪问题的待求解视为随机变量，在充分考虑了先验信息、观测噪声以及模型误差影响的基础上，构建贝叶斯框架下突发水污染事件应急追踪模型，并设计了一种能较好地解决应急追踪过程中不适定性的方法。算例结果表明，本章设计的应急追踪方法不仅提升了待追踪解的计算精度，而且扩大了适用范围和增强了抗噪声能力。

第15章 突发水污染事件第Ⅱ类应急追踪问题研究

突发水污染事件第Ⅱ类应急追踪问题研究是应急决策者能否准确发布预警级别和采取针对性补救措施的依据。然而，观测数据繁多且存在误差，使得突发水污染事件第Ⅱ类应急追踪问题求解过程存在很强的不确定性。因此，本章拟从优化算法、神经网络和回归分析等方法的耦合角度研究突发水污染事件第Ⅱ类应急追踪问题。

15.1 基于 GA-BP 的突发水污染事件应急追踪问题研究

15.1.1 GA

GA 是一种基于大自然优胜劣汰的智能优化算法，它是通过模拟生物在自然环境中的遗传和进化过程而形成的一种自适应全局优化概率搜索算法（汪松泉和程家兴，2009）。采用该方法研究突发水污染事件应急追踪问题就是用"染色体"表示将追踪问题的解，将其置于问题的"环境"中，根据适者生存的原则，从中选择出适应环境的"染色体"进行复制，即再生，通过交叉、变异两种基因操作产生出新一代更适合环境的"染色体"群，这样一代代不断改进，最后收敛到一个最适合环境的个体上，进而得到问题的最佳解（苏怀智等，2001）。由于最好的染色体不一定出现在最后一代，开始时保留最好的染色体，如果在新的种群又发现更好的染色体，则用它代替原来的染色体，进化完成后，这个染色体可看作最优化的结果（秦肖生和曾光明，2002）。因此，GA 的优点在于拥有良好的全局搜索能力，能够迅速找到解空间中最优或次优解；同时，GA 还具有鲁棒特性强、简单通用和并行等特点，能够进行大规模并行分布处理（李敏强等，2002），具体流程如图 15.1 所示。

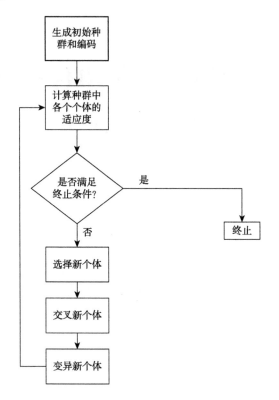

图 15.1　GA 的流程示意图

根据 GA 的基本思路和图 15.1，GA 的操作步骤如下。

（1）初始种群。在一定范围内随机产生数量为 N 的初始种群，种群中的个体称为染色体。

（2）种群编码。按照一定的规则对初始种群进行编码，通常有二进制编码、浮点数编码和随机数编码。

（3）适应度。根据目标函数，采用式（15.1）计算种群中个体的适应度值：

$$f_i = \frac{1}{E_i}, E_i = \sum_{i=0}^{x}(Y_i - \bar{Y}_i)^2 \tag{15.1}$$

式中，f_i 表示个体适应度；Y_i 表示样本实际输出值；$\bar{Y}_i$ 表示 Y_i 的样本期望输出值；x 表示样本个数。

（4）选择算子。根据个体的适应度值，应选择适应度高的个体进行下一次迭代运算，而适应度低的个体进入下一次迭代运算的概率也较低，甚至会被淘汰的机会。因此，采用轮盘式选择法，按式（15.2）的概率选取个体：

$$p_k = f_k \bigg/ \sum_i^P f_i \qquad (15.2)$$

式中，f_i 表示个体适应度；P 表示初始种群数。

（5）交叉算子。将被选中的个体根据特定原则相互配对，交换部分基因，得到新的个体，新个体将拥有父辈个体特性。

$$\begin{cases} x_1' = ax_1 + (1-\alpha)x_2, \alpha \in (0,1) \\ x_2' = ax_2 + (1-\alpha)x_1, \alpha \in (0,1) \end{cases} \qquad (15.3)$$

式中，x_1、x_2 表示两个父辈个体；x_1'、x_2' 表示新产生的两个子代个体；α 表示随机数。

（6）变异算子。通过一定变异概率替换个体染色体上某几个等位基因，创造出与父辈不同的新个体，扩大种群规模。

重复执行步骤（3）~ 步骤（6），通过迭代达到收敛，进而得到问题的最优解。

GA 作为一种智能优化算法，得到了广泛的应用，但也存在一些不足（王铁方，2016）：①编码不规范及编码存在表示的不准确性。②单一的算法编码无法全面表示优化问题的约束。考虑约束的一个方法就是对不可行解采用阈值，这样，计算的时间必然增加。③计算效率比其他传统的优化方法低，且易过早收敛；④对算法的精度、可行度、计算复杂性等方面，还没有有效的定量分析方法。

综上，GA 可以快速地从解空间中搜索最优或次优解，不会陷入局部最优解的快速下降陷阱，并且可以方便地进行分布式计算和加快搜索速度。但 GA 也存在局部搜索能力较差问题，导致单纯的遗传算法比较费时，在进化后期搜索效率较低。在实际应用中，GA 容易产生早熟收敛的问题。采用何种选择方法既要使优良个体得以保留，又要维持群体的多样性，一直是 GA 较难解决的问题（陆志强和刘欣仪，2018）。

15.1.2　BP 神经网络算法

BP 神经网络算法是在 BP 神经网络现有算法的基础上提出的，是一种基于误差反向传播的多层前馈网络迭代算法（Funahashi，1989；孙晨等，2016）。一个标准的 BP 神经网络由输入层、隐含层、输出层构成。BP 神经网络算法学习过程分为前向传播和反向传播两个阶段（郑建华等，2009）。其中，信息从输入层通过隐含层逐层传递至输出层，这个阶段称为前向传播。前向传播过程中，如果实际输出与期望输出之间的误差达不到要求，则进入反向传播过程，将误差反向通过隐含层传递至输入层，修改每层之间的连接权值和阈值。前向传播和反向传播交替进行，不断校正，直至满足收敛和精度要求（杨宁和杨英奇，2000；沈婧和樊贵盛, 2017）。BP 神经网络算法的具体操作步骤如下。

（1）节点输入输出, 隐含层第 i 个神经元的输出为

$$a_{1i} = f_1\left(\sum_{j=1}^{r} w1_{ij} p_j + b1_i\right) \qquad (15.4)$$

（2）输出层第 k 个神经元输出为

$$a_{2k} = f_2\left(\sum_{j=1}^{r} w2_{ki} a1_i + b2_k\right) \qquad (15.5)$$

式中, f_1、f_2 分别表示隐含层和输出层的作用函数; $w1_{ij}$、$w2_{ki}$ 分别表示隐含层和输出层的神经元权值; $b1_i$、$b2_k$ 表示隐含层和输出层的神经元阈值; p_j 表示神经网络的输入值; $a1_i$ 表示神经网络计算的中间值, 即隐含层的输出值; $a2_k$ 表示神经网络的输出值。

（3）激活函数。激活函数是神经网络的重要环节, 函数引入非线性因素, 解决线性所不能解决的问题。神经网络信息处理能力通常依赖所采用的激活函数类型。采用的激活函数为双极 S 型函数, 函数值域为[-1,1], 其数学表达式为

$$f(x) = \frac{1 - \mathrm{e}^{-x}}{1 + \mathrm{e}^{-x}} \qquad (15.6)$$

（4）误差计算函数:

$$E(W, B) = 1\Big/2\sum_{k=1}^{s_2} (t_k - a_{2k})^2 \qquad (15.7)$$

式中, t_k 为目标值。

然而, 从建模或机器学习的角度而言, BP 神经网络算法在使用上有其局限性:①样本数据要求高, 样本选择比较困难;②计算速度慢, 收敛与否不可控;③外推性比较差;④训练结果使输入输出呈非线性关系, 以至于训练得到的权值或阈值不可理解;⑤扩展性比较困难; 等等（陈英义等, 2017; Pany and Ghoshal, 2015）。

15.1.3 基于 GA-BP 应急追踪模型构建与方法设计

BP 神经网络存在学习收敛速度慢、易陷入局部极值以及网络结构难以确定等缺点, 导致基于 BP 神经网络的应急追踪结果与实际值存在较大的误差（Wang et al., 2017）。而 GA 拥有良好的全局搜索能力, 能够迅速找到解空间中最优或次优解, 但对参数设置的敏感性较高。倘若结合 GA 的全局寻优能力与 BP 神经网络的指导性搜索思想, 可以克服寻优过程中的盲目性和避免发生局部收敛（Sedighi and Afshari, 2010; 墨蒙等, 2018）。倘若在 BP 神经网络训练之前, 利用 GA 产生一个初始种群, 种群中的个体对应神经网络的一组权值和阈值, 通过

多次迭代，得到最优权值和阈值，将此权值和阈值带入 BP 神经网络进行训练，网络的全局搜索能力在得到优化的同时缩短了训练时间，进而提高了追踪精度（Sedighi and Afshari，2010；墨蒙等，2018）。由此可见，结合 BP 神经网络和 GA 的应急追踪方法不仅拥有 GA 全局寻优能力，而且改善单一 BP 神经网络容易陷入局部最小的缺陷，具体流程如图 15.2 所示。

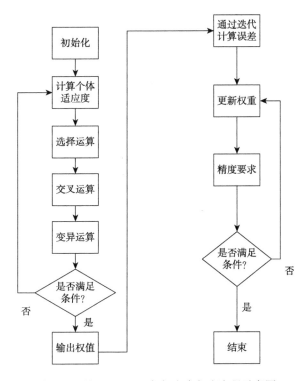

图 15.2　基于 GA-BP 应急追踪方法流程示意图

基于 GA-BP 的突发水污染事件应急追踪具体操作步骤如下。

（1）初始化种群 n，包括交叉规模、交叉概率 P_c、变异概率 P_m 等。

（2）计算每个个体的评价函数，并将其排序，按式（15.8）概率值选择网络个体：

$$p_i = f \bigg/ \sum_i^N f_i \qquad (15.8)$$

式中，f_i 表示个体 i 的配置，用误差平方和 E 来衡量，即

$$\begin{cases} f_i = 1/E(i) \\ E(i) = \sum_k \sum_o (d_o - \gamma O_o)^2 \end{cases} \qquad (15.9)$$

式中，i 表示染色体，$i=1,2,\cdots,n$；o 表示输出结点数，$o=1,2,\cdots,q$；k 表示学习样本数，$k=1,2,\cdots,m$；γO_o 表示网络实际输出；d 表示期望输出。

（3）以交叉概率 P_c 对个体 G_i 和 G_{i+1} 进行交叉操作，产生新个体 G_i' 和 G_{i+1}'，没有进行交叉操作的个体直接进行复制。

（4）利用变异概率 P_m 突变产生 G_j 和 G_j'。

（5）将新个体插入到种群中，并计算新个体的评价函数。

（6）判断算法是否结束。如果找到满意个体，则结束；否则转到步骤（3）进入下一轮运算。

（7）算法结束，达到预先设定的性能指标后，将最终群体中的最优个体解码即可得到优化后的网络连接权值系数。

（8）将优化得到的网络连接权值系数赋值给 BP 神经网络进行训练及预测输出。

综上，基于 GA-BP 的应急追踪方法是通过 BP 神经网络结构采用试算法进行确定，在确定最佳网络结构以及获得较好预测精度的前提下，利用 GA 解决了 BP 神经网络容易陷入局部极小值问题，即在相同网络结构、传递函数、训练函数及期望误差等条件下，运用 GAs 来优化 BP 神经网络的初始权值和阈值。

15.2　基于 GA-SVM 的突发水污染事件应急追踪问题研究

15.2.1　SVM

SVM 是 20 世纪 90 年代由 Corinna Cortes 和 Vapnik 提出来的研究小样本、非线性和小概率事件的模型，能根据有限的样本信息在模型的复杂度和学习能力间寻找最优的解（Cristianini and Shawe-Taylor，2000；张学工，2000；Vapnik，2004）。SVM 的基本思路是：首先，给定一个分别属于两类中任意一类的数据集，寻找一个超平面；其次，把属于同类的数据尽可能地分在同一面，并且使每一类与超平面的距离最大化；最后，构建寻求最优超平面的优化问题。若用 x_i 表示数据点，$x_i \in R^d$（$i=1,2,\cdots,N$）；y_i 表示类别，$y_i \in \{-1,1\}$ 且与每个向量 x_i 关联，则找寻最优超平面的问题就转化为求解凸二次方程问题：

$$\begin{cases} \min \|w\|^2/2 \\ \text{s.t.} \quad y_i(wx_i+b) \geqslant 1, i=1,2,\cdots,N \end{cases} \tag{15.10}$$

式中，w 和 b 表示超平面方程 $f(x)=wx+b$ 的系数。

根据式（15.10），构建拉格朗日函数：

$$L(w,a,b) = \| w \|^2 / 2 - \sum_{i=1}^{N} \alpha_i [y_i \times (w \cdot x_i + b) - 1] \tag{15.11}$$

式中，α_i 表示拉格朗日乘子。

为了使 SVM 用于应急追踪，通过向目标函数加入误差惩罚因子 C 并设置阈值控制错分比例将上述方程转化成（Cristianini and Shawe-Taylor，2000）：

$$\begin{cases} \max \sum_{i=1}^{N} \alpha_i - \dfrac{1}{2} \sum_{i=1}^{N} \sum_{j=1}^{N} \alpha_i \alpha_j y_i y_j K(x_i, x_j) \\ \text{s.t.} \quad \sum_{i=1}^{N} \alpha_i y_i = 0, 0 \leqslant \alpha_i \leqslant C; i = 1, 2, \cdots, N \end{cases} \tag{15.12}$$

$K(x_i, x_j)$ 是 SVM 由低维向高维空间转换采用的核函数类型。因此，得到了 SVM 用作应急追踪的一般表述。

核函数常用的有线性核函数、多项式核函数、径向基函数和 Sigmoid 函数。

$$K(x_i, x_j) = \exp(-\frac{\| x_i - x_j \|^2}{2\sigma^2}) \tag{15.13}$$

常用的几种核函数对 SVM 性能影响不大，反而核函数参数和误差惩罚因子 C 是影响 SVM 性能的关键因素（Cristianini and Shawe-Taylor，2000）。所以，选择合适的参数对 SVM 显得至关重要。

SVM 与 BP 相比，具有以下特点（Cristianini and Shawe-Taylor，2000；张学工，2000）：①SVM 能保证学习机器具有良好的泛化能力；②SVM 可以巧妙地解决复杂度与输入向量维数密切相关的问题；③SVM 通过映射和构造线性判别函数解决输入空间中的非线性问题；④SVM 基于已有样本信息求解最优解；⑤SVM 具有算法的全局最优性，解决了神经网络无法避免的局部最小问题；⑥BP 神经网络、GA 等传统方法的实现中带有的很大的经验成分，而 SVM 具有更严格的理论和数学基础。

15.2.2　基于 GA-SVM 突发水污染事件应急追踪模型

SVM 虽能较好地解决小样本、非线性、高维数和局部极小点等实际问题，具有良好的泛化能力，但 SVM 中关键参数的选取多依靠经验或实验，这些参数对追踪结果又至关重要（连可等，2009；袁伟和陈晓东，2015）。所以，针对 SVM 参数选取的盲目性，采用 GA 来优化 SVM 模型参数，即结合 GA 优秀的全局搜索能力和 SVM 良好的追踪能力。基于 GA-SVM 应急追踪方法的具体步骤如下。

（1）输入样本数据，指定样本数据中的训练样本和测试样本。为消除原始数据数量级间的较大差异，需进行归一化处理。

（2）编码并产生初始种群。对 SVM 的核函数类型、核参数和惩罚因子都采用二进制编码方式进行编码，且随机产生初始种群。

（3）用训练样本训练参数，计算染色体的适应度值。定义样本的均方误差 E_{MSE} 作为适应度函数，评价种群。

$$E_{MSE} = \frac{1}{n}\sum_{i=1}^{n}(y_i - \overline{y}_i)^2 \qquad (15.14)$$

式中，y_i 表示实测值；$\overline{y}_i$ 表示预测值；$i=1, 2,\cdots, n$。

（4）对种群进行选择、交叉、变异等遗传算子操作，产生下一代种群。

（5）判断是否满足终止条件，即对种群个体进行适应度验证，若不满足，则转到步骤（4），若满足则输出最优参数。

（6）将最优参数输入到 SVM 模型中，进行追踪。

基于 GA-SVM 的应急追踪方法流程示意图如图 15.3 所示。

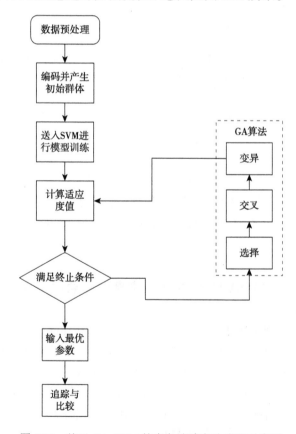

图 15.3　基于 GA-SVM 的应急追踪方法流程示意图

由图 15.3 和基于 GA-SVM 的应急追踪方法操作步骤可知，基于 GA-SVM 的应急追踪方法在算法上充分发挥了 GA 和 SVM 各自的优势，具备较强的追踪能力和泛化能力。

15.3　基于GA-BP-SVM的突发水污染事件应急追踪问题研究

在突发水污染事件应急管理过程中，受自然环境变化、水文条件变化、应急主体策略等众多不确定性因素的影响，有时会导致某一关键点污染物观测值出现强烈波动，而采用时间序列追踪方法展开突发水污染事件应急追踪问题研究时通常需要时间序列不存在异方差、同分布等苛刻的条件，这在突发水污染事件应急追踪实际研究中较难达到；人工智能算法虽然有自学能力，但是往往追踪的方法单一，不能得到预期的追踪效果。为此，本节在基于 GA-BP 应急追踪方法和基于 GA-SVM 应急追踪方法的基础上，设计一种既能考量事件发生的不确定性，又能提高计算精度与效率的突发水污染事件应急追踪方法。

15.3.1　数据的水平处理

从水平的角度分析历史观测数据可以发现，通常会存在突发事件演化态势出现一些异常的偏离点的情况。这些情况是由于一些偶然的随机因素所造成的，若不加处理则很有可能会影响到应急追踪的效果。从对正常的数据观测中不难看出，每一时点的历史数据与相邻各点均存在一定的关联，这种关联使得它们之间保持着一定的相邻范围。如果相互波动在此范围内，就认为该点是正常值，如果超过了这一范围，则认为这一点是异常值，应当予以“消平”，即数据平滑化（Cristianini and Shawe-Taylor，2000；张学工，2000；Vapnik，2004；连可等，2009；袁伟和陈晓东，2015）。

假设根据统计分析确定了可以接受的波动范围值为 $\theta(t)$，若该值为波动范围的上限超过改制的波动均视为异常点，即 $|x(d,t) - x(d,t-1)|/x(d,t-1) > \theta(t)$ 则：

$$x(d,t)=[x(d,t-1) + x(d,t+1)]/2 \tag{15.15}$$

式中，$x(d,t)$ 表示 d 天 t 时刻的某水质指标浓度值；$\theta(t)$ 表示阈值。

15.3.2　建模过程分析

设某一事件应急追踪问题在某一时刻的实际值为 $y(t)$（$t=1, 2, \cdots, N$），则对该类应急追踪问题有 n 种可行的应急追踪方法,其追踪值或模型拟合值为 $y_i(t)$ ($t=1, 2, \cdots, N$; $i=1, 2, \cdots, n$)。又设 n 种追踪方法的加权向量为 $w=(w_1, w_2, \cdots, w_n)^{\mathrm{T}}$,于是组合追踪模型可以表示为

$$\hat{y}(t) = \sum_{i=1}^{n} w_i y_i(t) \tag{15.16}$$

式中,$\hat{y}(t)$ 表示组合模型追踪的第 t 期的值;$y_i(t)$ 表示第 i 种追踪方法追踪的第 t 期的值($i=1, 2, \cdots, n$);w_i 表示第 i 种追踪方法的加权系数。

分别采用 SVM 和 BP 对水体水质数据进行追踪,其中,基于 GA-SVM 的追踪结果为 $y_{\text{GA-SVM}}$,基于 GA-BP 的预测结果为 $y_{\text{GA-BP}}$,则该组合为

$$\hat{y}(t) = w_1 y_{\text{GA-SVM}}(t) + w_2 y_{\text{GA-BP}}(t) \tag{15.17}$$

在 W_1、W_2 的确定中,采用 GA 优化算法进行,GA 优化算法核心是确定适应值函数,取变权组合模型追踪值与期望值的绝对差的倒数作为个体的适应值。

$$\begin{cases} \varepsilon_j(t) = |\hat{y}(t) - y(t)| = w_1 y_{\text{GA-SVM}}(t) + w_2 y_{\text{GA-BP}}(t) - y(t) \\ f_j = 1/\varepsilon_j(t) \end{cases} \tag{15.18}$$

式中,$\varepsilon_j(t)$ 表示第 j 个个体对应的组合变权模型追踪值与期望值的绝对差;$y(t)$ 表示水体水质期望值;f_j 表示第 j 个个体的适应值。

在 GA 选择操作中有轮盘赌法、锦标赛法等多种方法。本书选择轮盘赌法,则每个个体 j 的选择概率 p_j 为

$$p_j = f_j \bigg/ \sum_{j=1}^{m} f_m \tag{15.19}$$

式中,m 表示初始种群的大小。

最终,通过遗传算子进行计算,经过 D 次迭代之后,得到变权组合算法 $\hat{y}(t)$ 的权重。具体应急追踪流程如图 15.4 所示。

15.3.3 模型评价指标

为了能够全面评价应急追踪模型与方法的性能,选用平均绝对误差(mean absolute error,MAE)、平均绝对百分误差(mean absolute percentage error,MAPE)和均方误差(mean square error,MSE)作为评价指标(连可等,2009;袁伟和陈晓东,2015),各评价指标表达式为

$$e_{\text{MAE}} = \sum_{i=1}^{N} \frac{|y_i - \hat{y}_i|}{N} \tag{15.20}$$

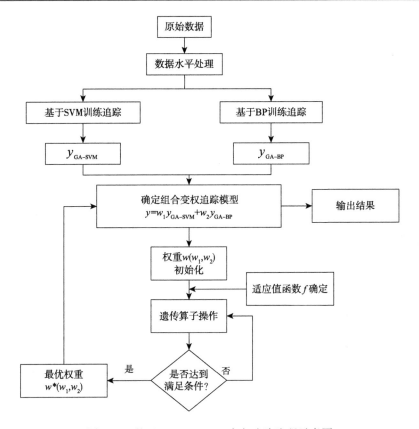

图 15.4　基于 GA-BP-SVM 应急追踪流程示意图

$$e_{\mathrm{MAPE}} = \sum_{i=1}^{N} \frac{|y_i - \hat{y}_i|}{N \cdot y_i}$$　　　　（15.21）

$$e_{\mathrm{MSE}} = \sqrt{\frac{1}{N} \sum_{i=1}^{N} \left(\frac{y_i - \hat{y}_i}{y_i} \right)^2}$$　　　　（15.22）

式中，y_i 表示真实值；$\hat{y}_i$ 表示追踪值；N 表示追踪样本集数量。

15.4　算　例　分　析

15.4.1　研究区域概况

为解决水资源时空分布不均和水环境污染问题，自 20 世纪 50 年代以来，世界上许多国家先后建立了大量长距离输水供水工程。然而，受突发水污染事件的影响以及水文条件的复杂性，输水供水工程的水质追踪问题已成为当前关注的重点和焦点。为有效验证基于 GA-BP-SVM 应急追踪方法，选取某长距离输水供水工程沿线的标号为 SHN、CHQ、HXTX、DD、XHS 和 TCH 等六个断面 2017～2018年的水温、pH 值、DO 和高锰酸盐指数等水质观测数据进行追踪验证，如图 15.5～图 15.12 所示。

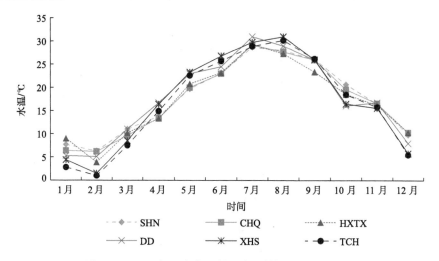

图 15.5　2017 年六个典型断面水温数据的演化趋势图

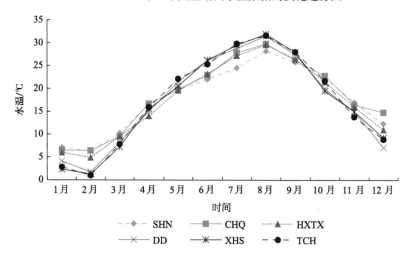

图 15.6　2018 年六个典型断面水温数据的演化趋势图

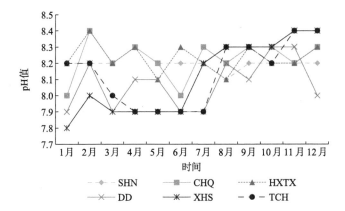

图 15.7 2017 年六个典型断面 pH 值的演化趋势图

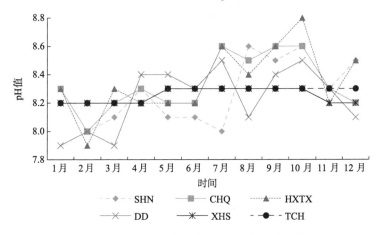

图 15.8 2018 年六个典型断面 pH 值的演化趋势图

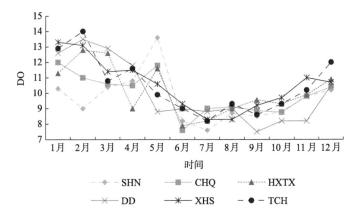

图 15.9 2017 年六个典型断面溶解氧（DO）的演化趋势图

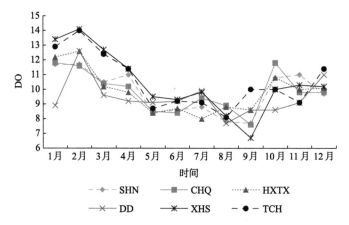

图 15.10　2018 年六个典型断面溶解氧（DO）的演化趋势图

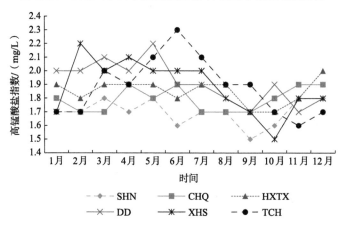

图 15.11　2017 年六个典型断面高锰酸盐指数的演化趋势图

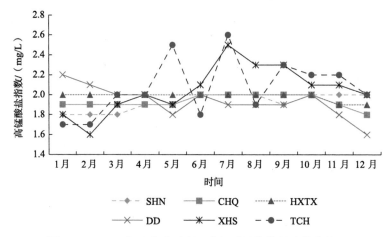

图 15.12　2018 年六个典型断面高锰酸盐指数的演化趋势图

15.4.2　追踪结果分析

采用图 15.6、图 15.8、图 15.10 和图 15.12 率定该段渠道的糙率和水质指标扩散系数，并将图 15.7、图 15.9、图 15.11 和图 15.13 中 1 ~ 6 月作为训练样本，以图 15.7、图 15.9、图 15.11 和图 15.13 中 7 ~ 12 月的数据作为验证，首先分别采用 SVM 和 BP 对 2018 年 7 ~ 12 月水温、pH 值、DO 和高锰酸盐指数进行追踪；然后将 GA 参数设置为种群规模为 30，迭代次数为 1000，交叉概率、变异概率分别为 0.6 和 0.2。分别计算基于 GA-BP、基于 GA-SVM 和基于 GA-BP-SVM 方法的追踪结果，具体如图 15.13 ~ 图 15.16 所示。

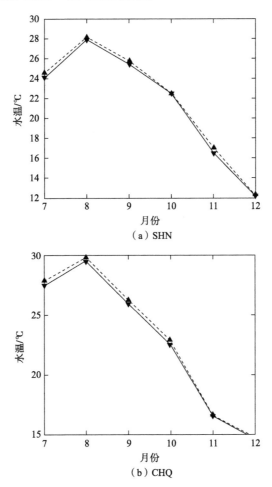

（a）SHN

（b）CHQ

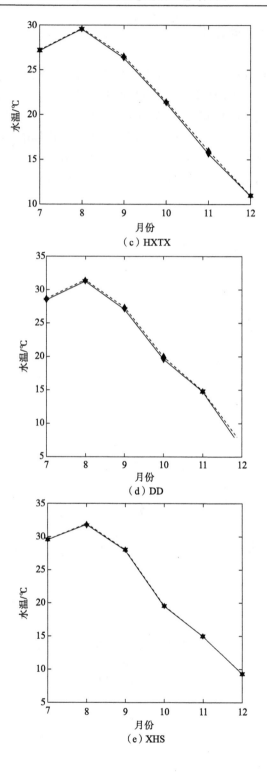

（c）HXTX

（d）DD

（e）XHS

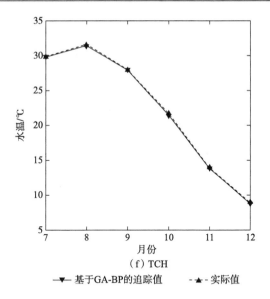

（f）TCH

　——▼—— 基于GA-BP的追踪值　　- -▲- - 实际值

图 15.13　基于 GA-BP 的水温追踪值与实际值比较图

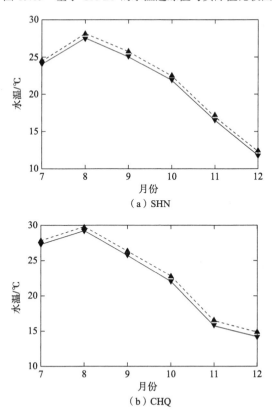

（a）SHN

（b）CHQ

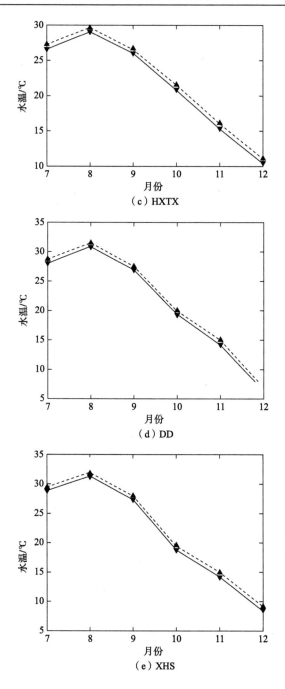

（c）HXTX

（d）DD

（e）XHS

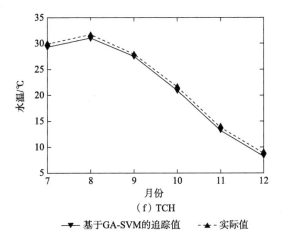

（f）TCH

─▼─ 基于GA-SVM的追踪值　　- -▲- - 实际值

图 15.14　基于 GA-SVM 的水温追踪值与实际值比较图

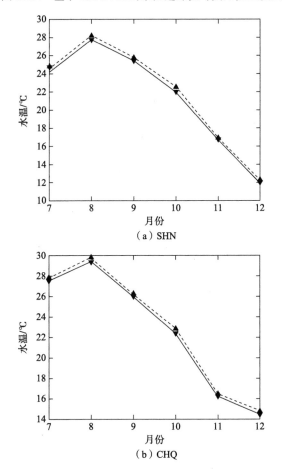

（a）SHN

（b）CHQ

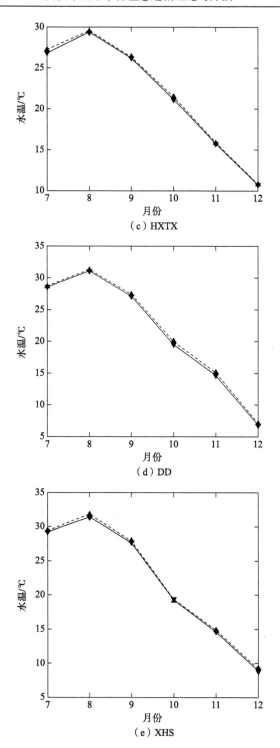

（c）HXTX

（d）DD

（e）XHS

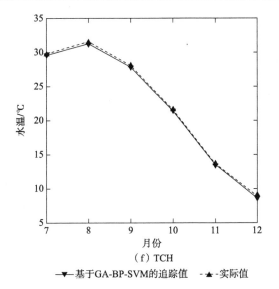

（f）TCH

——▼——基于GA-BP-SVM的追踪值　- -▲- -实际值

图 15.15　基于 GA-BP-SVM 的水温追踪值与实际值比较图

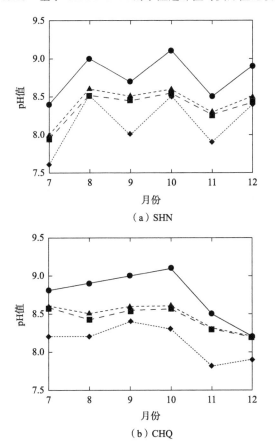

（a）SHN

（b）CHQ

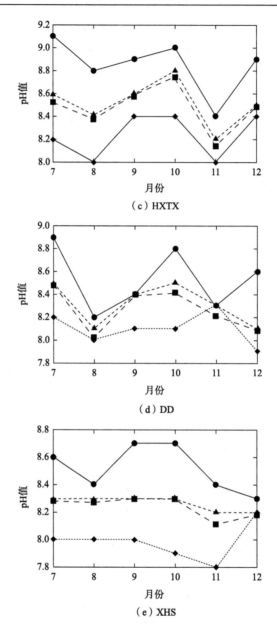

（c）HXTX

（d）DD

（e）XHS

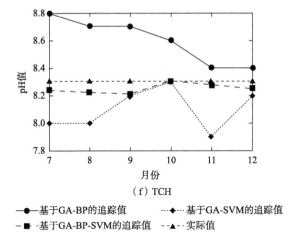

（f）TCH

　——●——基于GA-BP的追踪值　　　········◆········基于GA-SVM的追踪值

　— ·■— ·基于GA-BP-SVM的追踪值　　— ▲--实际值

图 15.16　采用不同应急追踪方法得到 pH 值与实际值比较图

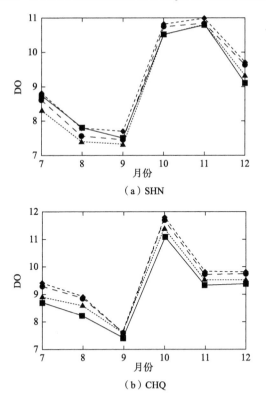

（a）SHN

（b）CHQ

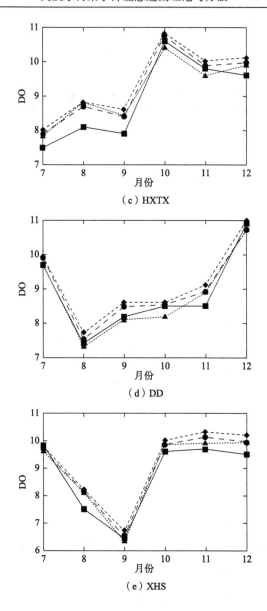

（c）HXTX

（d）DD

（e）XHS

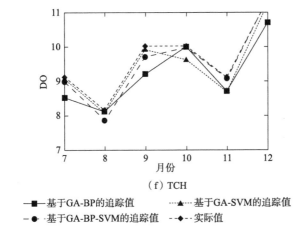

（f）TCH

■— 基于GA-BP的追踪值　　⋯▲⋯ 基于GA-SVM的追踪值
— ● 基于GA-BP-SVM的追踪值　　—◆— 实际值

图 15.17　采用不同应急追踪方法得到 DO 值与实际值比较图

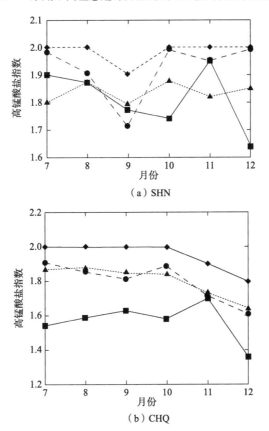

（a）SHN

（b）CHQ

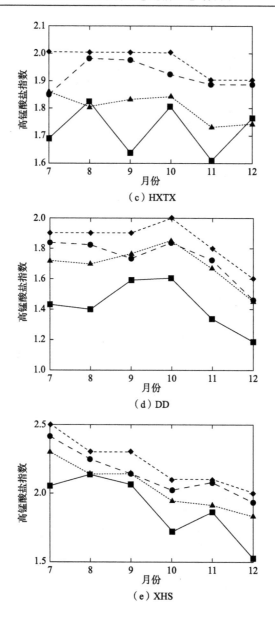

（c）HXTX

（d）DD

（e）XHS

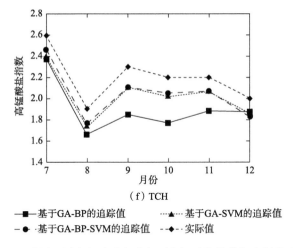

（f）TCH

——■——基于GA-BP的追踪值　　·····▲·····基于GA-SVM的追踪值

——●——基于GA-BP-SVM的追踪值　　－－◆－－实际值

图 15.18　采用不同应急追踪方法得到高锰酸盐指数与实际值比较图

由图 15.13～图 15.18 可知，采用基于 GA-BP、GA-SVM 和 GA-BP-SVM 等应急追踪方法追踪某长距离输水供水工程水质指标演化情况，如水温、pH 值、DO 和高锰酸盐指数等，结果表明这些水质指标的演化趋势与实际值的演化趋势整体上一致，但经 GA 优化 BP 神经网络与 SVM 耦合的追踪效果更加明显，即采用基于 GA-BP-SVM 的应急追踪方法的追踪结果比 GA-BP 和 GA-SVM 更接近实际值，准确性更高。

15.4.3　误差分析

为准确分析基于 GA-BP、GA-SVM 和 GA-BP-SVM 的应急追踪方法的计算精度，根据式（15.20）～式（15.22）计算各应急追踪方法得到结果的评价指标，如表 15.1～表 15.4 所示。

表 15.1　六个典型断面水温追踪值的评价指标

断面名称	GA-BP-SVM			GA-BP			GA-SVM		
	MAE	MAPE	MSE	MAE	MAPE	MSE	MAE	MAPE	MSE
SHN	0.400	0.020	0.402	0.317	0.015	0.274	0.598	0.029	0.605
CHQ	0.359	0.017	0.363	0.233	0.009	0.178	0.667	0.032	0.673
HXTX	0.344	0.017	0.356	0.183	0.011	0.216	0.658	0.034	0.661
DD	0.355	0.023	0.363	0.333	0.022	0.300	0.668	0.041	0.676
XHS	0.326	0.018	0.337	0.083	0.004	0.071	0.670	0.037	0.671
TCH	0.286	0.016	0.291	0.150	0.008	0.153	0.647	0.036	0.649

表 15.2 六个典型断面 pH 追踪值的评价指标

断面名称	GA-BP-SVM			GA-BP			GA-SVM		
	MAE	MAPE	MSE	MAE	MAPE	MSE	MAE	MAPE	MSE
SHN	0.063	0.008	0.065	0.350	0.042	0.367	0.267	0.032	0.316
CHQ	0.034	0.004	0.045	0.283	0.033	0.329	0.333	0.040	0.346
HXTX	0.042	0.005	0.048	0.333	0.039	0.351	0.283	0.033	0.308
DD	0.054	0.007	0.063	0.217	0.026	0.292	0.217	0.026	0.255
XHS	0.030	0.004	0.041	0.250	0.030	0.280	0.283	0.034	0.314
TCH	0.049	0.006	0.059	0.300	0.036	0.337	0.200	0.024	0.245

表 15.3 六个典型断面 DO 追踪值的评价指标

断面名称	GA-BP-SVM			GA-BP			GA-SVM		
	MAE	MAPE	MSE	MAE	MAPE	MSE	MAE	MAPE	MSE
SHN	0.178	0.021	0.198	0.233	0.024	0.3000	0.367	0.041	0.379
CHQ	0.070	0.007	0.075	0.533	0.055	0.566	0.300	0.030	0.337
HXTX	0.124	0.014	0.133	0.467	0.052	0.510	0.233	0.024	0.271
DD	0.147	0.016	0.173	0.283	0.032	0.334	0.333	0.038	0.351
XHS	0.126	0.014	0.153	0.450	0.046	0.515	0.267	0.030	0.289
TCH	0.128	0.014	0.167	0.417	0.042	0.524	0.200	0.020	0.252

表 15.4 六个典型断面高锰酸盐指数追踪值的评价指标

断面名称	GA-BP-SVM			GA-BP			GA-SVM		
	MAE	MAPE	MSE	MAE	MAPE	MSE	MAE	MAPE	MSE
SHN	0.062	0.032	0.090	0.172	0.086	0.202	0.148	0.075	0.152
CHQ	0.151	0.078	0.156	0.383	0.197	0.393	0.148	0.076	0.149
HXTX	0.050	0.025	0.072	0.247	0.125	0.259	0.167	0.085	0.168
DD	0.115	0.062	0.122	0.425	0.231	0.430	0.157	0.085	0.159
XHS	0.080	0.036	0.091	0.325	0.148	0.346	0.175	0.079	0.176
TCH	0.158	0.072	0.159	0.300	0.136	0.321	0.173	0.079	0.175

由表 15.1~表 15.4 可知，采用基于 GA-BP-SVM 应急追踪方法的追踪准确率达到了 97.78%，分别比基于 GA-BP 应急追踪方法和基于 GA-SVM 应急追踪方法高 3.84%和 2.2%；基于 GA-BP-SVM 应急追踪方法得到的结果总平均 MAE、MAPE 和 MSE 分别为 0.155、0.022 和 0.168，与基于 GA-BP 应急追踪方法得到

的结果相比，总平均 MAE、总平均 MAPE 和 MSE 分别减少了 0.147、0.038 和 0.159；与基于 GA-SVM 应急追踪方法结果相比，总平均 MAE、总平均 MAPE 和总平均 MSE 分别减少了 0.185、0.022 和 0.190。由此可见，突发水污染事件一旦发生，采用基于 GA-BP-SVM 的应急追踪方法能较好地追踪污染物在水体中的演化趋势。

15.4.4　算例结果分析

突发水污染事件应急追踪问题研究结果是应急决策者发布预警级别和制定应急处置措施的基础。然而，由于突发水污染事件演化的复杂性、耦合性和衍生性等特征，以及大数据及其技术的发展对各类突发事件应急管理过程的影响，大数据视角下突发水污染事件应急追踪模型与方法面临着以下困难：①如何利用大数据及其技术减少不确定性对应急追踪问题研究的影响。大数据驱动下应急追踪问题研究过程中存在着许多不确定性，如监测点观测数据的不确定性、水文气象的不确定性、受影响公众的行为的不确定性等。与此同时，现有研究多以污染物在水体中迁移扩散方程或对监测数据回归分析方程构建突发水污染事件应急追踪模型，虽然取得了较好的效果，但研究情景过于理想化很难满足实际需要。②如何利用大数据及其技术减少污染物属性对应急追踪问题研究的影响。不同类型污染物诱发的突发水污染事件的演化态势存在着很大的差异。例如，与保守型污染物不同，非保守型污染物存在挥发、吸附、沉淀、水解或光解等物理生化反应。由此可见，污染物属性对突发水污染事件应急追踪原理有很大的影响。③如何利用大数据及其技术来验证模型与方法。虽然我国突发水污染事件频繁发生，但迄今为止没有一起典型突发污染事件的相关数据或信息足以用于验证当前水污染事件追踪模型与方法。大数据技术的应用虽然为突发水污染事件应急追踪模型与方法验证提供了足够的数据支持，但因为存在数据分类与采集、数据开发与利用、数据标准与开放等困难，现有的突发水污染事件追踪理论与方法缺乏佐证资料。本章根据突发水污染事件应急追踪内涵以及第 Ⅱ 类追踪问题的特征，在 GA、BP 和 SVM 等方法的基础上，设计了基于 GA-BP-SVM 的应急追踪方法。研究结果表明，该方法克服了基于 BP 神经网络、基于 SVM 等传统人工智能方法的结构单一的缺点，它不仅提升了追踪精度，而且扩大了适用范围和增强了抗噪声能力。

参 考 文 献

艾海男，张文时，胡学斌，等. 2014. 环境流体动力学代码 EFDC 模型的研究及应用进展. 水资源研究，3（3）：247-256.

安克敬. 2005. 水体中溶解氧的含量变化及相关问题. 生物学教学，（6）：70-71.

曹小群，宋君强，张卫民，等. 2010. 对流-扩散方程源项识别反问题的 MCMC 方法. 水动力学研究与进展（A 辑），25（2）：127-136.

常杪，冯雁，郭培坤，等. 2015. 环境大数据概念、特征及在环境管理中的应用. 中国环境管理，7（6）：26-30.

陈安，李铭禄，刘洋，等. 2007. 突发事件与应急管理：机理与阶段. 工程与哲学，（1）：133-143.

陈海洋，滕彦国，王金生，等. 2012. 基于 Bayesian-MCMC 方法的水体污染识别反问题. 湖南大学学报（自然科学版），39（6）：74-78.

陈军飞，邓梦华，王慧敏. 2017. 水利大数据研究综述. 水科学进展，28（4）：622-631.

陈丽萍，蒋军成. 2010. 挥发性污染物水气耦合扩散数值模拟. 土木建筑与环境工程，32（5）：102-108.

陈英义，程倩倩，成艳君，等. 2017. 基于 GA-BP 神经网络的池塘养殖水温短期预测系统. 农业机械学报，48（8）：172-178.

陈月，席北斗，何连生，等. 2008. QUAL2K 模型在西苕溪干流梅溪段水质模拟中的应用. 环境工程学报，（7）：1000-1003.

陈增强. 2013. 危险化学品泄漏源的定位研究. 北京：北京化工大学.

陈振，郭杰，欧名豪，等. 2018. 资本下乡过程中农地流转风险识别、形成机理与管控策略. 长江流域资源与环境，27（5）：988-995.

陈正侠，丁一，毛旭辉，等. 2017. 基于水环境模型和数据库的潮汐河网突发水污染事件溯源. 清华大学学报（自然科学版），57（11）：1170-1178.

程聪. 2006. 黄浦江突发性溢油污染事故模拟模型研究与应用. 上海：东华大学.

程琳. 2013. 城市危机应急管理体制建设问题研究——以苏州市为例. 江苏：苏州大学.

笪英云，汪晓东，赵永刚，等. 2015. 基于关联向量机回归的水质预测模型. 环境科学学报，35（11）：3730-3735.

代存杰，李引珍，马昌喜，等. 2018. 考虑风险分布特征的危险品运输路径优化. 中国公路学报，31（4）：330-342.

邓健，黄立文，赵前，等. 2011. 基于一、二维水动力耦合模拟的三峡库区溢油预测模型研究. 武汉理工大学学报（交通科学与工程版），35（4）：793-797.

丁涛，顾妍平，王淑英，等. 2012. 基于 Matlab 软件的突发事故水质解析模型与应用. 安全与环境学报，12（1）：111-113.

董军，赵勇胜，张伟红，等. 2007. 垃圾渗滤液中重金属在不同氧化还原带中的衰减. 中国环境科学，27（6）：743-747.

董瑞瑞，陈和春，王继保，等. 2017. 汉江中下游突发性水污染事故预测模型研究. 水力发电，43（12）：1-5.

窦明，米庆彬，左其亭. 2015. 闸控河段水质多相转化模型. 中国环境科学，35（7）：2041-2051.

杜秀英，殷兴军. 1986. 有机污染物综合指标（一）. 环境化学，（2）：81-84.

段新，戴胜利. 2019. 突发性水污染事件风险传导研究. 水生态学杂志，40（3）：78-82.

范娟，杨岚. 2011. 对"突发环境事件"概念的探讨. 环境保护，（10）：47-49.

方巍，郑玉，徐江. 2014. 大数据：概念、技术及应用研究综述. 南京信息工程大学学报，6（5）：405-419.

房平，邵瑞华，司全印，等. 2011. 最小二乘支持向量机应用于西安霸河口水质预测. 系统工程，29（6）：113-117.

冯莉莉. 2011.支持向量机在地表水质评价与预测中的应用研究. 西安：西安理工大学.

冯亚辉，郭维东，李书友. 2006. Lattice Boltzmanm 方法在计算流体力学中的应用. 水利科技与经济，（9）：588-591，600.

付翠，刘元会，郭建青，等. 2015. 识别河流水质模型参数的单纯形-差分进化混合算法. 水力发电学报，34（1）：125-130.

高超，张正涛，刘青，等. 2018. 承灾体脆弱性评估指标的最优格网化方法——以淮河干流区暴雨洪涝灾害为例. 自然灾害学报，27（3）：119-129.

宫艳萍，王劼. 2013. 一元回归分析在污水处理厂中的应用. 环境保护科学，39（2）：13-14，28.

龚春生，姚琪，范成新，等. 2006. 含内源污染平面二维水流-水质耦合模型. 水利学报，37（2）：205-209，217.

顾莉，惠慧，华祖林，等. 2014. 河流横向混合系数的研究进展. 水利学报，45（4）：450-457，466.

郭建青，李彦，王洪胜，等. 2005. 确定河流水质参数的抛物方程近似拟和法. 水利水电科技进展，25（2）：11-13，32.

郭建青，李彦，王洪胜，等. 2007. 粒子群优化算法在确定河流水质参数中的应用. 水利水电科技进展，27（6）：1-5.

郭建青，王洪胜，李云峰. 2000. 确定河流纵向离散系数的相关系数极值法. 水科学进展，（4）：387-391.

郭庆春，郝源，杜北方，等. 2013. 滇池水污染物浓度预测的人工神经网络模型. 四川环境，32（6）：137-141.

郭少冬，杨锐，翁文国. 2009. 基于 MCMC 方法的城区有毒气体扩散源反演. 清华大学学报（自然科学版），49（5）：629-634.

郭永彬，王焰新. 2003. 汉江中下游水质模拟与预测——QUAL2K 模型的应用. 安全与环境工程，10（1）：4-7.

韩松，程晓陶，梅青，等. 2009. 流域未来洪水风险动因响应关系定性分析方法的研究. 中国水利水电科学研究院学报，7（4）：251-256.

韩文萍，刘小惠，关万里. 2016. 突发性水污染事件应急监测分析. 地球，（12）：381.

韩晓刚，黄廷林. 2010. 我国突发性水污染事件统计分析. 水资源保护，26（1）：84-86，90.

何华锋，何耀民，徐永壮. 2019. 基于改进型 BP 神经网络的导引头测高性能评估. 系统工程与电子技术，41（7）：1544-1550.

侯国祥，李旗，石仲坤，等. 2000. 天然河流中污染物排放远区浓度分布的数值计算模型. 水动力学研究与进展（A 辑），（1）：104-115.

侯景伟，孔云峰，孙九林. 2012. 蚁群算法在需水预测模型参数优化中的应用. 计算机应用，32（10）：2952-2955，2959.

侯瑜，张天柱，温宗国，等. 2006. 突发水污染事故损失的界定原则. 环境科学与管理，（9）：135-141.

胡恭任，于瑞莲，郑志敏. 2013. 铅稳定同位素在沉积物重金属污染溯源中的应用. 环境科学学报，33（5）：1326-1331.

胡嘉镗，李适宇，裴木凤，等. 2012. 珠江三角洲一维河网与三维河口耦合水质模型模拟与验证. 海洋与湖沼，43（1）：1-9.

胡丽娜. 2008. 水体中的主要污染物及其危害. 环境科学与管理，（10）：62-63，81.

黄崇福，刘安林，王野. 2010. 灾害风险基本定义的探讨. 自然灾害学报，19（6）：8-16.

黄典剑，李传贵. 2008. 城市重大事故应急管理协调性研究. 安全，（6）：18-20.

黄国勤. 2001. 我国水资源面临的问题与对策. 中国生态农业学报，（4）：127-129.

黄明海，齐鄂荣，吴剑. 2002. 遗传梯度法在水质数学模型参数估值的应用. 环境科学学报，22（3）：315-319.

黄智辉，纪志永，陈希，等. 2019. 过硫酸盐高级氧化降解水体中有机污染物研究进展. 化工进展，38（5）：2461-2470.

吉立，刘晶，李志威，等. 2017. 2011—2015 年我国水污染事件及原因分析. 生态与农村环境学报，33（9）：775-782.

计雷，池宏，陈安，等. 2006. 突发事件应急管理. 北京：高等教育出版社.

贾海峰，程声通，杜文涛. 2001. GIS 与地表水水质模型 WASP5 的集成. 清华大学学报（自然科学版），41（8）：125-128.

姜凤成，李义连，杨国栋，等. 2017. 某化工场地地下水中污染物运移模拟研究. 安全与环境工程，24（2）：8-15.

姜继平，董芙嘉，刘仁涛，等. 2017. 基于河流示踪实验的 Bayes 污染溯源：算法参数、影响因素及频率法对比. 中国环境科学，37（10）：3813-3825.

金春久，王超，范晓娜，等. 2010. 松花江干流水质模型在流域水资源保护管理中的应用. 水利学报，41（1）：86-92.

金忠青，韩龙喜. 1998. 一种新的平原河网水质模型——组合单元水质模型. 水科学进展，9（1）：35-40.

蓝郁，梁荣昌，赵学敏，等. 2017. 突发镉、铊环境污染事件及应急处置对贺江生态风险的影响. 环境科学学报，37（9）：3602-3612.

劳期团. 1988. 灰色系统理论在湖泊水质预测建模中的应用. 环境科学研究，（4）：29-34.

李本纲, 陶澍, 曹军. 2002. 水环境模型与水环境模型库管理. 水科学进展, 13 (1): 14-20.

李德仁, 姚远, 邵振峰. 2014. 智慧城市中的大数据. 武汉大学学报 (信息科学版), 39 (6): 631-640.

李家科, 李怀恩, 沈冰, 等. 2009. 基于自记忆原理的非点源污染负荷预测模型. 农业工程学报, 25 (3): 28-32.

李敏强, 寇纪淞, 林丹, 等. 2002. 遗传算法的基本理论与应用. 北京: 科学出版社.

李潜洲, 袁重桂, 邱宏端, 等. 2015. 光照强度对水质和泥鳅生长的影响. 广州大学学报 (自然科学版), 14 (3): 38-42.

李文华, 简敏菲, 余厚平, 等. 2020. 鄱阳湖流域饶河龙口入湖段优势淡水鱼类对微塑料及重金属污染物的生物累积. 湖泊科学, 32 (2): 357-369.

李晓非, 葛新权. 2013. 基于突变级数的突发性水污染事故预警研究. 灾害学, 28 (4): 29-33.

李莹, 邹经湘, 张新政, 等. 2001. 河流水质的预测模型研究. 系统仿真学报, 13 (2): 139-142.

李玉柱, 苑明顺. 2008. 流体力学. 2版. 北京: 高等教育出版社.

李云生, 刘伟江, 吴悦颖, 等. 2006. 美国水质模型研究进展综述. 水利水电技术, (2): 68-73.

连可, 陈世杰, 周建明, 等. 2009. 基于遗传算法的 SVM 多分类决策树优化算法研究. 控制与决策, 24 (1): 7-12.

梁坚, 何通能. 2011. 基于小波变换和支持向量机的水质预测. 计算机应用与软件, 28(2): 83-86.

梁赛, 杨冰, 吴亚运, 等. 2019. 有限元方法中实体单元选择策略研究. 机械制造与自动化, 48 (2): 79-83.

梁玉飞, 裴向军, 崔圣华, 等. 2018. 汶川地震诱发黄洞子沟地质灾害链效应及断链措施研究. 灾害学, 33 (3): 201-209.

廖日东. 2009. 有限元法原理简明教程. 北京: 北京理工大学出版社.

刘东君, 邹志红. 2012. 最优加权组合预测法在水质预测中的应用研究. 环境科学学报, 32(12): 3128-3132.

刘冠男, 张亮, 马宝君. 2018. 基于随机游走的电子商务退货风险预测研究. 管理科学, 31 (1): 3-14.

刘国东, 丁晶. 1996. 水环境中不确定性方法的研究现状与展望. 环境科学进展, (4): 46-53.

刘国东, 姚建, 张翔. 1999. 水质模型参数识别的遗传算法. 环境污染与防治, 21 (5): 37-39, 42.

刘凌, 王瑚. 1998. 地下水污染趋势预测研究. 水文, (2): 27-32.

刘思峰, 谢乃明, 等. 2013. 灰色系统理论及其应用. 6版. 北京: 科学出版社.

刘晓冰, 李雯, 郭毅, 等. 2013. 基于质量追踪溯源理论的机车产品安全质量管理系统研究. 工业工程与管理, 18 (1): 6-12, 77.

刘晓东, 王珏. 2020. 地表水污染源识别方法研究进展. 水科学进展, 31 (2): 302-311.

刘晓东, 姚琪, 薛红琴, 等. 2009. 环境水力学反问题研究进展. 水科学进展, 20 (6): 885-893.

刘晓伟, 谢丹平, 李开明, 等. 2011. 曝气复氧对底泥氮素生物地球化学循环影响的作用机制研究. 生态环境学报, 20 (11): 1713-1719.

刘新红, 孟生旺, 李政宵. 2019. 地震损失风险的 Copula 混合分布模型及其应用. 系统工程理论与实践, 39 (7): 1855-1866.

刘信安, 吴方国. 2004. 多介质环境模型研究太湖藻类生物量对 POPs 的影响. 安全与环境学报,

4（1）：3-7.

刘毅，陈吉宁，杜鹏飞.2002. 环境模型参数优化方法的比较. 环境科学，23（2）：1-6.

刘智慧，张泉灵.2014.大数据技术研究综述. 浙江大学学报：工学版，48（6）：957-972.

龙江，李适宇.2007. 珠江河口水动力一维、二维联解的有限元计算方法. 水动力学研究与进展（A辑），22（4）：512-519.

龙绍桥，娄安刚，谭海涛，等.2006. 海上溢油粒子追踪预测模型中的两种数值方法比较. 中国海洋大学学报（自然科学版），（S1）：157-162.

鲁珍，李晔，马啸，等.2012. 大冶湖 2000—2009 年地表水质评价及污染趋势预测. 环境科学与技术，35（5）：174-178.

陆桂华，何健，吴志勇，等.2013. 淮河流域致洪暴雨的异常水汽输送. 水科学进展，24（1）：11-17.

陆琳，姬胜杰，程军.2018. 大数据应用中突发事件应急管理的机遇与挑战. 山东工会论坛，24(3)：75-80.

陆艳军，李月航，李忠强.2016. 大数据平台访问控制方法的设计与实现. 信息安全研究，2(10)：926-930.

陆志强，刘欣仪. 2018. 考虑资源转移时间的资源受限项目调度问题的算法. 自动化学报，44（6）：1028-1036.

罗定贵，王学军，孙莉宁.2005.水质模型研究进展与流域管理模型 WARMF 评述. 水科学进展，（2）：289-294.

吕清，徐诗琴，顾俊强，等.2016. 基于水纹识别的水体污染溯源案例研究. 光谱学与光谱分析，36（8）：2590-2595.

马建光，姜巍.2013. 大数据的概念、特征及其应用. 国防科技，34（2）：10-17.

毛健，赵红东，姚婧婧.2011. 人工神经网络的发展及应用. 电子设计工程，19（24）：62-65.

茆诗松，王静龙，濮晓龙.2006. 高等数理统计. 北京：高等教育出版社.

梅亚东，冯尚友.1992. 中国水环境污染现状、变化趋势及防治对策. 自然资源，（4）：48-54，12.

孟令群，郭建青.2009. 利用混沌粒子群算法确定河流水质模型参数. 地球科学与环境学报，31（2）：169-172.

闵涛，周孝德，冯民权.2003. 河流水质多参数识别反问题的演化算法. 水利学报，10：119-123.

闵涛，周孝德，张世梅，等. 2004. 对流-扩散方程源项识别反问题的遗传算法. 水动力学研究与进展（A辑），19（4）：520-524.

墨蒙，赵龙章，龚媛雯，等.2018. 基于遗传算法优化的 BP 神经网络研究应用. 现代电子技术，41（9）：41-44.

牟行洋.2011. 基于微分进化算法的污染物源项识别反问题研究. 水动力学研究与进展（A辑），26（1）：24-30.

Nadolin K A. 2018. 基于简化三维模型的浅溪混合流动扩散数值研究. 应用数学与计算数学学报，32（2）：173-189.

倪宏伟，李国平. 2012.突发水污染事故对河流水环境安全的影响研究. 水利科技与经济，18（12）：17-19.

倪晋仁，崔树彬，李天宏，等.2002. 论河流生态环境需水. 水利学报，（9）：14-19，26.

倪荣远. 2009. 公务员公共突发事件应对能力提升初探. 山东行政学院山东省经济管理干部学院学报, (1): 80-83.

彭虹, 张万顺, 夏军, 等. 2002. 河流综合水质生态数值模型. 武汉大学学报 (工学版), (4): 56-59.

彭泽洲, 杨天行, 梁秀娟, 等. 2007. 水环境数学模型及其应用. 北京: 化学工业出版社.

齐涵. 2018. 大型公共场所火灾隐患的定量分析及风险评估. 安全, 39 (2): 55-58.

秦肖生, 曾光明. 2002. 遗传算法在水环境灰色非线性规划中的应用. 水科学进展, 13 (1): 31-36.

秦玉珍. 1989. 天然水体挥发性有毒物质的模拟. 环境化学, 8 (6): 11-14.

邱立新, 李筱翔. 2018. 大数据思维对构建能源-经济-环境 (3E) 大数据平台的启示. 科技管理研究, 38 (16): 205-211.

饶清华, 曾雨, 张江山, 等. 2011. 闽江下游突发性水污染事故时空模拟. 环境科学学报, 31(3): 554-559.

荣洁, 王腊春. 2013. 指数平滑法-马尔科夫模型在巢湖水质预测中的应用. 水资源与水工程学报, 24 (4): 98-102.

桑燕芳, 王中根, 刘昌明. 2013. 水文时间序列分析方法研究进展. 地理科学进展, 32(1): 20-30.

邵璇, 田文君. 2018. 基于大数据的水质监测技术初探. 科技传播, 10 (7): 75-76.

佘廉, 刘山云, 吴国斌. 2011. 水污染突发事件: 演化模型与应急管理. 长江流域资源与环境, 20 (8): 1004-1009.

沈婧, 樊贵盛. 2017. 基于改进 BP 神经网络的水分入渗参数预测模型. 人民黄河, 39 (8): 137-142.

沈雪娇, 杨侃, 常蒲婷, 等. 2009. 改进的径流-水质非点源污染预测模型研究. 水电能源科学, 27 (5): 34-36.

时利瑶, 李大勇, 董增川. 2018. 典型平原河网区突发性水污染预警. 水电能源科学, 36 (11): 46-50.

宋国浩, 张云怀. 2008. 水质模型研究进展及发展趋势. 装备环境工程, 5 (2): 32-36, 50.

宋林旭, 刘德富, 肖尚斌, 等. 2013. 基于 SWAT 模型的三峡库区香溪河非点源氮磷负荷模拟. 环境科学学报, 33 (1): 267-275.

宋韬略. 2014. 基于神经网络的污水处理预测控制模型研究. 大庆: 东北石油大学.

宋英华. 2008. 突发公共事件与政府应急管理的制度完善. 上海城市管理职业技术学院学报, (5): 8-12.

苏怀智, 吴中如, 温志萍, 等. 2001. 遗传算法在大坝安全监控神经网络预报模型建立中的应用. 水利学报, (8): 44-48.

苏秀丽, 罗贤运, 吕保和. 2014. 基于前景理论突发水污染事件个体行为研究. 中国安全生产科学技术, 10 (5): 169-173.

孙晨, 李阳, 李晓戈, 等. 2016. 基于布谷鸟算法优化 BP 神经网络模型的股价预测. 计算机应用与软件, 33 (2): 276-279.

孙昭晨, 梁书秀, 沈永明, 等. 2000. 三维海洋紊流模型对杭州湾附近潮流场数值模拟. 大连理工大学学报, 40 (5): 609-612.

孙志霞, 孙英兰. 2009. GM (1, 1) 模型研究及其在水质预测中的应用. 海洋通报, 28(4): 116-120.

孙忠富, 杜克明, 郑飞翔, 等. 2013. 大数据在智慧农业中研究与应用展望. 中国农业科技导报, 15（6）: 63-71.

汤中彬, 张扬, 吕兴江. 2016. 基于传统危机文化的现代危机管理体系之构建. 广州大学学报（社会科学版）, 15（8）: 18-23.

唐诗, 孙涛, 沈小梅, 等. 2013. 水体浊度变化影响下的河口溶解氧系统动力学模型及应用. 水利学报, 44（11）: 1286-1294.

唐宗鑫, 简文彬. 2002. 闽江下游水质预测的时间序列模型. 水利科技,（2）: 7-9, 50.

陶文铨. 2001. 数值传热学. 西安: 西安交通大学出版社.

田炜, 王平, 谢湉, 等. 2008. 地表水质模型应用研究现状与趋势. 现代农业科技,（3）: 192-195.

童星, 丁翔. 2018. 风险灾害危机管理与研究中的大数据分析. 学海,（2）: 28-35.

图罗 N J, 拉马穆尔蒂 V, 斯卡约诺 J C. 2015. 现代分子光化学（1）原理篇. 吴丽珠, 佟振合, 吴世康, 等译. 北京: 化学工业出版社出版.

Vapnik V N. 2004. 统计学习理论. 许建华, 张学工译. 北京: 电子工业出版社.

万鹏飞, 于秀明. 2006. 北京市应急管理体制的现状与对策分析. 公共管理评论,（1）: 41-65.

汪德爟. 2011. 计算水力学: 理论与应用. 北京: 科学出版社.

汪继文, 窦红. 2008. 求解对流扩散方程的一种高效的有限体积法. 应用力学学报, 25（3）: 480-483, 545.

汪杰, 杨青, 黄艺, 等. 2010. 突发性水污染事件应急系统的建立. 环境污染与防治, 32（6）: 104-107.

汪亮, 张海欧, 解建仓, 等. 2012. 黄河龙门至三门峡河段污染物降解系数动态特征研究. 西安理工大学学报, 28（3）: 293-297.

汪松泉, 程家兴. 2009. 遗传算法和模拟退火算法求解 TSP 的性能分析. 计算机技术与发展, 19（11）: 97-100.

王焕. 2003. 水污染问题特征有限差分方法的数值计算及理论分析. 山东大学学报（理学版）,（3）: 53-60.

王惠中, 宋志尧, 薛鸿超. 2001. 考虑垂直涡粘系数非均匀分布的太湖风生流准三维数值模型. 湖泊科学, 13（3）: 233-239.

王俭, 马博健, 于英潭, 等. 2019. 太子河本溪城区段水体中重金属分布特征及形态分析. 气象与环境学报, 35（1）: 94-100.

王建慧. 2012. 流速对藻类生长影响试验及应用研究. 北京: 清华大学.

王景瑞, 胡立堂. 2017. 地下水污染源识别的数学方法研究进展. 水科学进展, 28（6）: 943-952.

王开章, 刘福胜, 孙鸣. 2002. 灰色模型在大武水源地水质预测中的应用. 山东农业大学学报（自然科学版）, 33（1）: 66-71.

王凯军, 曹剑峰, 徐蕾, 等. 2005. 地下水资源管理预警系统的建立及应用研究——以长春城区为例. 水科学进展, 16（2）: 238-243.

王凯全, 邵辉, 等. 2004. 事故理论与分析技术. 北京: 化学工业出版社.

王丽平, 郑丙辉. 2011. 大宁河叶绿素 a 的因子分值-多元线性回归预测模型研究. 长江流域资源与环境, 20（9）: 1120-1124.

王庆改, 赵晓宏, 吴文军, 等. 2008. 汉江中下游突发性水污染事故污染物运移扩散模型. 水科学进展，19（4）：500-504.

王世亮，孙建树，杨月伟，等.2018. 典型旅游城市河流水体及污水厂出水中全氟烷基酸类化合物的空间分布及其前体物的转化. 环境科学，39（12）：5494-5502.

王思文，齐少群，于丹丹，等.2015. 基于 WASP 模型的水环境质量预测与评价研究——以松花江哈尔滨江段为例. 自然灾害学报，24（1）：39-45.

王铁方.2016. 计算机基因学——基于家族基因的网格信任模型. 北京：知识产权出版社.

王薇，曾光明，何理.2004. 用模拟退火算法估计水质模型参数. 水利学报，（6）：61-67.

王西琴，高伟，曾勇.2014. 基于 SD 模型的水生态承载力模拟优化与例证. 系统工程理论与实践，34（5）：1352-1360.

王兴鹏，桂莉.2019. 区域灾害系统视域下京津冀雾霾治理对策研究. 环境科学与管理，44（4）：32-36.

王燕，李彩鹦，莫恒亮，等.2014. 超标偷排污水溯源的物证分析技术研究. 北京化工大学学报（自然科学版），41（1）：39-45.

王元卓，靳小龙，程学旗.2013. 网络大数据：现状与展望. 计算机学报，36（6）：1125-1138.

王宗志，金菊良，张玲玲，等.2004. 改进的 AGA 在河流水质模型参数优化中的应用. 合肥工业大学学报（自然科学版），27（12）：1515-1519.

温小琴，胡奇英.2018. 基于上游成员的机会成本和消费者偏好的供应链产品策略. 中国管理科学，26（6）：62-71.

沃 WL，斯特雷布 G，王宏伟，等.2008. 有效应急管理的合作与领导. 国家行政学院学报，（3）：108-111.

吴敏，汪雯，黄岁樑.2009. 疏浚深度和光照对海河表层沉积物氮磷释放的实验研究. 农业环境科学学报，28（7）：1458-1463.

吴涛，颜辉武，唐桂刚.2006. 三峡库区水质数据时间序列分析预测研究. 武汉大学学报（信息科学版），31（6）：500-502，507.

吴先华，谭玲，郭际，等.2018. 恢复力减少了灾害的多少损失——基于改进 CGE 模型的实证研究. 管理科学学报，21（7）：66-76.

武国正，徐宗学，李畅游.2012. 支持向量回归机在水质预测中的应用与验证. 中国农村水利水电，（1）：25-29，33.

喜艺.2015. Hadoop 大数据平台与传统数据仓库的协作探究. 通讯世界，（17）：8-9.

向速林.2007. 基于回归分析的地下水水质预测研究. 东华理工学院学报，30（2）：161-163.

项彦勇.2011. 地下水力学概论. 北京：科学出版社.

肖宏峰.2009. 基于单纯形多向搜索的大规模进化优化算法. 长沙：中南大学.

肖琴，刘有才，曹占芳，等.2019. 生物炭吸附废水中重金属离子的研究进展. 环境科技，32（1）：68-73.

徐龙琴，刘双印.2012. 基于 APSO-WLSSVR 的水质预测模型. 山东大学学报（工学版），42（5）：80-86.

徐敏，曾光明，谢更新，等.2004. 基于实码遗传算法的河流水质模型的参数估计. 湖南大学学报（自然科学版），31（5）：41-45.

许锋，洪伟，周后型.2003. 求解三维问题的区域分解时域有限差分方法. 电子与信息学报，25

　　　（8）：1114-1119.

许晓艳. 2011. 基于时间序列的浑河流域降水量预测模型. 水土保持应用技术，（1）：26-27.

薛红琴，赵尘，刘晓东，等. 2012. 确定天然河流纵向离散系数的有限差分-单纯形法. 解放军理
　　　工大学学报（自然科学版），13（2）：214-218.

薛金凤，夏军，马彦涛. 2002. 非点源污染预测模型研究进展. 水科学进展，13（5）：649-656.

薛澜，钟开斌. 2005. 突发公共事件分类、分级与分期：应急体制的管理基础. 中国行政管理，
　　　（2）：102-107.

颜剑波，阮晓红，孙瀚. 2010. 多元回归分析在黄河水质预测中的应用. 人民黄河，32（3）：35-36.

杨海东. 2014. 河渠突发水污染追踪溯源理论与方法. 武汉：武汉大学.

杨海东，刘碧玉，黄建华. 2018. 基于改进 Bayesian-MCMC 的突发水污染事件预测模型参数率
　　　定方法. 控制与决策，33（4）：679-686.

杨海东，肖宜，王卓民，等. 2014. 突发性水污染事件溯源方法. 水科学进展，25（1）：122-129.

杨俊，王汉欣，吴韵斐，等. 2019. 苏州市水环境中典型抗生素污染特征及生态风险评估. 生态
　　　环境学报，28（2）：359-368.

杨宁，杨英奇. 2000. 一种基于神经网络的水污染源监测模型的建立. 南昌大学学报（工科版），
　　　（2）：55-59.

杨启文，蒋静坪，曲朝霞，等. 2000. 应用逻辑操作改善遗传算法性能. 控制与决策，15（4）：
　　　510-512.

杨晓华，郦建强. 2006. 混沌实码遗传算法在水质模型参数优选中的应用. 水电能源科学，24
　　　（5）：1-4.

姚振汉，王海涛. 2010. 边界元法. 北京：高等教育出版社.

游小容，曹晟. 2015. 海量教育资源中小文件的存储研究. 计算机科学，42（10）：76-80.

于小兵，曹杰，王旭明，等. 2018. 基于系统动力学的台风灾害应急策略研究. 管理评论，30（2）：
　　　222-230.

余乐安，李玲，武佳倩，等. 2015. 基于系统动力学的危化品水污染突发事件中网络舆情危机应
　　　急策略研究. 系统工程理论与实践，35（10）：2687-2697.

余永红，向晓军，高阳，等. 2012. 面向服务的云数据挖掘引擎的研究. 计算机科学与探索，6（1）：
　　　46-57.

袁君，陈贝，朱光灿. 2009. 采用混沌粒子群优化算法的水质模型参数辨识. 东南大学学报（自
　　　然科学版），39（5）：1018-1022.

袁伟，陈晓东. 2015. 基于 GA-BP 神经网络与 LSSVM 支持向量机的日用水量组合预测模型. 水
　　　电能源科学，33（10）：33-37.

袁玥，师懿，程胜高. 2016. 基于二维动态水质模型的长江蕲春段水污染扩散分析. 安全与环境
　　　学报，16（1）：212-217.

曾惠芳. 2011. 基于 MCMC 算法的贝叶斯分位回归计量模型及应用研究. 长沙：湖南大学.

张建云，王国庆，杨扬，等. 2008. 气候变化对中国水安全的影响研究. 气候变化研究进展，4（5）：
　　　290-295.

张君艳，董娜，彭伟，等. 2016. 大数据平台在电力企业中的应用. 河北电力技术，35（1）：53-55.

张仁泉. 2016. 地表水环境质量大数据分析技术路线探讨. 环境监控与预警，8（6）：63-67.

张思思. 2011. 基于灰色理论的洱海流域水污染控制研究. 武汉：华中师范大学.

张旺，万军. 2006. 国际河流重大突发性水污染事故处理——莱茵河、多瑙河水污染事故处理. 水利发展研究，6（3）：56-58.

张文生. 2006. 科学计算中的偏微分方程有限差分法. 北京：高等教育出版社.

张学工. 2000. 关于统计学习理论与支持向量机. 自动化学报，26（1）：32-41.

赵璧奎，王丽萍，张验科，等. 2012. 城市原水系统水质水量控制耦合模型研究. 水利学报，43（11）：1373-1380，1386.

赵天，关晓梅，杨春生. 2004. 水体污染物的种类、来源及对人体的危害. 黑龙江水利科技，（2）：99.

赵雪辉，郑新秀，朱菌，等. 1997. 灰色系统 GM（1，1）残差模型在水质预测中的应用与探讨. 干旱环境监测，11（2）：118-120.

赵琰鑫，张万顺，汤怡，等. 2011. 湖泊-河网耦合水动力水质模型研究. 中国水利水电科学研究院学报，9（1）：53-58.

赵泽斌，满庆鹏. 2018. 基于前景理论的重大基础设施工程风险管理行为演化博弈分析. 系统管理学报，27（1）：109-117.

郑建华，邓波，李明东，等. 2009. 基于遗传算法的改进 BP 算法在水污染预警应用. 科技资讯，（14）：153.

周桂华，吴惠标，谢亚萍. 2018. 2017 年云南主要自然灾害特点及减灾对策研究. 灾害学，33（4）：149-156.

周建宝，王少军，马丽萍，等. 2013. 可重构卫星锂离子电池剩余寿命预测系统研究. 仪器仪表学报，34（9）：2034-2044.

周峻，黄晓晨. 2015. 对测定废水中 COD 含量的研究. 广东化工，42（4）：78-79.

周利敏. 2018. 灾害管理：国际前沿及理论综述. 云南社会科学，（5）：17-26，185.

朱磊，李怀恩，李家科，等. 2012. 水文水质模型联合应用于水库水质预测研究. 中国环境科学，32（3）：571-576.

朱利，李家国，李凯云，等. 2019. 遥感技术在水生态环境管理的应用与前景. 环境监控与预警，11（5）：22-27.

朱嵩，刘国华，毛根海. 2008. 利用贝叶斯推理估计二维含源对流扩散方程参数. 四川大学学报（工程科学版），40（2）：38-43.

朱嵩，刘国华，王立忠，等. 2009. 水动力-水质耦合模型污染源识别的贝叶斯方法. 四川大学学报（工程科学版），41（5）：30-35.

朱嵩，毛根海，刘国华. 2007. 基于 FVM-HGA 的河流水质模型多参数识别. 水力发电学报，26（6）：91-95.

朱晓谦，李靖宇，李建平，等. 2018. 基于危机条件概率的系统性风险度量研究. 中国管理科学，26（6）：1-7.

朱学愚，孙克让. 1994. 佳木斯市地下水水量水质模型. 水科学进展，5（1）：40-49.

朱瑶，梁志伟，李伟，等. 2013. 流域水环境污染模型及其应用研究综述. 应用生态学报，24（10）：3012-3018.

Afshar A，Kazemi H. 2011. Saadatpour M. Particle swarm optimization for automatic calibration of large scale water quality model）CE-QUAL-W2）: application to karkheh reservoir, Iran. Water Resources Management, 25（10）: 2613-2632.

Agapiou S, Larsson S, Stuart A M. 2013. Posterior contraction rates for the Bayesian approach to linear ill-posed inverse problems. Stochastic Processes and Their Applications, 123（10）: 3828-3860.

Ahmad S, Khan I H, Parida B P. 2001. Performance of stochastic approaches for forecasting river water quality. Water Research, 35（18）: 4261-4266.

Alarcon V J, McAnally W H, Pathak S. 2012. Comparison of two hydrodynamic models of weeks bay, Alabama. Berlin: International Conference on Computational Science and Its Applications.

Albers C, Steffler P. 2007. Estimating transverse mixing in open channels due to secondary current-induced shear dispersion. Journal of Hydraulic Engineering, 133（2）: 186-196.

Altaf M U, Gharamti M E, Heemink A W, et al. 2013. A reduced adjoint approach to variational data assimilation. Computer Methods in Applied Mechanics and Engineering, 254: 1-13.

Ambrose R B, Connolly J P, Southerland E, et al. 1988. Waste allocation simulation models. Journal Water Pollution Control Federation, 60（9）: 1646-1655.

Amirov A, Ustaoglu Z. 2009. On the approximation methods for the solution of a coefficient inverse problem for a transport-like equation. Computer Modeling in Engineering and Sciences, 54: 283-300.

Amirov A, Ustaoglu Z, Heydarov B. 2011. Solvability of a two dimensional coefficient inverse problem for transport equation and a numerical method. Transport Theory and Statistical Physics, 40（1）: 1-22.

Arabgol R, Sartaj M, Asghari K. 2016. Predicting nitrate concentration and its spatial distribution in groundwater resources using support vector machines（SVMs）model. Environmental Modeling and Assessment, 21（1）: 71-82.

Aslett L J M, Coolen F P A, Wilson S P. 2015. Bayesian inference for reliability of systems and networks using the survival signature. Risk Analysis, 35（9）: 1640-1651.

Baek K O, Seo I W. 2011. Transverse dispersion caused by secondary flow in curved channels. Journal of Hydraulic Engineering, 137（10）: 1126-1134.

Baliga B R, Patankar S V. 1983.A control volume finite-element method for two-dimensional fluid flow and heat transfer. Numerical Heat Transfer, 6（3）: 245-261.

Benvenuti L, Kloss C, Pirker S. 2016. Identification of DEM simulation parameters by Artificial Neural Networks and bulk experiments. Powder Technology, 291: 456-465.

Bergin M S, Milford J B. 2000. Application of Bayesian Monte Carlo analysis to a Lagrangian photochemical air quality model. Atmospheric Environment, 34（5）: 781-792.

Blanck P D, Rosenthal R, Vannicelli M, et al. 1986. Therapists' tone of voice: descriptive, psychometric, interactional, and competence analyses. Journal of Social and Clinical Psychology, 4（2）: 154-178.

Blokker P C. 1964. Spreading and evaporation of petroleum products on water. Proceeding of the 4th International Harbour Conference.

Bosko K. 1966. Advances in water pollution research. Munich: proceedings of the third international conference.

Bowen J D, Asce A M. Hieronymus J W. 2003. A CE-QUAL-W2 model of Neuse estuary for total maximum daily load development. Journal of Water Resources Planning and Management, 129 (4): 283-294.

Brown L C, Barnwell T O. 1987. The enhanced stream water quality models QUAL2E and QUAL2E-UNCAS: documentation and user manual. Environmental Protection Agency.

Brus D J, de Gruijter J J. 2011. Design-based Generalized Least Squares estimation of status and trend of soil properties from monitoring data. Geoderma, 164 (3/4): 172-180.

Câmara A S, Randall C W. 1984. The QUAL II model. Journal of Environmental Engineering, 110 (5): 993-996.

Cervone G, Franzese P. 2010. Monte Carlo source detection of atmospheric emissions and error functions analysis. Computers & Geosciences, 36 (7): 902-909.

Cervone G, Franzese P, Grajdeanu A. 2010a. Characterization of atmospheric contaminant sources using adaptive evolutionary algorithms. Atmospheric Environment, 44 (31): 3787-3796.

Cervone G, Franzese P, Keesee A P K. 2010b. Algorithm quasi - optimal (AQ) learning. Wiley Interdisciplinary Reviews: Computational Statistics, 2 (2): 218-236.

Chang N B, Chen H W, Ning S K. 2001. Identification of river water quality using the Fuzzy Synthetic Evaluation approach. Journal of Environmental Management, 63 (3): 293-305.

Chau K W, Yang W W. 1993. Development of an integrated expert system for fluvial hydrodynamics. Advances in Engineering Software, 17 (3): 165-172.

Chen W B, Cheng J, Lin J S, et al. 2009. A level set method to reconstruct the discontinuity of the conductivity in EIT. Science in China Series A: Mathematics, 52 (1): 29-44.

Chow F K, Kosović B, Chan S. 2008. Source inversion for contaminant plume dispersion in urban environments using building-resolving simulations. Journal of Applied Meteorology & Climatology, 47 (6): 1553-1572.

Connolly J P, Winfield R P. 1984. A user's guide for WASTOX, a framework for modeling the fate of toxic chemicals in aquatic environments, part I: exposure concentration. Environmental Protection Agency.

Cooney M. 2011. Gartner: the top 10 strategic technology trends for 2012.

Couch N, Robins B. 2013. Big data for defence and security. Royal United Services Institute.

Cristianini N, Shawe-Taylor J. 2000. An Introduction to Support Vector Machines and Other Kernel-based Learning Methods. Cambridge: Cambridge University Press.

Cruz I L L, van Willigenburg L G, van Straten G. 2003. Efficient differential evolution algorithms for multimodal optimal control problems. Applied Soft Computing, 3 (2): 97-122.

Cunanan A M, Salvacion J W L. 2014. Analysis of water temperature of Laguna Lake using EFDC model. International Journal of Scientific & Technology Research, 3 (8): 68-76.

Cunanan A M, Salvacion J W L. 2016. Hydrodynamic modelling of Laguna Lake using environmental fluid dynamics code. International Journal of Scientific & Technology Research, 3 (1): 21-26.

Das S, Suganthan P N. 2011. Differential evolution: a survey of the state-of-the-art. IEEE Transactions on Evolutionary Computation, 15 (1): 4-31.

Datta B, Chakrabarty D, Dhar A. 2009. Simultaneous identification of unknown groundwater pollution sources and estimation of aquifer parameters. Journal of Hydrology, 376 (1/2): 48-57.

Dean J, Ghemawat S. 2008. MapReduce: simplified data processing on large clusters. Communications of the ACM, 51 (1): 107-113.

Di Toro D M, Fitzpatrick J J, Thomann R V. 1983. Documentation for water quality analysis simulation program (WASP) and model verification program (MVP). Environmental Protection Agency.

Ding Y, Jia Y F, Wang S S Y. 2004. Identification of manning's roughness coefficients in shallow water flows. Journal of Hydraulic Engineering, 130 (6): 501-510.

Dixit G, Roy D, Uppal N. 2013. Predicting India volatility index: an application of artificial neural network. International Journal of Computer Applications, 70 (4): 22-30.

Drovandi C C, Pettitt A N, Lee A. 2015. Bayesian indirect inference using a parametric auxiliary model. Statistical Science, 30 (1): 72-95.

Eberhart R C, Kennedy J. 1995. A new optimizer using particle swarm theory. Nagoya: Proceedings of the Sixth International Symposium on Micro Machine and Human Science.

Ekdal A, Gürel M, Guzel C, et al. 2011. Application of WASP and SWAT models for a Mediterranean Coastal Lagoon with Limited Seawater Exchange. Journal of Coastal Research, 64: 1023-1027.

Elbern H, Schmidt H, Talagrand O, et al. 2000. 4D-variational data assimilation with an adjoint air quality model for emission analysis . Environmental Modelling &Software, 15 (6/7): 539-548.

Fan C, Ko C H, Wang W S.2009. An innovative modeling approach using Qual2K and HEC-RAS integration to assess the impact of tidal effect on River Water quality simulation. Journal of Environmental Management, 90 (5): 1824-1832.

Fay J A. 1969. The Spread of Oil Slicks on a Calm Sea. Boston: Oil on the Sea.

Fisher H B, List E I, Koh R C Y, et al. 1979. Mixing in Inland and Costal Waters. New York: Academic Press.

Funahashi K I. 1989. On the approximate realization of continuous mappings by neural networks. Neural Networks, 2 (3): 183-192.

Galperin B, Kantha L H, Hassid S, et al. 1988. A quasi-equilibrium turbulent energy model for geophysical flows. Journal of the Atmospheric Sciences, 45 (1): 55-62.

Gelda R K, Owens E M, Effler S W. 1998. Calibration, verification, and an application of a two-dimensional hydrothermal Model [CE-QUAL-W2 (t)] for cannonsville reservoir. Lake and Reservoir Management, 14 (2/3): 186-196.

Gilks W R, Richardson S, Spiegelhalter D J. 1996. Markov Chain Monte Carlo in Practice. London: Chapman and Hall.

Gobble M M. 2013. Big data: the next big thing in innovation. Research-Technology Management, 56 (1): 64-67.

Goodchild M F, Glennon J A. 2010. Crowdsourcing geographic information for disaster response: a research frontier. International Journal of Digital Earth, 3（3）: 231-241.

Gutiérrez C, López R, Novo V. 2016. On Hadamard well-posedness of families of Pareto optimization problems. Journal of Mathematical Analysis and Applications, 444（2）: 881-899.

Haddow G D, Bullock J A, Coppla D P. 2003. Introduce to Emergency Management. TX: Butterworth Heinemann.

Hamrick J M. 1992. A three-dimensional environmental fluid dynamics computer code: theoretical and computational aspects. Virginia Institute of Marine Science.

Hasanov A, Mueller J L. 2001. A numerical method for backward parabolic problems with non-self ad-joint elliptic operators. Applied Numerical Mathematics, 37（2）: 55-78.

Haupt S E, Allen C T, Young G S. 2007.Source characterization with a genetic algorithm-coupled dispersion-backward model incorporating SCIPUFF. Journal of Applied Meteorology and Climatology, 46（3）: 273-287.

He X, Portnoy S. 2000. Some asymptotic results on bivariate quantile splines. Journal of Statistical Planning and Inference, 91（2）: 341-350.

Hobbs J E. 2004. Information asymmetry and the role of traceability systems. Agribusiness, 20（4）: 397-415.

Holmes C P. 1997. Model stud for new o-itrobenzyl photolabile linkers: substituent effects on the rates of photochemical cleavage. The Journal of Organic Chemistry, 62（8）: 2370-2380.

Hosseini N, Chun K P, Lindenschmidt K E. 2016. Quantifying Spatial Changes in the Structure of Water Quality Constituents in a Large Prairie River within Two Frameworks of a Water Quality Model. Water, 8（4）: 158.

Huang F, Wang X Q, Lou L P, et al. 2010. Spatial variation and source apportionment of water pollution in Qiantang River（China）using statistical techniques. Water Research, 44（5）: 1562-1572.

Huang G H, Xia J. 2001. Barriers to sustainable water-quality management. Journal of Environmental Management, 61（1）: 1-23.

James S C, Boriah V. 2010. Modeling algae growth in an open-channel raceway. Journal of Computational Biology, 17（7）: 895-906.

Jensen D L, Ledin A, Christensen T H. 1999. Speciation of heavy metals in landfill-leachate polluted groundwater. Water Research, 33（11）: 2642-2650.

Jha M, Datta B. 2013. Three-dimensional groundwater contamination source identification using adaptive simulated annealing. Journal of Hydrologic Engineering, 18（3）: 307-317.

Ji Z G, Hamrick J H, Pagenkopf J. 2002. Sediment and metals modeling in shallow river . Journal of Environmental Engineering, 128（2）: 105-119.

Jin K R, Ji Z G, James R T. 2007.Three-dimensional water quality and SAV modeling of a large shallow lake. Journal of Great Lakes Research, 33（1）: 28-45.

Kamiyama D, Tamura K, Yasuda K. 2010. Down-hill simplex method based differential evolution. Taipei: Proceedings of SICE Annual Conference.

Kashefipour S M, Falconer R A. 2002. Longitudinal dispersion coefficients in natural channels. Water

Research，36（6）：1596-1608.

Keats A，Cheng M T，Yee E，et al. 2009. Bayesian treatment of a chemical mass balance receptor model with multiplicative error structure. Atmospheric Environment，43（3）：510-519.

Keats A，Yee E，Lien F S. 2007. Efficiently characterizing the origin and decay rate of a nonconservative scalar using probability theory. Ecological Modelling，205（3-4）：437-452.

Khanmirza E，Khaji N，Khanmirza E. 2015. Identification of linear and non-linear physical parameters of multistory shear buildings using artificial neural network. Inverse Problems in Science and Engineering，23（4）：670-687.

Kim Y，Kim B. 2006. Application of a 2-dimensional water quality model（CE-QUAL-W2）to the turbidity interflow in a deep reservoir（Lake Soyang，Korea）. Lake and Reservoir Management，22（3）：213-222.

Kowalsky M B，Finsterle S，Williams K H，et al. 2012. On parameterization of the inverse problem for estimating aquifer properties using tracer data. Water Resources Research，48（6）：1-25.

Li F，Niu J L. 2005. An inverse approach for estimating the initial distribution of volatile organic compounds in dry building material. Atmospheric Environment，39（8）：1447-1455.

Li Z，Mao X Z. 2011. Global multiquadric collocation method for groundwater contaminant source identification. Environmental Modelling & Software，26（12）：1611-1621.

Liao M Y. 2016. Markov chain Monte Carlo in Bayesian models for testing gamma and lognormal S-type process qualities. International Journal of Production Research，54（24）：7491-7503.

Linfield B，Barnwell T. 1987. The enhanced stream water quality models QUAL2E and QUAL2E-UNCAS：Documentation and user manual. Environmental Research Laboratory.

Liu X D，Zhou Y Y，Hua Z L，et al. 2014. Parameter identification of river water quality models using a genetic algorithm. Water Science and Technology，69（4）：687-693.

Liu X H，Huang W R. 2009. Modeling sediment resuspension and transport induced by storm wind in Apalachicola Bay，USA. Environmental Modelling & Software，24（11）：1302-1313.

Lushi E，Stockie J M. 2010. An inverse Gaussian plume approach for estimating atmospheric pollutant emissions from multiple point sources. Atmospheric Environment，44（8）：1097-1107.

Mahar P S，Datta B. 1997. Optimal monitoring network and ground-water-pollution source identification. Journal of Water Resources Planning and Management，123（4）：199-207.

Mahinthakumar G，Sayeed M. 2005. Hybrid genetic algorithm-local search methods for solving groundwater source identification inverse problems. Journal of Water Resources Planning and Management，131（1）：45-57.

Maier H R，Dandy G C. 1996. The use of artificial neural networks for the prediction of water quality parameters. Water Resources Research，32（4）：1013-1022.

Marchezini V，Trajber R，Olivato D，et al. 2017. Participatory early warning systems：youth，citizen science，and intergenerational dialogues on disaster risk reduction in Brazil. International Journal of Disaster Risk Science，8（4）：390-401.

Mbuh M J，Mbih R，Wendi C. 2018. Water quality modeling and sensitivity analysis using Water Quality Analysis Simulation Program（WASP）in the Shenandoah River watershed. Physical

Geography, 40 (2): 1-22.

McMichael C E, Hope A S, Loaiciga H A. 2006. Distributed hydrological modelling in California semi-arid shrublands: MIKE SHE model calibration and uncertainty estimation. Journal of Hydrology, 317 (3/4): 307-324.

Medina A, Carrera J. 2003. Geostatistical inversion of coupled problems: dealing with computational burden and different types of data. Journal of Hydrology, 281 (4): 251-264.

Melching C S, Yoon C G. 1996. Key sources of uncertainty in QUAL2E model of Passaic River. Journal of Water Resources Planning and Management, 122 (2): 105-113.

Mellor G L, Yamada T. 1982. Development of a turbulence closure model for geophysical fluid problems. Reviews of Geophysics, 20 (4): 851-875.

Najah A, Elshafie A, Karim O A, et al. 2009. Prediction of Johor River water quality parameters using artificial neural networks. European Journal of Scientific Research, 28 (3): 422-435.

Neuman S P. 2006. Blueprint for perturbative solution of flow and transport in strongly hetero-generous composite media using fractal and variational multiscale decomposition. Water Resources Research, 42 (6): 1-16.

Newman M, Hatfield K, Hayworth J, et al. 2005. A hybrid method for inverse characterization of subsurface contaminant flux. Journal of Contaminant Hydrology, 81 (1/2/3/4): 34-62.

Ng A W M, Perera B J C. 2003. Selection of genetic algorithm operators for river water quality model calibration. Engineering Applications of Artificial Intelligence, 16 (5/6): 529-541.

O'Connor D J, Dobbins W E. 1958. Mechanism of reaeration in natural streams. Transactions of the American Society of Civil Engineers, 123 (1): 641-666.

Ostfeld A, Salomons S. 2005. A hybrid genetic-instance based learning algorithm for CE-QUAL-W2 calibration. Journal of Hydrology, 310: 122-142.

Panda R K, Pramanik N, Bala B. 2010. Simulation of river stage using artificial neural network and MIKE 11 hydrodynamic model. Computers & Geosciences, 36 (6): 735-745.

Pany P K, Ghoshal S P. 2015. Dynamic electricity price forecasting using local linear wavelet neural network. Neural Computing and Applications, 26 (8): 2039-2047.

Pelletier G J, Chapra S C, Tao H. 2006. QUAL2Kw—A framework for modeling water quality in streams and rivers using a genetic algorithm for calibration. Environmental Modelling & Software, 21 (3): 419-425.

Pencheva T, Angelova M, Atanassova V, et al. 2015. Inter Criteria analysis of genetic algorithm parameters in parameter identification. Notes Intuitionistic Fuzzy Sets, 21 (2): 99-110.

Price K V, Storn R M, Jouni A. 2004.Lampinen. Differential evolution: a practical approach to global optimization.

Provost F, Fawcett T. 2013. Data science and its relationship to big data and data-driven decision making. Big Data, 1 (1): 51-59.

Qian S S, Stow C A, Borsuk M E. 2003. On Monte Carlo methods for Bayesian inference. Ecological Modelling, 159 (2/3): 269-277.

Rasmussen C E, Ghahramani Z. 2003. Bayesian Monte Carlo. Advances in Neural Information

Processing Systems，505-512.

Recknagel F，French M，Harkonen P，et al. 1997. Artificial neural network approach for modelling and prediction of algal blooms. Ecological Modelling，96（1/2/3）：11-28.

Renard P，de Marsily G. 1997. Calculating equivalent permeability：a review. Advances in Water Resources，20（5/6）：253-278.

Resler J，Eben K，Jurus P，et al. 2010. Inverse modeling of emissions and their time profiles. Atmospheric Pollution Research，1（4）：288-295.

Scales J A，Tenorio L. 2001. Prior information and uncertainty in inverse problems. Geophysics，66（2）：389-397.

Scheidt C，Caers J. 2009. Representing spatial uncertainty using distances and kernels. Mathematical Geosciences，41（4）：397-419.

Sedighi M，Afshari D. 2010. Creep feed grinding optimization by an integrated GA-NN system. Journal of Intelligent Manufacturing，21（6）：657-663.

Senocak I，Hengartner N W，Short M B，et al. 2008. Stochastic event reconstruction of atmospheric contaminant dispersion using Bayesian inference. Atmospheric Environment，42（33）：7718-7727.

Seo D I，Kim M A，Ahn J H. 2012. Prediction of chlorophyll-a changes due to weir constructions in the Nakdong River using EFDC-WASP modelling. Environmental Engineering Research，17（2）：95-102.

Shao D G，Yang H D，Liu B Y. 2013. Identification of water quality model parameter based on Finite Difference and Monte Carlo. Journal of water Resource and Protection，5（12）：1165-1169.

Shao D G，Yang H D，Xiao Y，et al. 2014.Water Quality model parameters identification of open channel in long distance water transfer project bused on finite difference，difference evolution and Monte Carlo. Water science and Chnology，69（3）：587-594.

Šiljic T A N，Antanasijević D，Ristić M D，et al. 2016. Modeling the BOD of Danube River in Serbia using spatial，temporal，and input variables optimized artificial neural network models. Environmental Monitoring and Assessment，188（5）：1-12.

Singh R M，Datta B. 2004. Groundwater pollution source identification and simultaneous parameter estimation using pattern matching by artificial neural network. Environmental Forensics，5（3）：143-153.

Singh R M，Datta B. 2006. Identification of groundwater pollution sources using GA-based linked simulation optimization model. Journal of Hydrologic Engineering，11（2）：101-109.

Singh R M，Datta B. 2007. Artificial neural network modeling for identification of unknown pollution sources in groundwater with partially missing concentration observation data. Water Resources Management，21（3）：557-572.

Singh R M. 2013. Uncertainty characterization in the design of flow diversion structure profiles using genetic algorithm and fuzzy logic. Journal of Irrigation and Drainage Engineering，139（2）：145-157.

Singh R M，Datta B，Jain A. 2004. Identification of unknown groundwater pollution sources using artificial neural networks. Journal of Water Resources Planning and Management, 130（6）: 506-514.

Singh S K, Beck M B. 2003. Dispersion coefficient of streams from tracer experiment data. Journal of Environmental Engineering, 129（6）: 539-546.

Singleton V L, Jacob B, Feeney M T, et al. 2013. Modeling a proposed quarry reservoir for raw water storage in Atlanta, Georgia. Journal of Environmental Engineering, 139（1）: 70-78.

Sohn M D, Small M J, Pantazidou M. 2000. Reducing uncertainty in site characterization using Bayes Monte Carlo methods. Journal of Environmental Engineering, 126（10）: 893-902.

Sooky A. 1969. A Longitudinal dispersion in open channels. Journal of the Hydraulics Division, 95（4）: 1327-1346.

Sreedharan P, Sohn M D, Gadgil A J, et al. 2006. Systems approach to evaluating sensor characteristics for real-time monitoring of high-risk indoor contaminant releases. Atmospheric Environment, 40（19）: 3490-3502.

Storn R, Price K. 1997. Differential evolution-a simple and efficient heuristic for global optimization over continuous spaces. Journal of Global Optimization, 11（4）: 341-359.

Sun X S, Liu J, Han X, et al. 2014. A new improved regularization method for dynamic load identification. Inverse Problems in Science and Engineering, 22（7）: 1062-1076.

Tipping M E. 2001. Sparse Bayesian learning and the relevance vector machine. Journal of Machine Learning Research, 1（6）: 211-244.

Toprak Z F, Sen Z, Savci M E. 2004. Comment on "Longitudinal dispersion coefficients in natural channels". Water Research, 38（13）: 3139-3143.

Torres E, Galván L, Cánovas C R, et al. 2016. Oxycline formation induced by Fe（Ⅱ）oxidation in a water reservoir affected by acid mine drainage modeled using a 2D hydrodynamic and water quality model-CE-QUAL-W2. Science of the Total Environment, 562: 1-12.

Vázquez R F, Feyen L, Feyen J, et al. 2002. Effect of grid size on effective parameters and model performance of the MIKE - SHE code. Hydrological Processes, 16（2）: 355-372.

Veldkamp R G, Hermann T, Colandini V, et al. 1997. A decision network for urban water management. Water Science and Technology, 36（8/9）: 111-115.

Vellidis G, Barnes P, Bosch D D, et al. 2006. Mathematical simulation tools for developing dissolved oxygen TMDLs. Transactions of the ASABE, 49（4）: 1003-1022.

Vira J, Sofiev M. 2012. On variational data assimilation for estimating the model initial conditions and emission fluxes for short-term forecasting of SOx concentrations. Atmospheric Environment, 46: 318-328.

Wagenschein D, Rode M. 2008. Modelling the impact of river morphology on nitrogen retention—a case study of the Weisse Elster River(Germany). Ecological Modelling, 211（1/2）: 224-232.

Wang J H, Luo Z W, Wong E C. 2010. RFID-enabled tracking in flexible assembly line. The International Journal of Advanced Manufacturing Technology, 46（1-4）: 351-360.

Wang J J. 2012. Integrated model combined land - use planning and disaster management . Disaster Prevention and Management: an International Journal, 21（1）: 110-123.

Wang J, Shi P, Jiang P, et al. 2017. Application of BP neural network algorithm in traditional hydrological model for flood forecasting. Water, 9（1）: 48.

Wang Z W. 2009. Determination of pollution point source in parabolic system model. Journal of Southeast University（English Edition）, 25（2）: 278-285.

Widodo A, Yang B S. 2011. Application of relevance vector machine and survival probability to machine degradation assessment. Expert Systems With Applications, 38（3）: 2592-2599.

Woodbury A D, Ulrych T J.1996. Minimum relative entropy inversion: theory and application to recovering the release history of a groundwater contaminant. Water Resources Research, 32（9）: 2671-2681.

Woodbury A, Sudicky E, Ulrych T J, et al. 1998. Three-dimensional plume source reconstruction using minimum relative entropy inversion. Journal of contaminant hydrology, 32（1-2）: 131-158.

Wu G, Xu Z. 2011. Prediction of algal blooming using EFDC model: case study in the Daoxiang Lake. Ecological Modelling, 222（6）: 1245-1252.

Xie H, Chen L, Shen Z Y. 2015. Assessment of agricultural best management practices using models: current issues and future perspectives. Water, 7（12）: 1088-1108.

Yee E, Flesch T K. 2010. Inference of emission rates from multiple sources using Bayesian probability theory. Journal of Environmental Monitoring, 12（3）: 622-634.

Yee E, Lien F S, Keats A, et al. 2008. Bayesian inversion of concentration data: Source reconstruction in the adjoint representation of atmospheric diffusion. Journal of Wind Engineering and Industrial Aerodynamics, 96（10/11）: 1805-1816.

Yumimoto K, Uno I. 2006. Adjoint inverse modeling of CO emissions over Eastern Asia using four-dimensional variational data assimilation. Atmospheric Environment, 40（35）: 6836-6845.

Zhai X Y, Xia J, Zhang Y Y. 2014. Water quality variation in the highly disturbed Huai River Basin, China from 1994 to 2005 by multi-statistical analyses. Science of the Total Environment, 496: 594-606.

Zhang W, Liu J, Cho C, et al. 2015. A hybrid parameter identification method based on Bayesian approach and interval analysis for uncertain structures. Mechanical Systems and Signal Processing, 60/61: 853-865.

Zhao Y, Nan J, Cui F Y, et al. 2007. Water quality forecast through application of BP neural network at Yuqiao reservoir. Journal of Zhejiang University-SCIENCE A, 8（9）: 1482-1487.

Zheng X P, Chen Z Q. 2010. Back-calculation of the strength and location of hazardous materials releases using the pattern search method. Journal of Hazardous Materials, 183（1/2/3）: 474-481.

Zheng X P, Chen Z Q. 2011. Inverse calculation approaches for source determination in hazardous chemical releases. Journal of Loss Prevention in the Process Industries, 24（4）: 293-301.